JN256966

再生可能エネルギーと国土利用

事業者・自治体・土地所有者間の法制度と運用

髙橋寿一
Juichi Takahashi

Renewable Energie
and
Land Use Planning Law

はしがき

東日本大震災と福島第一原子力発電所事故以降のわが国において、再生可能エネルギーの普及・拡大が喫緊の課題であることはもはや誰の目にも明らかであろう。原子力発電所が一たび事故を起こせば取り返しのつかない人的物的損害が生じ、環境が汚染され、廃炉までには気の遠くなるような時間と費用を生じる。ところが、昨年7月に経済産業省によって公表された「長期エネルギー需給見通し」は、2030年の総発電電力量の電源構成において、原子力発電をなお引き続きベースロード電源と位置づけている。その当否については多くの議論がなされているが、いずれの立場に立つにせよ、再生可能エネルギーの総発電電力量に占める比率を高めていかなければならない点では意見の差異はないであろう。

ところで、2011年8月に「電気事業者による再生可能エネルギー電気の調達に関する特別措置法」が成立し、2012年7月から施行されて以降、太陽光と風力を中心として、発電設備の建設が急増した。それに伴い、設備の立地や建設をめぐって、地域住民や市民と事業者との間に紛争が生じ、訴訟に至ったものも少なくない。本書は、再生可能エネルギーを普及・促進していく際の設備の立地問題について論じることを目的としている。筆者は、これまで土地の計画的利用についてわが国とドイツの法制度を比較しながら多少なりとも考えてきた。具体的には、最初の著書『農地転用論』(東京大学出版会、2001年)では「農業」を、次の著書『地域資源の管理と都市法制』(日本評論社、2010年)では「環境」を取り上げ、それぞれ土地利用との関係について法制度的検討を行った。本書は、「エネルギー」に焦点を当てこれを国土・土地利用に関する法制度の中に位置づけて分析することを目的としている。

筆者にとって、一つの大きな後悔があった。それは、1995年に阪神淡路大震災が起き多くの尊い人命や財産が失われ、インフラ施設が破壊され尽くしたにも拘らず、研究者として、この惨劇に対して向き合うことを何もしなかったことである。もとより、一介の社会科学研究者に過ぎない者の論文など現実の問題の解決にとってはほとんど役に立たないであろう。しかし、何の寄与にもならなかったとしても、これまで多少とも不動産法を研究してきた筆者は、研究者としてこれに向き合うべきであったと今でも内心忸怩たる思いでいる。2011年に起きた東日本大震災と福島第一原子力発電所事故については、研究者として何らかの関与の足跡を残しておきたい。これが本書を執筆するに至った最大の動機である。本書のテーマである「再生可能エネルギーと国土利用」は、法理論的に独自の領域を構成するものではなく、むしろ様々な法理論をどう適用・応用するかという、複数領域にまたがる横断的観点からの研究領域である性格が強い。それ故、単行本として出版することには躊躇するところもあったが、上記のような主観的思いから本書を刊行することにした次第である。

前著（『地域資源の管理と都市法制』）から本書の公刊までの間にも、公私にわたり実に多くの出来事があった。筆者の所属する法科大学院は、この間にさらに厳しい状況に立ち至っている。これに伴う学内の行政職も筆者にとっては過大な負荷となり、体調も壊してしまった。このような状況で何とか本書の刊行まで漕ぎつけることができたのは、ひとえに職場（横浜国立大学）の同僚の暖かい配慮があったからに他ならない。お世話になった同僚たちには心からの御礼を申し上げたい。

本書の日本法の分析に充てた章を執筆するに際しては、農林水産省、静岡県、埼玉県、全国町村会、大分県由布市、山形県庄内町、同酒田市などの職員の方々や議員さらには住民の方々から貴重なお話を伺い、また資料をご提供いただいた。ここで名前を挙げることは差し控えさせて頂くが、お世話を頂いた方々に心より御礼申し上げたい。

また、私は、幸いにも2015年度にはサバーティカルを取得することができ、8月以降ドイツで在外研究をすることにした。ドイツでの受け入れ機関となったトリア大学は、自然の豊富な大学である。今回の渡独は、研究はもとより療養することにも重きを置いていたが、いずれの面においてもトリア大学は最適な滞在先であった。研究面での様々な配慮を惜しまなかったトリア大学環境・技術法研究所（Umwelt-und Technikrecht）の皆さんにも心より御礼申し上げたい。とりわけ、いつも暖かく私を受け入れ公私にわたって細やかな配慮して下さるヘンドラー（Reinhard Hendler）教授、プレルス（Alexander Proelß）教授、コッホ（Thomas Koch）助教には、この場を借りて心より御礼を申し上げたい。また、馴染み深いトリアでは、旧知の方々にも本当にお世話になった。とりわけ、ボリンスキー（Marina Bolinski）弁護士の元には何度か足を運び、再生可能エネルギー設備の立地問題についてトリア市の状況を伺った。また、私の最初の著作以降ずっとお世話になっているヘッセン農村開発公社前社長ウンフェアリヒト（Karl-Heinz Unverricht）氏、副社長エッシェンバッヒャー（Peter Eschenbacher）氏は、今回もまた公私ともども様々なご支援・ご協力を惜しまれなかった。さらに今回の滞在では、再生可能エネルギー設備の立地法制に詳しいケール行政大学（Hochschule für öffentliche Verwaltung Kehl）のフライ（Michael Frey）教授およびミュンヘンのライヒェルツァー（Max Reicherzer）弁護士にも私の度重なる問い合わせや資料照会に心よく応じて下さった。これらの方々にも、心より御礼申し上げる次第である。

本書は、筆者が再生可能エネルギー設備の立地問題に興味を持ち始めて以降、その時々に浮かんだテーマで徐々に書き溜めてきた論稿を纏めた論文集である。したがって、その性格上、各章間で記述が重複している部分や情報（概ね 2015 年夏まで）が多少古くなっている部分もあるが、そのまま掲載している。また、日本法に関する章で取り上げた事例についても数が限られており、この分析をもってわが国の状況を一般化できるものではなく、比較研究としては限界があることは十分に承知している。これらの点についても予め読者の宥恕を請う次第である。なお、公表済みの論稿は、具体的には以下の通りである（公表順）。

(1)「海の利用・保全と法―日独比較法研究序説―」横浜国際経済法学 20 巻 3 号（2012 年）1 頁以下（本書第 9 章所収）
(2)「地域資源の管理と環境保全―再生可能エネルギー資源の利用もふまえて―」日本不動産学会誌 26 巻 3 号（2012 年）71 頁以下（本書第 10 章所収）
(3)「再生可能エネルギーの利活用と地域―ドイツにおける太陽光発電施設建設の立地規制問題を素材として―」横浜国際経済法学 21 巻 3 号（2013 年）1 頁以下（本書第 5 章所収）
(4)「再生可能エネルギー発電設備の立地規制―太陽光発電設備を中心として

―」広渡清吾先生古稀記念論文集『民主主義法学と研究者の使命』(日本評論社、2016年) 413頁以下 (本書第1章所収)

本書作成の過程では、佐藤秀勝氏（國學院大学法学部教授）、原謙一氏（西南学院大学法学部准教授）および秋野有紀氏（獨協大学外国語学部専任講師）の各氏には、校正作業等で大変にお世話になった。これらの方々は、私のこれまでの職場でゼミ生あるいは論文指導学生として縁のあった方々だが、今日では皆第一線で活躍している。忙しい合間を縫って本書の作成に献身的に御協力頂いたこれらの方々に末筆ながら心より御礼申し上げたい。

また、本書の出版に際しては、勁草書房の山田政弘氏に格段のご配慮を賜ったことにも御礼申し上げたい。出版事情の厳しい昨今において、本書の出版計画につきご快諾頂き、刊行までに漕ぎつけることができたのは、山田氏のご高配の賜物である。

2016年5月
髙橋寿一

目　次

序章――問題の所在と課題の限定

1. 再生可能エネルギーをめぐって

本書は、再生可能エネルギー（以下、「再エネ」と称することがある）について国土利用との関係に焦点を当ててわが国とドイツを法制度の観点から比較検討した書である。

再エネの利活用の必要性を近年世界に決定的に印象づけた事件は、やはり、福島第一原子力発電所事故である。それを受けて、ドイツは、2022年までに国内の原子力発電所をすべて停止し、全廃していく方針（いわゆる「脱原発」（Atomausstieg））へと政策を転換した。

ところで、ドイツの脱原発の動向は、「エネルギー転換」（Energiewende）とも称されている。この「転換」（Wende）という用語は、ドイツでは、歴史的な転換期を迎えている場合に用いられている。最近の例でいえば、たとえば、東西ベルリンの壁崩壊に始まる1990年のドイツ統一である[1)]。この流れが、ドイツ史にとっていかに重要なものであるかはいうまでもないが、人々はこれを称して「Wende」という。また、1986年にイギリスで発生したBSE（狂牛病）が世界各地に広まっていった事件は、ドイツでも大きな衝撃を与え、近代的な農業生産の方法を見直す契機になったが、これは、「農政転換」（Agrarwende）と称されている[2)]。これによって、農薬や肥料の使用をできるだけ回避し、家畜への肉体的精神的負荷をも逓減していく動きが決定的になった。エコ農業は親環境的な農業生産手法の最たるものである。

そして、これらに続く政治的経済的社会的転換点が、今回の「エネルギー転換」である[3)]。したがって、このような名称からも、今回の脱原発および再エネ利用促進がドイツではいかに切実な課題として受け止められているかがよくわかる。

これに対して、わが国においても、2011年3月の東日本大震災と福島原子力発電所事故後は、当時の民主党政権によって、わが国を脱原発の方向に転轍すべく政策的努力が重ねられていたが、その後の自民党への政権交代によって、原発を維持する方向に再び回帰してしまった。脱原発か原発維持かで再エネの利活用への向き合い方にも大きな差異が生じることになる。ただ、再エネの利活用は、それまで目立った実績を挙げてこなかったわが国においても焦眉の課題であることはもとより言うまでもなく、本書のテーマを論じることは、わが国においてもそれなりの意味があろう。

ところで、ドイツおよび日本のエネルギー転換を再生可能エネルギーに関する法制度の観点から検討する場合、おそらく次の三つの主要な領域に類型化できるものと思われる。わが国の場合には、これらすべての領域で議論の展開が見られるわけではないが、いずれの領域もわが国の再生可能エネルギーに関する法制度を考える上で触れざるを得ない問題領域であるので、以下それらについて述べておこう。

2. 再生可能エネルギーと法

(1) 固定価格買取制度

まず、わが国も含めて再生可能エネルギーの利活用を進める際に、今日においても議論され実施されている法制度は、固定価格買取制度（以下、「FIT」と称することもある）である。これは、再エネを固定価格で電力会社が買い取ることによって、再エネ設備の普及・拡大を図ろうとする制度である。再エネ事業者にとっては、事業の予測可能性・計算可能性が担保され、再エネ設備への投資を促進しうる制度的基盤になる。環境法でいうところの「経済的手法」であって、これによって、一方では、再エネ事業者に一定の利潤を確保しながら、他方で、再エネの普及・促進が可能となる。かかる制度は、ドイツでは、1990年の「電力供給法」（Stromeinspeisungsgesetz）改正法で採用され、2000年に「再生可能エネルギー法」（Erneuerbarer-Energien-Gesetz（以下、「EEG」と称する））が制定されて以降、再エネが広く普及し始めた[4)]。わが国でも、2004年にはすでに「電気事業者による新エネルギー等の利用に関する特別措置法」

(通称 RPS 法) が制定され、新エネルギーの導入を促進していくことが目的とされたが、その効果は微々たるものであった。再エネの導入に弾みがついたのは、福島原発事故後民主党政権によって、2011 年 8 月に「電気事業者による再生可能エネルギー電気の調達に関する特別措置法」(以下、「特別措置法」と称する) が成立し、2012 年 7 月から施行されて以降である。電気事業者は、電力買取りに必要な接続や契約締結に応じ、一定の価格で買い取ることが義務づけられた。

今日、「再エネ」といえば多くの人がすぐに思いつくのがこの制度であって、日本もドイツもこの制度を中心として多くの議論がなされている。しかも、日独で共通して特徴的な点は、それら法律の解釈をめぐって法律実務家が積極的に関わっており、法律専門誌にも少なからざる論稿が掲載されているのに対して、法学研究者の反応はいまひとつ鈍いという点である。このことは、おそらくは、日独両国とも、これらの法律は、施行後に早くも事業者によって利用され始め、その過程で様々な法解釈上の問題点が出てきたため、弁護士が積極的に関わってきたという経緯があるものと思われる。たとえば、わが国の特別措置法についても、すでに特定契約締結義務 (4 条 1 項) や (優先) 接続義務 (5 条 1 項) 等いくつかの論点について法律実務家から解釈上の問題が提起されている [5)]。「法学研究者の反応はいまひとつ鈍い」と書いたが、正確には事態の展開が速いため、それに対応していくのが中々難しい、という言い方の方が正確であろうと思う [6)]。本書は、特別措置法や EEG の細かな解釈論を展開するものではなく、必要な範囲で触れるにとどめる。

(2) 再生可能エネルギー設備の立地コントロール

上記の FIT 制度と比べて、わが国ではあまり注目されていないのが、再エネ設備の立地規制の問題である。再エネ設備の建設を促進する立場からは、法規制を緩和して全国どこでも建設したいという意向があろう。実際にこれまでの議論の中では、原子力発電所と比べて再エネ設備の方が地域の農林水産業と親和的である旨の主張が主流であった。たとえば、経済学者の植田和弘によると、原子力発電所と農林水産業は「負のスパイラル」の関係に立っていて、原発事故による直接の被害が生じなかったとしても、周辺農山漁村において風評被害が生じたり農林水産業からの離脱者が増加し地域経済を衰退させる。そして、かかる衰退に歯止めをかけ地域を維持するためにさらに原発が誘致され、このことが農林水産業の一層の衰退を招くという悪循環に陥っているという。これに対して、再生可能エネルギー生産は農林水産業と親和的であり、太陽光、風力、水力、地熱、バイオマスはいずれも地域資源であって、再エネ発電業は自然の恵みである地域資源を利用する点で第一次産業的であり、それ故地域・土地に固着した産業であるという[7)]。確かに、第10章でも述べるように、再エネ促進のそもそもの契機は温室効果ガスの増加等に伴う地球温暖化問題であり、先進国の間でこの課題が喫緊の課題とされ、クリーンなエネルギー源として再エネの利活用論が説かれてきた。しかし、農山漁村での再エネ設備の建設は、様々な発電事業者が農山漁村に無秩序に参入してくることになりかねず、そうなれば、再エネ設備の建設促進は、地域資源の濫費と地域社会の疲弊・衰退をもたらしかねない。第1章および第6章で検討するように、太陽光発電（とくにメガソーラー）や風力発電、また本書では触れ得なかったが地熱発電をめぐって事業者と地域住民・市民との間で景観、環境、健康等をめぐって深刻な対立が各地で生じており、このことは、〈再エネ設備＝環境にも優しい＝農林水産業と親和的＝建設を促進すべき〉という定式が必ずしも常に成立するわけではないことを如実に表している。

わが国では、国土利用に関する土地利用規制が他の先進諸国に比較して貧弱であることは今日学界レヴェルではほぼ共通認識となっている[8)]。この点を放置したまま再エネ設備の建設を促進すれば、地域住民や市民、また地域の自然・環境との間に深刻な対立をもたらすであろうことは容易に想像がつく。再エネ設備の建設を促進する場合でも、このような観点からの考察も不可欠であって、本書の各章はこの観点からの分析が中心となっている。

なお、第5章で詳述するが、ドイツでは、国土・土地利用法制で再エネ設備の立地規制に関する詳細な規定が設けられているにとどまらず、FITを定める法律（EEG）においても、とくに太陽光発電設備を中心として、買取りの対象を限定することを通じて再エネ設備の立地を間接的にではあるが規制・誘導する規定が設けられている。これに対して、わが国の特別措置法には、立地に関する規制・誘導に関する規定が全くないことも興味深い。すなわち、わが国の場合には、特別措置法の要件さえ満たせば、全国のどこで建設された施設であっても生産された電力は本法の買取りの対象となる。本書でいうところの「立地規制」ないし「立地コントロール」は、このような間接的な規制・誘導措置をも含むものとする。その他、ゾーニングによって特定の地域に再生可能エネルギー設備の建設を誘導する場合も含まれる。また、許認可手続等を通じて一定の基準[9]を満たすことが設備設置の要件となっている場合はもとより、届出手続もこの概念に含むものとする。なお、単体規制は、個々の建築物の安全を確保し公共に対する危険を回避するために必要とされる規制（建築規制）であって、本来は立地規制とは別個の概念であるが、本書では「立地規制」ないし「立地コントロール」に準ずるものとして検討の俎上に載せている（第3章)。

(3) 再生可能エネルギーの事業主体

最後に、再生可能エネルギーが法と密接に関わる問題として、再エネ設備の事業主体の問題がある。

この問題については、ドイツ等諸外国の紹介も含めて法学以外の領域で近年積極的に議論されている。たとえば、農業経済学や環境経済学の研究者からは、地域住民や地元の企業、あるいは地元自治体（市町村）が再エネ設備の事業者となるべきことを主張する見解が目立ち始めている[10]。そうなれば、土地の売却益ないし賃料収入のみならず、売電、建設に際しての資材や労働力の調達、完成後の維持・運営に際して地域住民や地元企業への作業の発注等を通じて支払われる価値等が、地元に無関係な企業の収入になることなく地域に還流することになるからである。このような考え方は、ドイツではいち早く実践されており、ドイツの実例については数多くの紹介がある。

さて、この「地域における価値創出」の論点は、これを推し進めるとかなり大きな広がりを持ちうる。

まず第一に、どのような法形式であれ、再エネ設備の事業・運営主体に、たとえば地域住民・市民がなる場合には、設備計画の立地選定から始まり、建設、運営に至るまでのすべての過程が市民参加の下に透明性をもって行われることが必要となる。行政計画への住民・市民参加は行政法学においてかねてから主張され、近年の法制度もこの点をかなり意識したものとなりつつあるが、再エネ設備の建設・運営主体に地域住民自らがなるならば、このことはもとより当然に当てはまることになる。

第二に、再エネ設備の事業主体に地域住民・市民がなるならば、単に発電設備本体のみならず、送・配電網の建設・維持・運営にも地域住民や市民が関与することが考えられてよい。もちろん、地域住民や市民が送・配電網の建設・管理まで行うのは実際には容易ではないから、地元の自治体やたとえばドイツでは都市公社（Stadtwerke）と称される自治体の第三セクターがその任務を担うことになる。従来からわが国では、送・配電網は電力会社が建設・維持・管理をしてきたが、近年のドイツでは、1990 年代に一旦民営化されていた送・配電網を再び市町村が管理することを意図して、「再公有化」する動きが各地で見られる（第 11 章参照）。

第三に、再エネ設備と送配電網の建設・運営主体を基礎自治体、地域住民・市民が担うことになれば、そこから、〈エネルギーの地産地消〉ないしは〈エネルギーの地方分散化〉の動きが当然に出てくるであろう。これまでのわが国では、エネルギー供給については国が管轄しており、各地域毎に大手電力会社が、管轄地域のエネルギー供給を全面的に引き受け管理してきたが、近年のドイツの動向は、これまでのわが国の基本原則とは大きく異なる。この点、第 11 章で述べるように、ドイツでも、連邦政府レヴェルでこのような分散化の流れが主流となっているわけでは必ずしもない。しかし、上記の第一と第二の動向を推し進めると、このような考え方にも行き着くのであって、ドイツでは住民・市民、基礎自治体、研究者や各種シンクタンク等がこの方向へと歩みを進めるべき旨を主張している。

⑷ 「エネルギー転換」について

このように見てくると、本章冒頭で述べたドイツにおける「エネルギー転換」の概念は、広範な法領域に関わってくることがわかる[11)]。すなわち、「エネルギー転換」は、単にエネルギーの供給源を再生可能エネルギーに転換することのみを意味するのではなく、再公有化や市民参加、さらには地域振興までもがその視野に入ってくる。単に再生可能エネルギーへの転換のみを意味するとすれば、現在のドイツ政府が進めているように発電効率の良い大規模洋上風力発電設備を北海やバルト海に多数建設し（第9章参照）、そこで集中的に生産された電力を大規模送電網を通じて中部・南部ドイツに送電すればよい。もっとも、この送電網の建設が今日では地域住民や環境保護団体の反対によって難渋を極めており、近年では「エネルギー転換」といえば、この大規模送電網の建設を想起する者もドイツでは少なくない。

これに対して、「エネルギー転換」が、再公有化や市民参加さらには地域振興までをも含むとすると、この概念の中心は、洋上風力発電設備の建設や大規模送電網の敷設ではなく、エネルギーの地方分散におかれることになる。したがって、後者の場合には、再生可能エネルギーによって地域のエネルギー需要を賄うことのみならず、エネルギーの生産や送・配電を地域毎に完結させることをも含む。すなわち、ここでは、発電所の建設や送・配電網の所有・経営・管理を地域で行うことが中心的課題となる[12)]。

このように、この概念発祥の地であるドイツでさえ、この概念の外延をめぐってなお議論が続いている。本書は、その詳細を検討することを目的とするのではなく、むしろ、上記(2)で述べた再エネ設備の立地コントロールをその中心に置き、その議論をより立体的に理解するために必要な範囲で(1)や(3)の問題に適宜触れていきたい。

3. 再生可能エネルギーの特徴

ところで、現在わが国で行われている再生可能エネルギー生産は、主として、太陽光発電、風力発電、水力発電、地熱発電、バイオマス（木質[13)]）発電の五つである。以下では、これらの再エネの特徴を、設備の立地コントロールの観点から大づかみに見ていこう。

まず第一に、これらは再生可能なエネルギー源を利用して発電している。具体的には、太陽光、風、水、地熱、木材である。これらは一般的に地域資源といわれている。これらの内、太陽光と風力は、どれだけ利用してもその資源が枯渇することはない。これに対して、水[14)]、地熱、木材は、太陽光や風力と比べると、資源として無限とまではいえない。もちろん、それらの資源を持続可能な程度に抑制して利用するならば半永久的に利用可能であろうが、何らのコントロールなく利用されれば、資源は枯渇してしまうおそれがある。

第二に、太陽光と風力は、その利用が既存の利用者の利害と競合するおそれが相対的に少ない。これに対して、水、地熱、木材については、すでに既存の当該資源の利用者が存在しているのが通常である。すなわち、水については農業水利権者や内水面漁業権者、地熱については温泉権者、木質バイオマス[15)]の場合には林業者、製材業者等である。したがって、この限りでは、太陽光と風力については、既存のステークホールダーとの利害調整の必要性が相対的に少ないととりあえずはいうことができる。

第三に、第二の点にも拘らず、太陽光発電も風力発電も現在の技術では、土地（ないし洋上風力の場合には海面）上に設備を設置せざるを得ない。この点では水力・地熱・バイオマス発電も同じであって、現在の科学技術の下では、いずれの設備も土地（以下、「海面」も含む）という地域資源を利用せざるを得ないのである。そして、発電所その他の施設用地として利用に供される土地の量（面積）は、太陽光発電（とくにメガソーラー）や風力発電の場合には、それ以外の三者よりも遥かに大きい。資源としての土地についても既存の利用者（農林業者、漁業者等）はすでに存在しているのが通常であるから、太陽光・風力発電の場合にも既存のステークホールダーとの利害調整の必要性は、土地利用の局面では結局はやはり大きいということになる。

第四に、それでは、環境への影響という観点から見るとどうか。太陽光発電（メガソーラー）の場合には、景観侵害、反射光、地滑り・洪水・突風を契機とする設備崩壊等による地域住民の生命・身体・財産への影響等が考えられよう。風力発電の場合は、陸上風力であれば、景観侵害、騒音、低周波音、バードストライク等が考えられ、洋上風力であれば、これらに加えて海洋生物への影響等が考えられる。いずれも環境・景観面では相応の配慮が必要なものばかりである。これに対して、水力・地熱・バイオマス発電の場合には、それが環境に及ぼす影響は太陽光・風力発電の場合ほど大きくはないように思われる。この違いは、一つにはおそらく、設備の規模が、太陽光（とくにメガソーラー）・風力発電の場合には、水力・地熱・バイオマス発電の場合よりも遥かに大きい（したがって、周囲の環境への影響も大きい）ことに由来するものと思われる。

第五に、それ故、立地規制は、太陽光・風力発電においては決定的に重要である。この点は、ドイツでも政策および学界レヴェルで認識が共有されており、たとえば、ベルリン自由大学のMitschangによれば、太陽光・風力発電設備の設置は、いずれも「国土空間上重要な意味を有する（raumbedeutsam）設備」と位置づけられているのに対して、水力・地熱・バイオマス発電設備は、「国土空間上重要な意味を有しない（nicht raumbedeutsam）設備」として位置づけられている[16]。ドイツの場合、この相違は、国土整備法、州計画法、建設法典の各法制度上での各設備の扱いの差異となって現れてくる。具体的にいえば、とりわけ前者については、立地コントロールのための周到な規制・誘導措置が適用されることになる。このような観点に立ち、本書では、太陽光および風力発電設備を中心としてこれらを制度的観点から検討することに主眼を置きたい[17]。

4. 本書の構成

最後に、本書の構成について述べておこう。

本書は、全3編、計12章から成る。

まず、第1編においては、太陽光発電設備の立地規制に焦点を当てて検討した章が並んでいる。第1章では、わが国における太陽光発電設備の立地規制についての現状を踏まえた上で、近年の動向について基礎自治体レヴェルと国レヴェルでの双方の対応の状況について検討する。第2章では、40 haにも及ぶメガソーラー設備の設置をめぐって住民・市民と事業者との間で紛争が生じている大分県由布市の事例について、制度的観点から検討を加えている。第3章では、2015年6月に群馬県で強風によってメガソーラー設備が吹き飛ばされ崩壊した事件を契機として、太陽光発電設備の安全性について建築基準法の単体規制との関係を中心に検討し、ドイツ法を素材として若干の比較法的検討も行っている。第4章は、太陽光発電の中でも、農地の上部空間に太陽光パネルを設置して、地表面で農業生産を行う営農型太陽光発電設備（近年は「ソーラー・シェアリング」と称される）に焦点を当てて、とりわけその法的構成を中心に検討したものである。日本法を中心とする以上の章に対して、第5章は、ドイツにおけるメガソーラーを典型とする野外の（野立ての）太陽光発電設備の立地規制について分析している。

これに対して、第2編では、風力発電設備の立地規制について検討している。第6章は日本法に関する章であって、山形県庄内町と酒田市の事例を分析・検討し、さらには環境省が経産省とともに検討している風力発電設備に関する環境影響評価のあり方について、立地規制の観点から検討している。庄内町と酒田市では、市町村主導で風力発電設備の立地コントロールが行われている。これに対して、第7章から第9章まではドイツにおける風力発電設備の立地規制に焦点を当てている。ドイツでは、風力発電設備の立地をめぐって、1990年代から試行錯誤が続いている。風力発電設備の場合には、太陽光発電設備と異なって、基本的にはBプラン（第5章2⑵参照）での指定を要しないことから、その立地に際して太陽光発電設備の場合とはかなり異なった様相を呈している。第7章は、法制度の展開の起点となった1996年の建設法典の改正を対象として、一方での規制緩和と他方での立地規制の強化についてその内容と意義を分析・検討している。第8章では、その後今日に至るまでの展開について分析した。今日では建設法典を中心とした連邦法レヴェルでの立地規制に対して、今日では州法レヴェルでも多様な法制度の展開が見られ、本章では、その内容と意義を中心に検討を加えている。第9章は、ドイツの洋上風力発電設備の立地規制について分析したものである。周知の通り、ドイツでは洋上風力発電が北海やバルト海に積極的に建設されているが、どのような法制度を前提としていかなる立地コントロールを行っているのであろうか。わが国では洋上での風力発電設備の設置に関する法整備がいまだ十分ではないが、それと対比する意味で執筆した章である。

第3編は、以上で分析したそれら再エネ設備の立地規制の周辺部分で生じている事象について、「環境」、「自治体」、「市民」をキーワードとして分析・検討したものである。第10章は、地域資源の管理の観点から環境保全について考察した章であって、再生可能エネルギー設備の設置をめぐる二つの環境問題に言及している。第11章は、とりわけドイツで近年進行している事象について、「地域における価値創出」、「市民参加」、「再公有化」の三つの論点を中心として考察したものである。「地域における価値創出」については、わが国の再エネ発電設備の設置に際しても意識されるようになっており、本章はエネルギーの地方分散の動きについてドイツを中心に分析・検討した章である。最後に、再エネ発電設備の設置に際しては、用地の確保をめぐって地権者との調整ないし地権者の協力が不可欠であるが、ドイツでは、このプロセスを契約的手法を用いて市町村主導で行ったり、土地所有者が自発的に行ったりする場合がある。第12章では、これらの場合につき、「市町村関与型」と「市民（土地所有者）共同型」とに分類した上で、そのそれぞれについて分析し・検討を加えている。

以上が本書の構成の概要である。第1編の太陽光発電設備と第2編の風力発電設備とでは、日本法について分析した章は第1編の方が多いが、これはわが国では、太陽光発電設備の普及が急であって、風力発電設備のそれを上回ると同時に、立地をめぐる問題も太陽光発電設備（とくにメガソーラー）についてはより顕著に現れている現実を反映したものである。他方、ドイツ法についての分析は、第1編においては一つの章（第5章）しかないのに対して、第2編においては三つの章（第7～第9章）に渡っている。この点は、ドイツでは風力発電設備が太陽光発電設備よりも普及しており、また、その立地をめぐる法制度上の問題も太陽光発電設備の場合よりもより顕著かつ複雑に現れていることを反映している。本書は論文集であるため、各編間のバランスをとることには元々自ずから限界があることは意識していたが、他方で、このアンバランス（日本法とドイツ法の分析に充てた章の数の相違）は、結果的には、わが国やドイツの再生可能エネルギー設備設置の問題状況の位相を端的に表すものとなった。

1）この「転換」を土地法制度につき分析したものとして、広渡清吾『統一ドイツの法変動』（有信堂高文社、1996年）第2章、高橋寿一『地域資源の管理と都市法制』（日本評論社、2010年）第4章参照。
2）ドイツのこの「農政転換」については、わが国ではあまり知られていない。それを分析したものとして、高橋寿一「ドイツの「農政転換」（Agrarwende）―「食の安全」、「農業」、「環境」をめぐる覚書―」清水暁ほか編『現代民法学の理論と課題』（第一法規、2002年）711頁以下がある。
3）脱原発過程を含めてドイツのエネルギー転換を論じる政治学や経済学からの業績として、坪郷實『脱原発とエネルギー政策の転換』（明石書店、2013年）、吉田文和『ドイツの挑戦』(日本評論社、2015 年) 等がある。

4) ドイツでは、再エネの総電力消費量に占める比率は、2014 年末時点で 27.8% であり、2030 年で 50% を、2050 年には 80% をそれぞれ目標としている。ちなみにわが国の場合には 2013 年度で 4.7% に過ぎず、2030 年時点でも 20～22% が目標とされているにとどまる。

5) 豊永晋輔「再生可能エネルギーの法的問題に関する覚書(上)」NBL963 号(2011 年) 24 頁以下、水上貴央「地域主導型再生可能エネルギー事業の重要性とそれを巡る法的論点」青山法務研究論集 6 号 (2013 年) 1 頁以下、遠藤幸子ほか「洋上風力発電等の海洋再生可能エネルギーの事業化における法的課題」NBL1008 号 (2013 年) 30 頁以下、市村拓斗「再エネ特措法上の接続拒否に関する実務」NBL1009 号 (2013 年) 25 頁以下、坂井豊／渡邉雅之『再エネ法入門』(金融財政事情研究会、2013 年) 等、弁護士による著書・論稿が非常に多い。

6) 法学者では、たとえば大塚直「再生可能エネルギーに関する二大アプローチと国内法」法律時報 84 巻 10 号 (2012 年) 42 頁以下、同「わが国における再生可能エネルギーの展開」高橋滋／大塚直編著『震災・原発事故と環境法』(民事法研究会、2013 年) 第 2 章等が嚆矢的業績である。なお、法学以外の研究者で、特別措置法を論じる者としては、たとえば、竹濱朝美「再生可能エネルギー買取制の効果と費用」都市問題 103 号 (2012 年) 20 頁、竹濱朝美／梶山恵司「再生可能エネルギー買い取り制度 (FIT) の費用と効果」植田和弘／梶山恵司編著『国民のためのエネルギー原論』(日本経済新聞社、2011 年) 195 頁等がある。

7) 植田和弘「エネルギーシステムの再設計」植田／梶山・前掲注 6) 313–314 頁。

8) たとえば、原田純孝編著『日本の都市法 I』(東京大学出版会、2001 年) 第 1 章および第 2 章参照。

9) かかる基準には技術基準のみならず立地基準も含む。

10) 村田武／渡邉信夫編著『脱原発・再生可能エネルギーとふるさと再生』(筑波書房、2012 年) 序章および第 1 章、寺西俊一／石田信隆／山下英俊編著『ドイツに学ぶ地域からのエネルギー転換』(家の光協会、2013 年) 第 2 章および終章、諸富徹編著『再生可能エネルギーと地域再生』(日本評論社、2015 年) 序章および第 5 章等参照。

11) 本書の「はしがき」において、「複数領域にまたがる横断的観点からの研究領域」といったのはそのような意味からである。

12) 上記の問題は、ドイツでも議論が始まってからなお日が浅く、議論の帰趨はまだ不透明である。なお、この問題は、2014 年 9 月に開催されたトリア大学環境・技術法研究所主催の第 30 回コロキウム「地方自治体の環境保護」でも、中心テーマの一つとして取り上げられた。その討論記録につき、T. Hebeler (Hrsg), Kommunaler Umweltschutz, 2015, S. 107ff. とりわけ、報告者の一人である Ritgen の下記論文も参照されたい。Vgl. K. Ritgen, Bürgerbeteiligung bei Netzinfrastrukturmaßnahmen auf kommunaler Ebene, in: Hebeler, a.a.O., S. 122–123.

13) バイオマスに関しては、ヨーロッパでは酪農が盛んなことから、木質バイオマスよりも甜菜やトウモロコシ等の農作物や家畜の糞尿等を素材とする有機バイオマスの方が一般的である。しかし、わが国の場合は、木質バイオマスの方が主流であるので、本章では「バイオマス」という場合、木質バイオマスを念頭に置いている。

14) 本章で「水力発電」という場合には、ダム建設を伴う大規模な発電設備ではなく、水流をそのまま利用して発電する小規模水力発電を念頭に置くことにする。前者は地域資源の「利用」というよりも、むしろ「毀損」である。

15) ちなみに、有機バイオマスの場合にも、その大量使用は、他の農業者の農地利用と競合する。近年のドイツではこれが大きな問題となっているが、わが国ではこの問題はほとんど生じていないので本書では扱わない。

16) S. Mitschang/T.Schwarz/M.Klug, Ansätze zur Konfliktbewältigung bei der räumlichen Steuerung von Anlagen erneuerbarer Energien—dargestellt am Beispiel der Windenergie, UPR 2012, S. 401ff（402).

17) 太陽光発電設備と風力発電設備との相違は、第6章2で改めて詳細に論じている。

第1編

太陽光発電設備と国土利用

第１章　再生可能エネルギー発電設備の立地規制
――太陽光発電設備を中心として

1. はじめに

福島原発の事故からすでに５年が経過したが、放射能で汚染された地域への帰還や地域の復興が困難を極めているとともに、福島原子力発電所での放射能の遮蔽作業や廃炉作業も一向に収束の兆しが見えない。一時は、二酸化炭素を放出しないクリーンなエネルギーとして地球温暖化問題への切り札とされた原子力エネルギーも、一たび事故が起こると、人為ではもはや制御不可能なものとなり、地域住民や環境に計り知れない負荷を課する存在となることが明らかとなった。

事故後、政府は再生可能エネルギー（以下、「再エネ」と称することもある）の利用促進を図るために、2011年８月に「電気事業者による再生可能エネルギー電気の調達に関する特別措置法」（以下、「特別措置法」と称する）を成立させ（施行は2012年７月)、太陽光、風力、水力、地熱、バイオマスの再エネ利用によって生産された電力を、一定期間、一定の価格で買い取ることを電気事業者に義務づけた。これによって電気事業者は、原則として、電力買取りに必要な接続や契約締結に応じる義務を負う。買取価格・買取期間については、再エネの種別・設置形態・規模等に応じて、関係大臣（農林水産、国土交通、環境、消費者問題担当の各大臣）と協議した上で新しく設置される中立的な第三者委員会の意見に基づき経済産業大臣が告示する。すでに告示された価格は、発電事業者にとっては採算ラインに乗る水準のようであって、再エネの利用促進が期待されている。

今日までの所、再生エネルギーの中でも太陽光の伸びが最も大きく、他の再エネを大きく引き離している（図１参照)。風力発電とは異なり、太陽光発電

図1　再生可能エネルギー等（大規模水力除く）による設備容量の推移

（単位：万 kw）

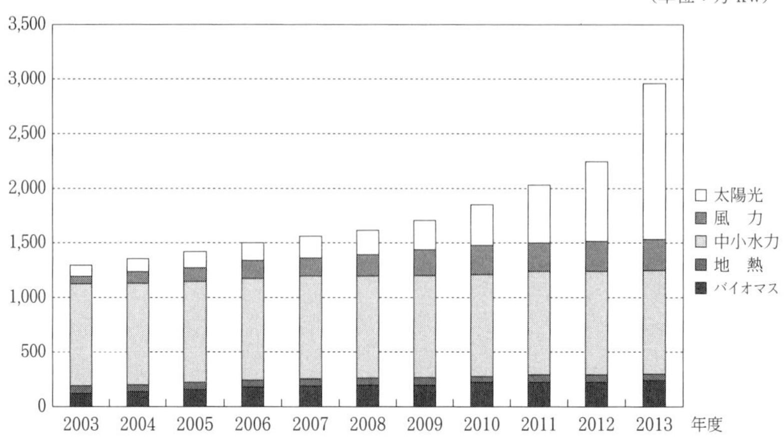

（注）2013 年度の設備容量は 2014 年 3 月末までの数字
（資料）資源エネルギー庁作成

の場合には、環境影響評価法が適用されないため、設備建設の手間や時間を風力発電よりも大幅に短縮することができ、太陽光発電設備の建設事業はバブルともいわれる活況を呈していた。しかし、予想を超える太陽光発電設備の急増に対して、電力会社の送電網の能力が対応できず、北海道、東北、四国、九州、沖縄の五つの電力会社は、2014 年 10 月に固定価格で買い取る契約の新規締結を中断することとし[1)]、再生可能エネルギー事業も一つの曲がり角を迎えている。

ところで、太陽光発電設備については、再エネ先進国といわれるドイツと比較した場合、わが国の再エネ政策および再エネ事業には、大きな三つの特徴がある。

第一に、再エネ事業の担い手についてである。太陽光発電設備には、家庭用と事業用があり、前者は発電設備を家屋の屋根に設置し、電力を自給自足するとともに余剰分を固定価格買取制度によって電力会社に売却するものであり、日独双方において広く見られる。これに対して、事業用とりわけメガソーラーといわれる出力 1 MW（1,000 kW）以上の太陽光発電設備については、わが国では、そのほとんどの場合において、情報通信、金融、建設・不動産、商社等の（大）企業が事業主体となっている。この点は、初期投資に多額の資金が必要となることを考えればとりたてて不思議なことではないかもしれないが、ドイツの場合には、ドイツのメガソーラーに相当する出力 500 kW 以上の大規模太陽光発電設備については、市民や農業者が事業主体となっている割合が件数比で 28% を占めている。ドイツでは「基金・銀行」が事業主体となる割合が 33% を占めているが、この多くも貯蓄銀行（Sparkasse）等の地域金融機関が主体であり、基金に市民や農業者が出資しているケースも多く、実質的には、市民・農業者が主体である場合も相当に多い。これを太陽光も含めた全種類の発電設備主体別で見た場合は、その傾向はより明確になり、「市民」と「農業者」のみで 51% を占める。市民や農業者が事業主体となることによって、様々な意味で地域への経済効果が生じる。たとえば、売電収入、土地の賃料、固定資産税、事業者の法人税、設備の維持・管理の際の地元企業の活用、地元での雇用効果等である。ドイツでは、再エネ事業が、地域でのこのような経済効果を主とした価値を生み出すことを「価値創出」（Wertschöpfung）と称しており、市民や農業者が、自治体や自治体公社等を巻き込んで、積極的に再エネ事業を推進している。これに対して、わが国の場合には、このような動きは未だ点的であって、公共団体や協同組合が事業主体となっている事業は、全事業（565 件）の内、僅かに 37 件（6.5%）に過ぎない[2)]。

第二に、再エネ設備の立地についてである。認定を受けようとする事業者は、まず施設建設のための用地を確保しなければならない。太陽光発電設備の場合は、メガソーラーともなると、数十 ha にも及ぶ広大な敷地を必要とする。かかる敷地を事業者は賃借や購入によって取得するのであるが、取得に際しての立地上の法的制限はあるのであろうか。わが国の場合、取得しようとしている土地の属性によって、行政庁の許認可を要する場合があるが、その旨を定める個別法がない場合には、立地上の規制はない。個別法としては、たとえば、森林法、農地法、自然公園法、海岸法、温泉法等である。太陽光発電設備の場合、とりわけ野外のそれについては周囲の景観への影響は少なからず存在するし、地域の環境に影響を及ぼすこともあろう。しかし、上記の個別法がない場合には、どこにどれだけの数の太陽光発電設備を建設しても自由である（前述したように環境影響評価法による環境アセスの対象ともならない）。これに対して、ドイツの場合には、本書第5章で実態も含めて検討するように、計画法上の立地コントロールがかなり周到になされていて、上記のようなわが国の状況とは大きく異なる。

第三に、固定価格買取制度自体にも、わが国の場合には大きな特徴がある。すなわち、経済産業大臣による発電事業者としての認定を受けても、発電設備の建設に着手しない業者が非常に多い。これは、特別措置法に基づいて定められる電力買取価格は、年次を経るにつれて逓減して行くために、実際の施設建設の予定がなくても、発電事業の認定だけは早々と得て高い水準での買取価格を確保しておき、後は、建設コストが下がるまで放置するか[3)]、または売電し得る地位（売電権）を転売してしまうためである[4)]。かかる事態は、再エネの利用促進を阻害するばかりでなく、施設建設は後年に行われるにも拘らず、電力の買取価格はそれ以前の（高い）価格水準で決定されるという不公平・不公正な事態を招くことになる。

かくして、一方では、実際の建設予定の有無に拘わらず、経済産業大臣による発電事業者としての認定が大量に出され、他方では企業を中心とする事業主体によるメガソーラーが全国の至る所に建設されることになった。この光景は、1970年代初頭の日本列島改造や1980年代後半のバブル期のリゾート開発ブームにおける企業による地方の土地取得・土地投機を彷彿とさせるものがある。

ところで、上記のわが国の状況に対して、政府は、第三の点を中心に対処しようとしてきた。たとえば、政府は、(イ)買取価格（調達価格）そのものを引き下げること、(ロ)買取価格の決定時期を遅らせて、従来の「接続申込時」から「接続契約時」に変更すること、(ハ)接続契約締結後1か月以内に接続工事費用が入金されない場合や契約上の予定日までに運転が開始されない場合には、接続枠を解除できることとした。これらの措置は、接続枠のみを確保して事業を開始しないいわゆる「空押さえ」を防止することを目的としており、上記の公正・公平を欠く事態を防止することが期待される[5)]。

本章は、上記の第二の問題についてわが国の状況を中心として検討を行おうとするものである。以下では、まず、第2節においてメガソーラー設備の立地状況について分析・検討した後に、第3節では基礎自治体レヴェルでは、この問題について一般的にいかに対応しているかを検討し、最後に、第4節において政府レヴェルでの対応状況を2013年11月に制定された「農林漁業の健全な発展と調和のとれた再生可能エネルギー電気の発電の促進に関する法律」(以下、「新法」と称することもある）を中心として検討する。

2. メガソーラー設備の立地状況について

(1) 一般的状況

わが国においては、メガソーラー設備はどのような土地の上に設置されているのであろうか。わが国の場合、政府や官庁はこの種の統計を公表していないため、詳細は不明であるが、山下英俊が新聞記事を集計した結果を公表しており、非常に興味深い。表1を見てみよう。

本表から、立地される土地の種別は、「工業用地」が最も多く（212／565件、37.5%)、以下、「廃棄物等処分場・採土跡」、「公共用地」、「塩田・埋立地」、「農林業用地」…と続く。この内、「工業用地」と「廃棄物等処分場・採土跡」の二者（計267／565件、47%）は、その性質上立地上の問題は小さいように見えるが、決してそうではない。たとえば、工業用地上の立地について隣地が吉野ヶ里遺跡であった例、鉱山跡地での立地について地元NPOが文化財として

表1　メガソーラーの土地種別毎の立地状況

	全事業		稼働済		進捗率	
	件数	出力(MW)	件数	出力(MW)	件数(%)	出力(%)
工業用地	212	1,248	131	302	62	24
廃棄物等処分場・採土跡	55	277	35	88	64	32
塩田・埋立地	19	338	9	16	47	5
農林業用地	19	92	7	14	37	16
公共用地	26	79	14	23	54	28
ゴルフ場跡地	14	63	7	24	50	39
その他	14	231	53	98	67	43
情報なし	141	1,402	70	120	50	9
合計	565	3,731	326	686	58	18

（資料）　山下英俊「日本におけるメガソーラー事業の現状と課題」一橋経済学7巻2号（2014年）136頁から作成。

の保存を求めていた事例、干拓地への立地について野鳥生息地であった事例等が報告されており、これらのいずれの事例においても、すでにメガソーラー事業者による設備の建設ないし稼働が始まっている[6)]。また、「公共用地」や「農林業用地」についても、立地に際して周辺の土地利用との間で問題が生じうることは十分に予想される所である。農林業用地や公共用地については、表1によれば、件数は少ないものの、メガソーラーは1件当たりの転用面積が非常に大きく（たとえば、後述の由布市では1件で40 haのメガソーラー設備の設置が計画されている）、当該地域や周辺地域の土地利用との摩擦も大きい。そこで、以下では、統計がとられている農地を素材として、太陽光設備の立地状況を見てみよう。

(2)　農地への立地状況

農地を転用して太陽光発電設備を作る場合には、農地法の転用許可が必要である。これには、農業者が自己所有農地を転用する場合（農地法4条）と、主に非農業者が太陽光発電設備を建設する目的で農地利用の権原（所有権、地上権、賃借権等）を取得する場合（同法5条）とがある。

ここで、表2を見てみよう。

本表は、静岡県における太陽光発電設備建設のための農地転用の状況を示したものである。「一般型」は、上記4条および5条に基づくものであり、「営農型」は、営農しながら田畑の上に太陽光発電設備を設置するもので、期限を付

表2　静岡県における太陽光発電設備設置のための農地転用状況

（単位：件、㎡）

暦年	一般型		営農型	
	件数	設置面積	件数	設置面積
2010	1	416	0	0
2011	2	549	0	0
2012	14	8708	0	0
2013	102	205,746	6	6,792
2014(～5月)	155	187,515	12	8,405
合計	274	402,934	18	15,197

（資料）　静岡県農政課調べ。

された農地転用である（一時転用)。2012年7月の固定価格買取制度の施行以降、農地転用は件数、面積ともに増加していることがわかる。とりわけ、2013年、2014年（5月までの数値）とその伸びは爆発的とすらいうことができよう。その結果、2014年5月時点で、計292件、41.8 haの規模で太陽光発電設備が建設された。

静岡県は、日照に恵まれているため（日照時間の長さで全国5位)、太陽光発電設備の建設が盛んであるが、この傾向は全国レヴェルでも確認することができる。

表3の全国レヴェルでの統計においても、2012年から急増しており、静岡県と同様の傾向を確認することができる。

ところで、前述した新法の施行は2014年5月であって、施行されてからまだ間もないが、固定価格買取制度自体はすでに2012年7月に運用を開始していたため、設備建設が全国に広がり地域に様々な影響を与えるにつれて、基礎自治体もその対応に乗り出した。そこで、以下では、いくつかの自治体を取り上げて、その一般的な対応状況について検討していこう。

表3　全国における太陽光発電設備設置のための農地転用状況

（単位：件、ha）

年度	一般型		営農型	
	件数	設置面積	件数	設置面積
2011	18	0.7	0	0
2012	1,149	263.9	3	0
2013	6,289	1,349.5	94	2.1
2014(～9月)	5,197	1,072.0	85	0.2
合計	12,653	2,686.1	182	2.3

（資料）　農林水産省農村計画課調べ。

3. 市町村の対応

1で述べたように、わが国の土地法制では、設置しようとする土地の属性に応じてそれに適用される法律があればそれによって処理されるが、そのような法律がなければ、事業者は再エネ設備をどこでも自由に設置することができる。

2012年後半から急激に進行した太陽光発電を中心とした設備設置に対して、市町村の中には強い危機感を持ち、独自の対応を行ったところも多い。以下では、いくつかの市町村の例を見てみよう。

(1)　由布市[7)]

高名な温泉地・湯布院を擁する大分県由布市では、2013年後半からメガソーラーの建設計画が相次ぎ、2013年末時点では市内に約50件程の計画が持ち上がっているそうである。中には中国系の投資会社によって計120 haにも及ぶ広大な土地への建設も予定されており、議会では景観侵害の観点から複数の議員から市長にこの問題への対応を求める声が相次いだ[8)]。それへの対応策として出されたのが、2014年1月に制定された「由布市自然環境等と再生可能エネルギー発電設備設置事業との調和に関する条例」（第2章末尾「参考資料」参照）である。本条例の内容を見てみよう。

本条例は、「由布市における美しい自然環境、魅力ある景観及び良好な生活環境の保全及び形成と急速に普及が進む再生可能エネルギー発電設備設置事業との調和を図るために必要な事項を定めることにより、潤いのある豊かな地域社会の発展に寄与することを目的」としている（同条例1条）。

この目的を達成するために、事業者は、「由布市の自然環境、景観及び生活環境に十分に配慮し、事業を行う区域の住民との良好な関係を保つよう努め」、また「その事業に必要な公共施設及び公共的施設を自らの負担と責任において整備するよう努めなければならない」責務を負う（同条例5条）。

具体的には下記の通りである。

(i)市長は、(イ)貴重な自然状態を保っていること、(ロ)優れた景観を保っていること、または、(ハ)歴史的または郷土的特色を有すること、のいずれかの事由があり特に必要があると認めるときは、事業を行わないよう事業者に協力を求める区域（抑制区域）を定めることができる（同条例8条）。

(ii)事業者は、事業を施行しようとする場合には、事業の概要を説明する書類その他の法定の書類を添えて市長に届け出て、協議をしなければならない（同条例9条）。

(iii)事業者は、市長への届出の前に、当該自治会の住民に対して説明会を開催すると共に、近隣関係者に対して説明しなければならない（同条例10条、11条）。

(iv)市長は、審査に際しては、必要に応じて、審議会（由布市自然環境等と再生可能エネルギー発電設備設置事業との調和に関する審議会）に諮問することができる（同条例12条、13条）。

(v)市長は、必要に応じて事業者に対して、指導、助言または勧告を行い、事業者は指導、助言または勧告の処理状況を報告しなければならない（同条例14条）。事業者が、これらの指導、助言または勧告に応じないときは、市長はその事実を公表することができる（同条例18条）。

(vi)上記(i)の抑制区域は事業区域の面積に関わらず適用されるが、(ii)以下の手続は、5,000 m^2を超える事業にのみ適用される（同条例17条）。

由布市では、実はすでに2013年3月に「由布市太陽光発電施設設置事業指導要綱」が告示されていたが、適用対象となる事業は10,000 m^2超の事業であったし、また、「抑制区域」の指定もできなかった。上記の条例は、2013年の要綱を条例に格上げすると共にその内容を詳細にした点で重要な意義を持つ。この条例については、「潤いのある町づくり条例」（1990年）（第2章2(2)参照）を生み出した旧湯布院町を擁する由布市が作ったということもあり、マスコミではしばしば取り上げられた。

ただし、以下の点には注意が必要である。

第一に、上記(i)の抑制区域は、事業区域の面積のいかんを問わず指定されるが、「事業を行わないよう協力を求める区域」であって事業者への施設設置に関する法的な拘束力はない[9]。

第二に、抑制区域以外の地域については、上記(ii)以下の手続が適用されるが、5,000 m^2を超える事業にのみ適用されるにとどまり、適用される場合でもそれに違反した事業者に対しては事実の公表によって対処するに過ぎない。また、5,000 m^2以下の事業については、市長への届出等の手続は必要ない。

このように土地利用規制の観点からみると、本条例は、立地のコントロール手法としてはなお課題が残るということができる。

⑵　富士宮市

富士山麓に位置する富士宮市を含む静岡県は、2 で触れたように、わが国でも日照に恵まれた地域であるため、太陽光発電設備が多い。富士宮市は富士山への登山口の一つに当たるため、とりわけ景観の維持・保全を重視してきた。そこで本市では、次のような対応をしてきた。

(i)富士宮市では、従来から、「良好な環境の整備と自然環境を保護すること」を目的として「富士宮市土地利用事業の適正化に関する指導要綱」を策定していたが、2012 年 4 月 1 日から、この要綱に基づいて、「大規模な太陽光発電設備及び風力発電設備の設置基準」を定め、太陽光と風力の発電設備の設置に際しての立地基準を設けた。それによると、第一に、(イ)太陽光電池モジュール（太陽光パネル）の面積合計が 1,000 m^2 を超えること（風力発電設備の場合には高さ 10 m を超えること）、(ロ)施行区域面積が 3,000 m^2 以上であること、(ハ)土地の区画形質の変更または用途変更を伴うこと、のすべてを満たす事業については、本要綱に定められている設置基準を遵守することが求められる。設置基準は、「環境」「施設」「防災」「道路」等の項目毎に細かな基準（法令基準もあれば行政指導によるものも含む）から成り立っており、すべてを満たすことが求められる。

第二に、市は、設備の設置自体を行わないように協力を求める地域（抑止地域）を定めることができる。この抑止地域は、由布市の抑制区域とその基本的性格は同じである。すなわち、事業規模の大小を問わずに適用され、抑止地域内での設備設置を抑制しようとするものであり、また事業者への法的拘束力はない。ただ、由布市と異なって注目すべきは、抑止地域の指定の広範さにある。市街地およびその周辺部を除く市域すべて（市域全体の 75%）が抑止地域に指定されているのである。これほど広大な面積が抑止地域に指定されると、本市では、実質的には、抑止が原則であり、抑止地域の指定のない地域にのみいわば例外的に設備設置ができる、という構造になっているといえる。

第三に、この要綱の改正が、固定価格買取制度の運用開始前に行われていることも注目すべきである。富士宮市が、太陽光・風力発電設備の濫立について、以前から警戒・留意してきたことを示している。

(ii)富士宮市ではさらに、(i)の指導要綱に加えて、富士山景観条例に基づいて、富士宮市景観計画の重点地区内での設備設置の場合には設備の規模の大小を問わず届け出ることが求められるが（景観法16条参照）、その際には、景観形成基準へ適合することが必要となる。重点地区は市域の中でも非常に限られているが、重点地区以外でも、太陽光についてはパネルの面積合計が1,000 m^2を超える場合（風力発電設備については高さ10 mを超える場合）には届出の対象となり、景観形成基準へ適合が求められる。この景観形成基準は、上記富士山景観条例の景観計画（7条）に基づいて定められたものであって、(i)の設置基準とは別の、景観保全の見地から定められた基準である。たとえば、「太陽光発電設備の最上部は、できるだけ低くし、周囲の景観から突出しないようにする」、「主要な眺望点や主要な道路などから見た場合に、富士山や天子山系への景観を阻害しないよう配置の工夫や植栽などにより修景を施す」、その他パネルや付属設備の色彩が景観に調和することや、素材の面では低反射の物を使用すること等、設備の形・色・材質等の点で景観や環境に配慮することを求める内容となっている。

このように富士宮市では、上記(i)と(ii)の基準を満たす場合に設備の設置を認めており、法的拘束力という点では限界はあるものの、かなり詳細な規制を行っているということができる。

(3)　佐久市

長野県では飯田市の太陽光発電が有名であるが、県内には飯田市の他にもいくつか注目すべき自治体がある。その一つである佐久市は、年間の日照時間が全国でもトップレヴェルであるという特性を生かすべく、太陽光発電設備の普及・促進を図っており、由布市や富士宮市とは異なって設備設置に積極的である。しかし、設備設置の促進は、他方で「自然災害の発生等による市民生活への影響」を懸念させるため、設備設置について下記の規制を設けている。

第一に、自然環境保全条例による規制である。本条例は、自然保全地区（自然環境が良好な地区の内その地区の自然環境を保全することが特に必要なものとして市長が定める地域）や環境保全地区（郷土的または歴史的特色を有する地区の内その地区の自然環境を保全することが特に必要なものとして市長が定める地域）において、建築物や工作物の新築・改築・増築を行う場合等法定の行為を行う場合には、市長の許可を受けるか（自然保全地区の場合）または届け出なければならない（環境保全地区の場合）（同条例８条、９条）。これを受けて2013年12月に本条例の施行規則が改正され、８条の許可を要する行為に、「太陽光発電設備の設置、改修又は増設：面積500平方メートル（を超えるもの…筆者注）」が新たに加えられた（同条例施行規則３条）[10]。この条例では、自然保全地区内での設備の設置のためには、市長の許可が必要であって、事業者へのお願いを内容とする由布市や富士宮市よりも規制が強力である。また、許可を要する設備の下限面積を500 m^2 超まで引き下げており、メガソーラーであれば、もちろんこの基準を超える[11]。

第二に、自然保全地区は、原則として市内の山林、原野全域について指定される。したがって、由布市や富士宮市の抑制区域や抑止地域のようにエリアを指定する方法ではなく、農地法のように、当該土地の現況（地目）によって当該地区に属するか否かが判断される。

第三に、自然環境保全条例の適用対象地域以外の地域に対しては、佐久市では従来から「佐久市開発指導要綱」を適用し、事業者に市との事前協議を求めてきたが、2013年12月に要綱を改正し、要綱の適用を受ける行為の一つとして、「1,000平方メートル以上の土地に太陽光発電設備を設置するものであって、土地の区画形質の変更を伴うもの」を新たに付加した（同要綱３条３項）。もとより、1,000 m^2 という下限面積があるし、土地の区画形質の変更を伴わなければ指導要綱は適用されず、またそもそも行政指導に過ぎない等の点で必ずしも完全とは言えないものの、ともかくこれによって市域全域について、太陽光発電設備の設置についての立地基準が設けられたことになる。

(4)　若干のまとめ

以上、メガソーラー設備の立地規制に対して積極的とみられる三つの市における扱いを見てきたが、その基本的構造をまとめれば、下記のようになろう。

第一に、由布市では条例に基づく抑制区域、富士宮市では指導要綱に基づく抑止地域、佐久市では条例に基づく自然保全地区の指定によって、いずれもこれらの区域や地区内での太陽光発電設備の設置を基本的には抑制している。ただし、地区指定の効果は、前二者では、事業者の任意の協力に依拠するのに対して、最後者は、市長の許可制に係らしめている。したがって、法的拘束力の点では、佐久市の規制が最も厳しいともいえるが、佐久市の場合も一定の要件（「佐久市自然環境保全条例に基づく許可・指導基準」）を満たせば許可は与えられるし[12]、500 m^{2}以下の事業にはそもそも許可は必要ではない。

第二に、それ以外の地域については、いずれも事業者に対して地域住民等の利害関係者や市長との事前協議を求める点では共通している[13]。その意味では、三市とも、市域全域を対象として、市の何らかのコントロールが及ぶ構造となっている。ただし、条例や指導要綱が適用される施設の規模が三つの市では異なっており、由布市では5,000 m^{2}超、富士宮市では3,000 m^{2}以上、佐久市では1,000 m^{2}以上である。これらの面積を下回る事業については、条例や指導要綱は適用されない。面積の上では、由布市と佐久市とでは5倍もの開きがある。三市の中では佐久市の基準が最も厳しいが、他方で、佐久市では土地の区画形質の変更を伴うことを要件としている。

第三に、三市の中で立地規制が最も厳しい佐久市では、太陽光発電設備の設置の普及・促進が図られている点も興味深い[14]。佐久市の近隣の飯田市では、太陽光発電設備が市や市民主体で運営されていて、固定価格買取制度による売電収入が市や市民に還元される仕組みを構築している。佐久市でも、このような方向性を目指しているものと思われる。発電設備の立地を適正に誘導しながらその設置を奨励していくことは、その実現のための手法さえ備えれば十分に可能であると思われる。

このように、市町村は近年、条例や指導要綱の策定によって積極的に対応しようとしており、その手法には法的拘束力の点での限界はあるものの、どこまで実効性を担保できるのかが極めて重要となろう。

それでは、今般成立した前述の新法では、立地コントロールは十分に行われているのであろうか。その内容をどう評価すべきか検討しよう。

4.「農林漁業の健全な発展と調和のとれた再生可能エネルギー電気の発電の促進に関する法律」について

(1) はじめに

わが国では、特別措置法が制定された後、農山漁村の発展と調和のとれた再エネの促進を目的として、当時の民主党政権は、2012年2月に「農山漁村における再生可能エネルギー電気の発電の促進に関する法律案」を国会に提出した。しかし、本法案は審議未了によって廃案となり、その後、自民党政権の下で、「農林漁業の健全な発展と調和のとれた再生可能エネルギー電気の発電の促進に関する法律」という名称の下で改めて法案が提出され、2013年11月に成立した（施行は2014年5月）。政権交代によって法案の行く末が懸念されたが、ようやく施行の運びとなった。前者の法案（以下、「旧法案」と称する）については、すでに別稿で検討したが廃案になってしまったため[15)]、以下では後者の法律（新法）について検討したい。

(2) 基本理念

新法は、「土地、水、バイオマスその他の再生可能エネルギー電気の発電のために活用することができる資源が農山漁村に豊富に存在することに鑑み、農山漁村において農林漁業の健全な発展と調和のとれた再生可能エネルギー電気の発電を促進するための措置を講ずることにより、農山漁村の活性化を図るとともに、エネルギー供給源の多様化に資することを目的とする」（1条）。すなわち、第一義的目標は農山漁村における再生可能エネルギー電気の発電促進を通じた農山漁村の活性化であるが、同時にエネルギー供給源の多様化をも図ろうとするものである。この目的規定は、旧法案1条と同じであるが、新法では第2条として、下記の規定が付加された。

「第二条　農山漁村における再生可能エネルギー電気の発電の促進は、市町村、再生可能エネルギー電気の発電を行う事業者、農林漁業者及びその組織する団体その他の地域の関係者の相互の密接な連携の下に、当該地域の活力の向上及び持続的発展を図ることを旨として、行われなければならない。
2　農山漁村における再生可能エネルギー電気の発電の促進に当たっては、食料の供給、国土の保全その他の農林漁業の有する機能の重要性に鑑み、地域の農林漁業の健全な発展に必要な農林地並びに漁港及びその周辺の水域の確保を図るため、これらの農林漁業上の利用と再生可能エネルギー電気の発電のための利用との調整が適正に行われなければならない。」

上記の1項では、関係者が緊密に連携しながら再エネ電気発電の促進と地域の活力向上等を図るべきとされ、2項では、農林地や漁港・水域について農林漁業上の利用と再エネ電気発電のための利用とが適切に調整されることが求められている。本書の問題関心との関連では、この第2項に基づいて要請されている適切な利用調整について、新法ではいかなる配慮がなされ、それをいかに評価すべきかを検討することが重要である。この点を検討することによって、農山漁村における再エネ発電設備の立地に関する政府の基本的姿勢の一端を読み取ることができよう。

(3)　内容

(a)基本的構造

まず、主務大臣が農山漁村における農林漁業の健全な発展と調和のとれた再生可能エネルギー電気の発電に関する基本方針を策定し（新法4条）、それに基づき、市町村は基本計画を策定することができる（同法5条）。基本計画においては、たとえば、発電設備についての整備を促進する区域（以下、「設備整備区域」と称する）、発電設備の種類・規模、施設整備と併せて農林業上の効率的総合的な利用の確保を図る区域とそこで実施する施策、農林地所有権移転等促進事業に関する事項（後述）が定められる。基本計画の策定は市町村の任意であるが、発電設備の整備を行おうとする者は、市町村に対して基本計画の作成についての提案をすることができる（同法5条6項）。

なお、市町村が基本計画を作成する際には、作成・実施についての協議を行うための組織として協議会を設けることができる。協議会は、市町村の他、発電設備整備希望者、農林漁業関係者・団体、関係住民、学識経験者等によって構成され、協議会の構成員は協議が整った事項についてはその結果を尊重しなければならない（新法６条)。利害関係者の利害はここで総合的に衡量され、基本計画の内容については利害関係者の尊重義務が生じる。

かくして作成された基本計画を前提として、設備整備区域内において発電設備の整備を行おうとする者は、設備整備計画を作成し、先述した基本計画を作成した市町村の認定を申請することができる。設備整備計画では、設備整備の内容・期間、施設用の土地・水域の所在・面積等、農林漁業の健全な発展に資する取組内容[16)]、これらに要する資金の額や調達方法等が記載される。市町村は、申請された設備整備計画について、基本計画への適合性、実現可能性を審査し、設備整備行為に係る諸法律（農地法、森林法、漁港漁場整備法、海岸法、自然公園法、温泉法）における許可権者の同意を得た上で、当該計画を認定する（新法７条)。特徴的な点は、(イ)許可権者の同意を得る主体は設備整備希望者ではなく市町村であること、(ロ)認定された場合には、認定設備整備者によってなされる個々の法律についての許可申請に対して許可が一括して付与されたものとみなされることである（同法９条から15条。「手続のワンストップ化」と称される)。

(b)発電設備整備事業者による土地利用権原の取得

このように設備整備計画が認定された場合、次に、認定設備整備者は、設備用地や周辺地域の農林業の利用の確保に必要な用地を確保しなければならないが、土地利用権原の取得は、計画策定市町村の定立する所有権移転等促進事業に基づく所有権移転等促進計画（以下、「促進計画」と称する）によって行われることになる。この手法は、農業経営基盤強化促進法の農用地利用集積計画（同法18条ないし20条）に倣ったものであり、最終的には促進計画が公告されることによって、所有権移転等の効果が生じる（新法17条および18条)。この計画には、関係する土地の詳細、権利の移転に関する当事者の詳細、移転される権利が所有権の場合には対価・支払方法、移転される権利が地上権・賃借権・使用借権の場合には内容・期間・地代（地上権の場合）または借賃（賃借権の場合）等が記載される。また、促進計画では、基本計画や既存の農業振興地域整備計画・都市計画に適合していること、関係する地権者全員が同意していること、計画の内容が周辺地域の農林地の農業上の利用の確保に資する内容であること、農用地としての利用のための移転の場合には農地法3条2項により1項の許可をすることができない場合に該当しないこと等が必要とされ、農業委員会の決定を経て策定される（同法16条）。策定後、促進計画は公告され、それによって権利移転等の実体法上の効果が発生する。

⑷　特徴と検討

新法は、〈基本方針→基本計画→設備整備区域→設備整備計画→所有権移転等促進計画〉という流れの中で徐々に具体化される。この流れの中で重要なものはまずは基本計画である。基本計画で設備整備区域が定められるので、発電設備はこの区域内で設置される。設備整備計画では、設備整備区域内で立地される設備の具体的な場所・内容（種類・規模等）、農林漁業との関係等が記載される。そして、発電設備用地は所有権移転等促進計画によって一定の地域に集団化されることが目指される。

⒜基本計画

このように発電設備整備の立地コントロールとしては、市町村の作成する基本計画がまずは出発点となるわけであるが、基本計画の策定は市町村の任意である（新法5条）。また、基本計画の策定との関係では「協議会」という組織が重要である。協議会は、基本計画において定められるべき事項について様々な利害関係者の利害を調整する組織である。設備整備区域の設定等も協議の対象となるために立地の際の利害調整手続として重要な機能を果たす。しかし、新法は、協議会の設置についても、基本計画を策定する市町村の任意であるとしており（同法6条1項）、この点でも新法の実効性については疑問が残る。

⒝設備整備区域について

設備整備区域内での発電設備の設置については、新法では下記の措置がとられている。

第一に、農地法、森林法、漁港漁場整備法、自然公園法、温泉法等当該発電設備の設置に際して関係する法律で必要とされる許可または届出の手続が市町村の認定によって一括してなされた（届出については当該規定を適用しない）ものとみなされる。認定に際しては、市町村は、関係の法律における都道府県知事等の許可権者等と協議し必要な同意を得なければならないが、発電設備整備事業者にとっては、個々の法律毎に個別の許可を取らなくて済むことになり、手続が大幅に簡易化・迅速化されることになる。

第二に、設備整備区域の設定に際しては、農用地区域は含めてはならないこととされているが、第一種農地は一定の要件を満たす場合には含めることができ、含められれば転用許可がなされることになる（2014年5月16日「農林漁業の健全な発展と調和のとれた再生可能エネルギー電気の発電の促進による農山漁村の活性化に関する基本的な方針」（号外農林水産省、経済産業省、環境省告示第2号）（以下、「基本的方針」と称する）第三・2⑴①）。すなわち、(イ)農用地として再生利用が困難な荒廃した農用地については第一種農地であっても設備整備区域に含めて転用許可がなされることとなり、また、(ロ)農用地としての再生利用が可能な荒廃した農用地であっても、(α)生産条件が不利で相当期間耕作等の用に供されず、かつ、(β)耕作等を行う者を確保することができないため今後も耕作等の用に供される見込みがない農用地については、第一種農地であっても設備整備区域に含めて転用を許可することができる[17]。

第三に、この設備整備区域の法的性格を理解するために設備整備区域外の土地利用について若干付言しておこう。市町村が設備整備区域を設定した場合、その区域外では発電設備を設置することはもはやできなくなるであろうか。この問題は、設備整備区域の土地利用規制の法的拘束力の射程範囲にも関わる問題でもある。この点、立法者意思は、区域外では、通常の個別法による処理に委ねていると考えられる。すなわち、設備整備区域外の農地上での発電設備の設置については、農地法の転用許可基準やその他の関係する法律の基準を満たせば、従来通り発電設備の設置を認めることになるものと思われる。したがって、設備整備区域の指定は、指定区域外での発電設備の設置を排除する効果を持つものではない。

(c)所有権移転等促進計画

前述したように、設備整備区域内における再エネ設備事業者による土地利用権原の取得に際しては、農林地所有権移転等促進事業が実施される。この事業は市町村によって、「必要があるとき」（新法16条1項）に実施され、これによって、散在する耕作放棄地を集約し発電設備事業用地を捻出しようとするものである。ただ、この手法についても下記のような疑問が残る。

発電設備を設置すれば農業収益に比して莫大な売電収入が得られるので、本事業における農地の権利移転が順調に進むかという問題がある。農用地利用増進法（1980年）の利用権設定等促進事業に由来するこの制度は、元来は土地の農業的利用を前提として、貸し手・借り手ないし売主・買主間の利害を円滑に調整しながら土地を流動化させることを目的としていた。新法では、これまで比較的円滑に機能してきたこの制度を、発電設備用地の集約化や農業の担い手への農地の集約化に利用しようとするものである。前述した基本的方針もこの問題を意識して、「本事業により設定又は移転される権利に係る対価、地代又は借賃の額等については、地域における他の再生可能エネルギー発電設備の整備や農林地の農林業上の利用を行う場合の地代等と均衡するように定めることが重要である」とし、具体的には、「ア　再生可能エネルギー発電設備の用地の地代等については、当該市町村の他の区域における再生可能エネルギー発電設備の整備のための土地の取引価格や権利の設定期間等を調査した上で算定すること」「イ　農地の地代等については、農業委員会が提供している農地の借賃等に関する情報をも参考にしつつ、当該農地の生産条件等を勘案して算定すること」と述べている（基本的方針第5・1⑸②）。

しかし、上記の基本的方針は、発電用地と農地のそれぞれについて他の地域と均衡のとれた地代等を定めることのみが記載され、異種の土地利用間の地代格差の問題には触れるところがない。地代レヴェルでいえば、再生可能エネルギー用地と農地の地代水準は十数倍の乖離があり、土地価格についても同様であろう。地代や土地価格に顕著な格差がある異種の土地利用間の利害調整を市町村がこの手法を通じて円滑に行うことができるかについては、農用地利用増進法の利用権設定等促進事業の時以上の大きな困難が待ち受けているといえよう[18]。

⒟目的との関係

新法は、農山漁村の活性化とその持続的発展（例：農林漁業の健全な発展に資する取組み等）、を目的とすることを明示した（新法2条1項、5条2項5号）。本法は、事業者にとっては第一種農地でも建設でき、かつ手続もワンストップ化される等使い勝手がよくなるように配慮されているが、他方で、地域の活性化や農林漁業の発展に資する取組みを実施することを事業者に求めており、これらは、基本計画（同法4条2項5号）および設備整備計画の認定（同法7条2項2号）の際に審査されることとなっている。この点、現状のように事業主体が地域とは無関係な企業である場合には、売電収益の縮減につながるこのような取組みを企業がどの程度行うかは甚だ疑問である。むしろ、政策の方向としては、ドイツのように地域の構成員である市民や農林漁業者が実質的に事業主体となる方途をまずは具体化し促進すべきであろう[19]。新法は施行後本章執筆時点で1年余りしか経過していないこともあってか、基本計画を策定した市町村はまだ四つである[20]。基本計画の作成に始まり所有権移転等促進事業にまで至る新法の仕組みを使いこなすことは、市町村にとっても容易ではなく、新法が理念倒れに終わるおそれなしとはしない。

5. むすびに代えて

本章は、再生可能エネルギー発電設備の立地についてその現状と問題点を検討したものであるが、以上の分析の結果、以下の点を最後に指摘したい。

第一に、基礎自治体レヴェルでの対応と国レヴェルでの対応という観点からいえば、現在の所、前者の対応には限界がある。しかし、この点を国レヴェルでの法律が補完しているかといえば、事態はむしろ国法レヴェルでは従来の規制を緩和する方向に動いており、市町村、国とも再エネ設備の立地に対して適切なコントロールを行い得ていない。

第二に、国法レヴェルでは、本章は新法の検討にとどまったが、個別法領域では他にも同様な傾向を指摘できる。たとえば、自然公園法では、2012年に法改正を行い、地熱発電所建設のために第二種および第三種特別地域においては垂直掘りまたは地域外からの斜め掘りによる開発を許可できるようにしたり、現在は、風力発電設備の建設期間を短縮するための環境影響評価法の改正が環境省と経産省の双方で意図されている。これらの個別法の改正によって再エネ設備の立地がどのような方向に進むかは十分に注視していかなければならない。

再エネ設備の立地の促進は今後のわが国においては不可欠の課題である。他方で、かかる設備が地域社会や自然環境・景観を侵害することがあってはなるまい。われわれは、この両者の課題が同時に達成できる解を求めなければならない。

1）「再生エネルギー新規契約　電力5社相次ぎ停止」朝日新聞2014年10月1日。
2）本文の数値については、山下英俊「日本におけるメガソーラー事業の現状と課題」一橋経済学7巻2号（2014年）139頁参照。
3）経済産業省によると、2013年10月までに認定された太陽光発電設備（10 kW以上）は、2,249万kWであるが、実際に建設され運転を始めた設備は、383万kWに過ぎず、僅か17％しか稼働していない（読売新聞2014年1月13日）。稼働施設の少なさには驚くばかりである。
4）なお、認定後の売電権の売買は法的には可能である。そのため、売電権の付いた土地の売買は元々3億円の土地が45億円で転売される事例（島根県のゴルフ場）等、バブル期の土地売買のような様相を呈しているという（日本経済新聞2014年4月11日）。なお、本記事によっても、認定を受けた事業のうち実際に稼働しているのは20％程度に過ぎないとされる。
5）日本経済新聞2014年2月15日によると、経済産業省は、2012年度に認定を受けながら未だに発電事業を始めていない業者を調査した結果を2014年2月に発表した。それによれば、400kW以上の調査対象事業4,699件（1,332万kW）の内、土地と設備の内一方しか確保していないケースが971件（435万kW）、土地と設備のいずれも確保していないか、調査自体に無回答のケースが672件（303万kW）あったため、発電準備が進まなければ認定を取り消す方向であると報道されていた。なお、最近年の動きについては本章末の補注2）も参照。
6）山下・前掲注2）137–138頁参照。
7）由布市については、本書第2章でより詳細に検討している。
8）以上につき、『由布市議会だより』33号（2014年1月）11–12頁。
9）なお、由布市は、2015年4月1日に抑制区域を指定した。それによると、旧湯布院町のエリアに限られて指定されており（しかも旧湯布院町全域ではない）、合併した旧庄内町と旧挾間町はすべて抑制区域外である。
10）届出で足りる環境保全地区の場合には50 m^2以上である。
11）この場合の「面積」がパネルの総面積なのか、事業区域なのかは、必ずしも明らかではない。仮に前者だとしてもかなり厳しいといえよう。
12）これによると、たとえば、自然環境への影響、地元住民に対する事前説明会の開催、道路・給排水設備・擁壁・建築物の容量等の基準が定められており、これらが満たされれば許可がなされることになる。
13）ただし、富士宮市では、本文で前述したように、詳細な設置基準を設けている。
14）たとえば、佐久市は市独自でメガソーラー発電所（2,000 kW）を有しており、また、メガソーラー候補地を募集して事業者と地権者との間を仲介したり、バイオマス発電設備設置やペレットストーブの導入に対して補助金を交付する事業等を実施している（同市HP（https://www.city.saku.nagano.jp/）参照）。

15） 旧法案については、高橋寿一「地域資源の管理と環境保全」日本不動産学会誌26巻3号（2012年）75頁以下（本書第10章所収）参照。

16） なお、旧法案とは異なって、「農林漁業の健全な発展に資する取組内容」の具体例が、下記のように詳細化された（新法7条2項2号）。本文で前述した第1条の「農山漁村の活性化」を図ろうとするものである。

⑴農林地の農林業上の効率的かつ総合的な利用の確保

⑵農林漁業関連施設の整備

⑶農林漁業者の農林漁業経営の改善の促進

⑷農林水産物の生産又は加工に伴い副次的に得られた物品の有効な利用の促進

17） なお、風力発電設備については、年間を通じて安定的に風量が観測され、風力発電設備を用いた効率的な発電が可能であると見込まれる土地等については、第一種農地であっても、設備整備区域に編入することができる。すなわち、風力発電設備の設置については荒廃農地ではなくても安定的な風量が確保されるのであれば、第一種農地のどこでも区域に編入され転用が許可されうるのである。その他、水力発電設備についても同様に規制が緩和される。また、林地については再エネの種類を問わず、保安林であっても当該保安林指定の目的に支障を及ぼすおそれがない場合には、設備整備区域に編入され、開発許可がなされる（基本的方針第3・2⑴②および⑵参照）。

18） 端的にいえば、設備整備区域内の土地所有者の多くは、自らの土地が発電設備用地として利用されることを望むであろう。その場合の農業的土地利用との調整が困難を極めるであろうことは容易に想像がつく。また、発電設備用地を前提として形成された土地価格や地代が周辺の農用地に波及していくおそれもある。

19） 農水省は、その方向に動き出している。すなわち、自治体や農業者等が新電力会社を立ち上げるために、協議会に対して補助金を出す計画である旨報道されている（「電力小売り参入、農家などに補助制度　再生エネ対象に農水省」日本経済新聞2015年9月6日）。

20） 農水省調べ（2015年6月現在）。

［補注］

なお、本稿脱稿後の状況について補足しておきたい。

1） 富士宮市は、2015年7月1日に「富士宮市富士山景観等と再生可能エネルギー発電設備設置事業との調和に関する条例」（富士宮市市条例第31号）を制定した。

本条例は、本文で述べた富士宮市の従前の指導要綱等における太陽光発電設備の立地コントロールの手法を基本的には継承しており、また、由布市の条例（第2章末尾の「参考資料」参照）と内容的には類似点が多い。しかし、本条例では、従前の指導要綱や由布市の条例と比較した場合、次の点が特徴的である。

第一に、太陽電池モジュールの総面積が1,000 m^2（風力発電設備の場合には高さが10 m）を超える事業については市長の同意制が採用された。事業者は届出の後に市長の同意を得なければならない（9条）。ただし、同意を得ないで事業に着手した場合でも罰則はなく、指導・助言（12条）および公表（13条）にとどまる。

第二に、抑止地域は、抑制区域という名称で引き続き指定されるが、抑制区域内では原則として同意は与えられない。ただし、抑制区域内でも本条例の施行規則で定める区域においては、太陽電池モジュールの総面積が1.2 ha以下であって、自治会や近隣関係者へ説明会を開催したこと等の要件を満たしたものについては同意が付与される（10条）。「施行規則で定める区域」とは、「富士宮市総合計画で定めた土地利用構想図の自然保全地域、環境緑地地域、防災・水資源保全地域及び農業地域並びに市長が別に定める富士山景観重点地域以外」とされており（施行規則5条）、たとえば、土地利用構想図における産業振興地域等は、抑制区域内であっても同意が付与される。

第三に、太陽電池モジュールの総面積が1,000 m^2（風力発電設備の場合には高さが10 m）以下の事業については、「小規模な再生可能エネルギー発電設備設置事業に関するガイドライン」（要綱）が新たに定められた。内容は、本文3⑵(ii)で述べた景観形成基準が定められてはいるが、届出の対象外である。

抑制区域に関しては、基本的には市長の同意は与えられないが、産業振興地域等では自治会への説明会の開催等一定の要件を満たせば設備設置を認める構造となっており、〈抑止〉と〈促進〉とを両立させようとする姿勢が見られる。

なお、由布市の条例が契機となって、群馬県高崎市（2014年11月）、同太田市（2015年9月）、兵庫県赤穂市（2015年12月）等でも再生可能エネルギー発電設備の設置を規制する条例が制定されている。内容的には市長の許可制を採用している自治体もある一方で（高崎市、太田市）、その構造が由布市と基本的に共通する条例も多い。

2）特別措置法については、2016年5月に改正法が成立した（2017年4月施行予定）。

その内容について、本書（とりわけ、本章、第2章および第3章）と関連する限りで、下記で簡単に触れておく。なお、その評価も含めた詳細な検討は、後日改めて行いたい。

(a) 買取価格決定の見直し

たとえば、複数年の買取価格の決定を可能とし（3条2項)、入札による買取価格の決定が電気使用者の負担軽減に有利と認められる場合には入札手続を導入することができる（4条以下)。なお、入札制度は大規模な事業用太陽光発電設備（メガソーラー）から導入する。

(b) 認定制度の見直し

電力会社の系統への接続契約等を記載した後に、事業計画を申請させ、事業の円滑かつ確実な実施等を要件として、経済産業大臣が認定することとする（9条以下)。本文で前述した「空押さえ」の発生に対処する規定である。なお、改正法施行日において接続契約を締結していない案件は、原則として失効することを附則で定める。

(c) 太陽光発電設備の安全性の確保

特別措置法においても設備の安全性に関する法令の遵守を求めると共に（9条)、電気事業法改正法（2016年4月施行）等において、(イ) 500〜2,000 kW 設備の設置者に対して、技術基準適合性確認を義務づけ（電気事業法51条の2)、(ロ) 架台、基礎の設計例等の具体的な標準仕様を明確化し（同法39条)、(ハ) 事故報告の規制を拡大・強化する（電気関係報告規則3条)。

第2章　太陽光発電設備の立地問題と法
――大分県由布市塚原高原の事例を素材として

1. はじめに

再生可能エネルギー（以下、「再エネ」と称することもある）については、全国の地方自治体においてその設備の設置が活発で、事業者が、市町村や地域住民との調整を経ることなく設備の設置を進めていく等の事例が後を絶たないようである。再生可能エネルギーの中でもとりわけ問題となる事例が多いのは、太陽光発電設備（とりわけメガソーラー）の設置である。固定価格買取制度で採算面でこれまで最も有利なものが太陽光発電であったため、事業者は、全国各地を回り適地を探している。

今後もエネルギー源としての再生可能エネルギーの比重は増えていくべきであるし、増えていくであろう。それ故、太陽光発電設備が各地に設置されることは基本的には望ましい[1)]。しかし、太陽光発電設備とりわけメガソーラー（出力1,000 kW以上）の設置のためには、広大な面積の農地や森林や原野にブルドーザーを入れ、森林や草木を伐採し整地しなければならない。当然、周囲に対して環境や景観侵害の問題が生じうるし、地域住民との協議も必要となろう。

近年では、このような太陽光発電設備の建設をめぐって、事業者と地域住民との紛争が日本の各地で起きている[2)]。この種の設備の立地の問題は、何も太陽光発電設備についてだけではなく、他の再生可能エネルギー設備や一般の工場、住宅等の建築物の立地の際にも同様に起こりうる問題である。また、農山漁村地域のみならず都市においても隣地にマンションが建設される場合等に見られる問題と共通する部分がある。しかしながら、野外（野立て）の太陽光発電設備とりわけメガソーラーについては、下記の諸点に注意しなければならない。

第一に、土地利用規制との関係では、太陽光発電設備の立地についてコントロールする法制度が必ずしもあるわけではない、ということである。もとより、メガソーラーの建設が農地を利用する場合には農地法上の転用許可が、林地を使用する場合には森林法上の林地開発許可が必要となる等、設置の対象となる土地の属性に従って、それが既存の個別的な法律（農地法、森林法等）の適用を受ける場合には、当該法律に基づいて許可等を得ない限り、設備を建設することができない。しかし、それらの個別的な法律が及ばないエリア（たとえば、原野、埋立地等）では何等の法的なコントロールも及ばないのが、わが国の法制度の現状であり、規制の緩やかな地域を狙って太陽光発電設備の立地が多くなされている（農水省の調査では、太陽光発電設備のために取得された土地の地目の60%以上が原野、埋立地、工場跡地等規制の緩やかな土地である[3)]）。他方、2013年11月に成立した「農林漁業の健全な発展と調和のとれた再生可能エネルギー電気の発電の促進に関する法律」は、再エネ設備の立地を誘導しようとする立法であるが、土地利用規制上の効果は弱い。たとえば、農地上に太陽光発電設備を設置する場合に必要とされる農地法上の転用許可については、本法においては規制が緩和され、第一種農地であっても一定の耕作放棄地であれば施設の建設が可能となった（本法については本書第1章参照）。

第二に、単体規制との関係である。太陽光発電設備が、建築基準法上の「建築物」に当たれば、同法の諸基準を遵守していないと建築確認が得られないため、その場合には当該設備を建設することができない。しかし、国土交通省は、建築基準法施行令を改正して、その細目について2011年3月25日に住宅局建築指導課長名で通知を発出した（「太陽光発電設備等に係る建築基準法の取扱いについて」（国住指第4936号））。そこでは、「土地に自立して設置する太陽光発電設備」については、架台下に通常は人が立ち入らないものであることを理由として、建築基準法2条1号の「建築物」には該当しないこととされており、建築基準法の諸基準が適用されない―すなわち建築確認が必要ない―こととなった。また、建築基準法の適用される「工作物」にも該当しないこととされ（同法施行令138条1項参照）、メガソーラー等のように土地上に設置される太陽光発電設備については、建築基準法上の一切の単体規制が及ばないこととなったのである（この問題について本書第3章参照）。

第三。わが国の固定価格買取制度は、福島原発の事故後、当時の菅政権が「電気事業者による再生可能エネルギー電気の調達に関する特別措置法」（以下、「特別措置法」と称する）を改正して実現した再生可能エネルギーを普及する上では画期的ともいえる制度である。しかし、その内容は、事業者は、経済産業大臣の認定を受け（同6条）、電力会社と特定契約・接続契約を締結しさえすれば、発電した電気を固定価格（調達価格）で電力会社に買い取ってもらえるというものであって、当該発電設備の立地に関する規定が一切ない。これは、たとえば、わが国の特別措置法がモデルとしたドイツにおける固定価格買取制度を定めた「再生可能エネルギー法」と比較した場合と決定的に異なる点であって、ドイツの場合には、太陽光発電設備については、買取対象となる発電設備の立地上の要件を非常に詳細に規定しているのである（この点について本書第5章参照）。換言すれば、わが国の場合は、認定をもらい、特定契約を結びさえすれば、特別措置法上は全国どこで立地しても固定価格で買い取ってもらえるのであって、発電事業者を厚遇する改正法である。したがって、上記の農地法等の個別法の適用がない土地であれば、発電事業者は地元市町村等への届出すらすることなく発電設備を設置し得ることになり、多くの市町村は自己の域内にどの程度の規模の発電設備がいくつ存在するかに関する正確な情報を全く持ち合わせていないのが実情である[4]。

このように、市町村は域内にメガソーラーが設置されても自ら何の関与もできないどころか、その実態さえも事前にかつ十分に知らされないという状況は、正常ならざる事態であるといえよう。かくして、わが国の場合、各地で発電事業者と地域住民との紛争が生じている。

福島の事故以来、再生可能エネルギーの普及は喫緊の課題であって、わが国でも設備の設置を急ぐべきであることはいうまでもない。しかし、そのことと立地問題とは別問題である。メガソーラーの場合、上述したように、農地や森林、原野を広大な面積にわたって潰すのみならず、設備の規模も大きくなるために、地域の自然環境や景観との関係だけでなく、設備の安全性に関しても十分な配慮がなされた上で設備を設置しなければならない。これまでのわが国の議論では、この問題が抜け落ちてしまっている。

近年では、ようやくこの問題についても関心が持たれ始め、2014年4月25日には、日本自然保護協会、日本野鳥の会、世界自然保護基金ジャパンの三団体が、「持続可能な自然エネルギーの導入促進に対する共同声明」を出した。この共同声明では、「適切な環境への配慮をともなった再生可能な自然エネルギーの導入に積極的に取り組んでいく必要がある」とした上で、次のように述べる。

「しかしながら、これまでも各地で自然保護側、事業推進側、また地域側との間でも軋轢や紛争が生じていることは事実であり、自然エネルギーの導入を長期的に見た場合、決して望ましい状況ではない。その解決のためには、これまでよりもさらに透明性の高い合意形成プロセスを事業計画の当初から組み込み、環境影響評価の手続きの中に導入していくことが重要である。つまり、事業の立案及び計画の段階から公開の場で、事業者、自治体、地域住民、自然保護関係者、専門家など広く利害関係者を交え、その地域の環境維持と地域経済維持にふさわしい規模や場所を議論し事業計画を決定していくという合意形成プロセスを踏まえることが必要であり、このことこそが本来的な環境アセスメントの手続きである。こうしたプロセスを例外なく実施すべきである。」（傍点は筆者）

上記の傍点の部分は、環境アセスメントの中で行うべきかどうかは別として、これまで筆者が述べてきた問題意識と重なるところが多い。再生可能エネルギーをわが国で普及させていく場合には、このような観点も、設備設置の促進に比肩する重要な課題である。

本章は、このような現状の中で苦闘を続ける地域の一つである、大分県由布市の事例を紹介し検討するものである。わが国で屈指の温泉地・観光都市である由布市は、以前からまちづくりで全国的にも注目すべき取り組みを行ってきたが、近年の再生可能エネルギーとりわけメガソーラーの建設が市内の各所で見られるようになり、事業者と地域住民との間で争いが生じている。以下では、市当局の対応も含めて、一つの紛争事例を見ていこう。

2. 由布市における太陽光発電設備の設置状況

(1) 農地上の太陽光発電設備状況

前述したように、市当局は、設備設置の状況について正確な情報を得る手段がなく、事業者が、農地法や森林法等の個別法で要件とされている許可を得るために市に対して設備設置の情報を提供する限りにおいて情報を把握しているに過ぎなかった。そこで、農地法の転用許可件数から、太陽光発電設備の設置状況について見てみよう。なお、由布市では、営農型太陽光発電（ソーラー・シェアリング）は実施していないそうであり、この点、大都市圏の農業者とは異なっている。

さて、固定価格買取制度導入後の農地転用許可件数は表4の通りである。

表4で、4条とは、農地を農地以外のものにする場合に適用される規定であり、「自己転用」と称されている。5条は、農地または採草放牧地を農地・採草放牧地以外のものにするために土地所有権、地上権、賃借権その他の権利を設定・移転する場合（「権利移動を伴う転用」）の規定であり、それぞれ都道府県知事の許可を要する。4条では、農地のみが対象とされているために、採草放牧地の転用については許可は不要である。開発業者が開発目的で農地を取得する場合には通常は権利移転も伴うので、一般的には5条転用の件数の方が4条のそれを上回る。由布市の場合にもその傾向を見て取れる。そして、4条については減少傾向であり、5条についても爆発的に増えているわけではない。さらに、転用面積であるが、農地転用については大規模なものは3,000 m^2 程度であるが、小規模なものが比較的多い、ということである。これらの点は、

表4　由布市における農地転用許可件数

（単位：件）

	4条	5条
2012年12月～2013年3月	34(0)	32(0)
2013年4月～2014年3月	29(4)	52(13)
2014年4月～2014年8月	11(1)	18(3)

（注）（　）内は太陽光発電設備建設のための転用
（資料）由布市農業委員会調べ。

本書第1章表2で挙げた静岡県の場合とは大きく異なる。

しかし、注意しておかなければならない点の一つは、発電事業者からの問い合わせは増加傾向にあり、調査当時（2014年9月）は毎週少なくとも1〜2件の問い合わせがあった。つまり、業者が発電設備建設適地を物色する傾向は以前よりもむしろ強まっていたのである。今一つは、そのことと関わるが、由布市においては、農地についてはこの程度でとどまっているものの、目を農地以外に転じてみると事業者による土地取得が活発に行われていたことがうかがえる[5]。上述のごとくこの点の正確な数値は把握できないが、それに代えて、第3節では個別の事例を多少詳細に見ていくことにしよう。

(2)　由布市の対応

由布市は、2005年に湯布院町（約12,000人）、庄内町（約8,000人）、挟間町（約15,000人）の三町が合併して現在の形となった。庄内町は農林業、挟間町は大分市のベッドタウン、湯布院町は温泉観光地、と旧町の特徴もそれぞれ異なっているが、湯布院町については、まちづくりの観点で、従来から先進的な取組みをしてきており、以前から研究者の間でも注目されてきた町である。湯布院町のまちづくりでは、開発業者によるマンション建設やリゾート開発を厳しく制限していて、開発を「町づくりの方針」に沿って誘導していくために、1990年に、当時としては非常に斬新な内容を有する「潤いのある町づくり条例」（以下、「潤い条例」と称する）を制定した[6]。この条例によって、町内は歴史ある街並みや瀟洒な建物が保存され、不調和なマンション群も見られず、とても落ち着いたまち並みが形成されている。

さて、湯布院町でのこのような経験を有する由布市は、固定価格買取制度が実施された場合に太陽光発電設備の設置が市内で進むであろうことを見越して、2013年3月29日に「由布市太陽光発電施設設置事業指導要綱」（告示42号）（以下、「指導要綱」と称する）を策定し（施行は同年4月1日）、指導要綱によって、今後生じるであろうこの動きに対処しようとした。ただ、指導要綱の内容を見る限り、その内容は、潤い条例と比較するとかなり微温的である。たとえば、設置事業者に要求されるものは、事前相談（同要綱5条）、地元説明会と近隣者との協議（同要綱6条）、市長への届出（同要綱8条）程度であって、事業実施について、地元住民の同意や市長の同意を要するわけではない。また、この指導要綱が適用されるのは10,000 m^{2}を超える事業に限定されており、10,000 m^{2}以下の事業については、市は全く関与しない。

しかし、この指導要綱の制定後に太陽光発電設備の建設事業が市内の各所で生じたため（農地転用について前掲の表も参照）、由布市は、改めて太陽光発電設備の設置に対してより厳格な対応をとることを余儀なくされ、2014年1月29日に、「由布市自然環境等と再生可能エネルギー発電設備設置事業との調和に関する条例」（以下、「太陽光条例」と称する）を新たに制定し（施行日は同日）、指導要綱から条例による対応に切り替えた。この太陽光条例は、指導要綱や潤い条例と比較してどのような特色があるのであろうか（太陽光条例については本章末尾「参考資料」参照）。

太陽光条例は、指導要綱の構造を基本的に継承しているが、他方で、両者の相違として下記の点を指摘できる。

第一に、指導要綱ではなく条例であるが故に、法的拘束力がある。ただし、本条例では、手続に違反した場合の市長のとりうる手段は、「事実の公表」（太陽光条例18条）にとどまる。

第二に、条例であるが故に、義務づけ規定が多い。たとえば、地元自治会への説明会の開催は義務づけられた（太陽光条例10条）。しかし、近隣関係者との協議については、努力規定のままであり、また、「近隣関係者」の範囲も後述のように潤い条例のそれよりも縮小されている。

第三に、条例適用の下限面積は5,000 m^{2}に引き下げられた（太陽光条例7条1項）。

第四に、市長は、抑制区域を指定することができることとなった（太陽光条例8条）。これが、本条例における最大の目玉であって、他市町村から注目されたのもこの規定があるが故と思われる。ただし、この区域は「事業を行わないよう協力を求める区域」であって、区域指定があっても、事業者に対して法的拘束力を及ぼすものではない。また、市長が実際に抑制区域をどのように選定するかも重要であって、この規定の実効性も市長の運用の仕方次第であるといえよう。そして、由布市は、2015年4月1日に抑制区域を指定した。それによると、旧湯布院町のエリアに限られて指定されており（しかも旧湯布院町全域ではない)、合併した旧庄内町と旧挟間町はすべて抑制区域外である。

第五に、潤い条例では、市長の同意がない限り事業者は事業に着手できないし（同条例24条)、前述したように、審査に際しての詳細な基準が定められていたが（同条例28条以下)、このような構造を太陽光条例は継承していない。そもそも、潤い条例では、〈町の成長を管理して、開発を抑制する〉（同条例11条、12条）という趣旨が明確に表れていたのに対して、太陽光条例の規定を見る限りでは、潤い条例のような市の明確な姿勢は見られないのである。

したがって、太陽光条例は、立地や設備の公的コントロールという点では、指導要綱よりも多少は前進しているものの、潤い条例の内容には遥かに及ばない、ということができよう。

なお、太陽光条例制定後も指導要綱は有効である。すなわち、指導要綱制定後であって条例制定前までの間（すなわち、2013年4月1日から2014年1月28日までの間）に市との協議を開始した事業については、引き続き指導要綱が適用されることになる。

太陽光条例は、「あの湯布院町で作られた条例」ということもあり、マスコミにも注目され、各新聞の全国版でも報道された。そのため、近年まで視察者の来訪が続いていたそうである。

3. 由布市湯布院町塚原地区における太陽光発電設備の建設問題

(1) 塚原地区の概況

現在、由布市で事業者と住民の間で最も激しく争われているのが、塚原地区（正式には塚原自治区であるが、本章では、「塚原地区」と称する）におけるメガソーラー建設をめぐる問題である。

塚原地区は、湯布院町の奥座敷にあたり、「塚原高原」ないし「塚原温泉」として有名な保養地である。ここは、先年、「日本で最も美しい村」[7] の一つに指定されたり、マスコミでもその風光明媚な景色が度々紹介されたりして、九州、中四国から移住してくる人が後を絶たない。その高原地帯が、現在発電事業者の土地買収攻勢を受けている。現在二つの別の会社が、塚原地区で各々土地買収を終えており、それぞれ約20 ha、約40 ha という非常に広大な土地上に太陽光発電設備を建設しようとしているのである。

約40 haの土地の方は、元々民有地であって、リゾートホテル会社がリゾート施設を建設する等して利用してきたが、経営が傾いたため発電事業者に売却した。地目は原野であるため、農地法や森林法は適用されず（ただし、部分的には林地あり）、国土利用計画法に基づく届出が必要とされるにとどまる。すでに国土利用計画法上の届出手続は終了し、現在は太陽光条例の適用を受けて、自治会や地権者への説明手続等が進んでいる。こちらの方も、自治会が反対運動をしており、建設の見通しはなお不分明である。

これに対して、約20 haの土地（以下、「本件土地」と称する）の方は、最近まで市有地であったのだが、由布市が発電事業者に売却したため、問題がこじれて現在に至っている。以下では、こちらの事案をより詳細に見ていこう。

(2)　全国共進会跡地の売却問題

本件土地は、元々共有の性質を有する入会地（民法263条）であって、入会団体である湯布院町塚原共有財産組合が所有する塚原共有地と称されていたが、大正期以降に始まった部落有林野統一政策によって、本件土地が1928年に当時の由布村に贈与されて以来、共有の性質を有しない入会権（同法294条）が今日まで存続している。1992年にはこの地で「全国和牛共進会」（和牛の品評会）が開催され当時は大分県が本件土地を賃借していたため、本件土地は今日でも、「全国共進会跡地」と称されている。入会団体は、その後も本件土地（以下、「全共跡地」とも称する）を牧草地（ただし地目は山林）として利用してきたが、近年農家の高齢化が進み、春の野焼きの際に火の不始末で入会権者5名の死者を出してしまったこと等から、4年ほど前から牧草地としては利用していなかったようである。由布市は、本件土地がもはや入会地として利用されていないこともあり売却先を探していた。入会権者の方も入会権の消滅と引き換えに売却代金の一部を取得することを望む農家が多かったようである。売却先を探す過程で、2012年秋に「ファンドクリエーション」（現在はその子会社である「湯布院塚原プロパティー合同会社」（以下、「プロパティー」と称する）が事業を進めている）が買収に名乗りを上げ（ちなみに固定価格買取制度が始まったのは同年7月）、由布市は、入札手続（プロポーザル手続）を踏まえた上で、

2013年3月に、プロパティーに1億4000万円（350円／m^2）で売却することを内容とする仮契約を締結した。そして、この仮契約は、2013年4月23日に議会の承認を得た上で、本契約として改めて締結された。なお、契約に際しては、立地に関して由布市から特段の指導はなされていない。

ところが、この後に住民から、(イ)本件土地上での太陽光発電設備は自然環境や景観を損ねること、(ロ)本件土地は傾斜地であり、設備の設置によって草地や林地の一部が潰廃されるので大雨の際に洪水や土砂災害のおそれがあること（ちなみに、本件土地の東側斜面は「崩壊土砂流出危険区域A」として県によって指定されており、本件土地はこの区域の下流に当たる）、(ハ)設置されるソーラーパネルの安全性自体に疑問があること（例：大塚高原は風の強い地域であり強風時に吹き飛ばされないか）等を理由として反対の声が上がるようになり、全国各地からも反対の声が日増しに強まっていった。大分県も塚原地区を自然の豊かな観光地として保全したい意向であったため、大分県知事は、由布市長に対して、県（具体的には外郭団体である公益財団法人「森林（もり）ネットおおいた」（以下、「もりネット」と称する））が買い取るのでプロパティーとの契約を破棄するように強く要望した。上記の太陽光条例が制定されたのは丁度この時期である。

市長は、結局大分県の要請を受け入れ、2014年2月に、(イ)プロパティーとの契約を破棄しプロパティーには代替地をあっせんすること、(ロ)本件土地をもりネットに売却する方針であることを表明した。これに対して、プロパティーは解除に応じず、4月には売買契約の履行を求め、市を提訴した（なお、売買代金の支払いと所有権移転登記は、結局2015年1月に行われている）。また、2014年11月には、後述する入会権者の一人が市とプロパティーとの売買契約の無効を求めて提訴し、さらに、2015年1月には近隣住民32名がプロパティーを相手として景観侵害を理由として建設差し止めを求める民事訴訟を大分地裁に起こした。住民はマスコミを使いながら、反対運動を盛り上げていっており、また、旧湯布院町出身の議員を中心に議会でも反対意見が強く、この問題の帰趨は未だに不透明である。

(3)　検討

(a)条例との関係

それでは、太陽光発電設備の設置について由布市が制定した条例との関係を検討してみよう。

太陽光発電設備の設置には、宅地の開発や建築物の建築を規制対象とする潤い条例を適用することは原則として難しい。そして、本件土地の場合には、事業者であるプロパティーは、2013年4月の売買契約締結後に由布市との間で施設建設のための具体的な協議を開始したので、太陽光条例ではなく、指導要綱が適用される。この指導要綱は、前述の通り、10,000 m^2 を超える事業に適用される。

この指導要綱は、「市への事前相談（5条）」→「地元説明会の開催、近隣関係者との協議（6条）」→「市長への届出（8条）」→「市長による指導・助言（事前相談の段階から）、立入り調査（7条、11条）」と「審議会（湯布院地域については湯布院まちづくり審議会）への諮問（13条）」→「事業者による着工・完了の届出（12条）」という手続を経るが、下記の点が特徴ないし問題点として挙げられる。

第一に、努力規定が多く、また指導要綱であるが故にこれらの規定は事業者を法的に義務づけるものではない。たとえば事業者は、市長への事業の届出を要するが、これも努力規定に過ぎず、市長が同意しないまま事業に着工することも制度上は可能である。

第二に、協議を要する「近隣関係者」の定義が不明確である。この点、潤い条例では、5,000 m^2 を超える事業については「開発事業予定地内の隣地境界線から16 m以内の土地及び建築物の所有者並びに占有者」（同条例別表第1）とされているが、太陽光条例では、「事業区域の境界線から16メートル又は事業に係る建築物若しくは工作物の高さの2倍の水平距離の範囲内にある土地又は建築物を所有する者」（同条例3条7号）とされている。後者の「事業区域の境界線」とは、土地の境界線よりも内側に位置する施設の外周部分を指しており、また占有者も除外されている等後者の方が近隣関係者の範囲が狭くなっている。市からの聴き取りでは、指導要綱については定義はないものの、太陽光条例と同じ扱いで運用しており、太陽光条例が指導要綱のこの扱いを明文化したとのことである。しかし、太陽光条例よりも先に定められた指導要綱自身に定義規定がないにも拘らず、このような限定的な解釈が許されるか、疑問である。地元住民も、この点、市の解釈に戸惑いながら今日に至っており、自分たちの意見が考慮されていないと反発する住民も多い。

第三に、届出を審査するに際して遵守すべき基準としては、指導要綱には、公共施設計画との適合（9条）と文化財保護（10条）しかなく、潤い条例に定められていたような排水関係、緑地帯、駐車場等その他の細かな審査基準が一切ない。公共施設計画との適合性や文化財保護のみが要件であれば、これを満たすのは容易である。

指導要綱の構造は上記の通りである。潤い条例と比較して、規制が非常に緩く、実体的な基準としてどの程度機能するのか疑問が残る。

(b)民法との関係

本件土地については由布市とプロパティーとの間ですでに売買契約が成立しているが、私法上の問題として考えた場合、景観侵害の問題を措くとしても[8)]、とりあえずは以下の点が重要である。

すなわち、本件土地のプロパティーへの売却に際しては、入会団体である湯布院町塚原共有財産組合は予め入会権放棄の決議をしたが、その際2名の入会権者は反対しており、現在でも住民の先頭に立って反対しているという事実がある。入会団体は数年前まで野焼きをしていたことに示されているように、本入会団体はなお形骸化していないと考えられ、決議は全員一致が原則である[9)]。本件では、入会権放棄の決議が2名の反対者の存在にも拘らずなされているのでその決議は無効であって、入会権は消滅していないと解される。したがって、プロパティーが本件土地を取得しても入会権は存続したままであって、入会権は対抗要件を備えることなくして第三者に対抗し得るため（最判昭和40年5月20日民集19巻4号822頁、最判昭和57年7月1日民集36巻6号891頁等）、現状を前提として太陽光発電設備を設置するのは事業者にはリスクが大き過ぎるであろう。

また、本件土地の東側（大平山の西側斜面）は、前述したように、「崩壊土砂流出危険区域A」として県によって指定されており、本件土地はこの区域の下流に当たる。この区域の指定は法的根拠を持つものではなく、区域指定に伴い何らかの法的効果を伴うものでもない。しかし、ほとんどの都道府県は、自主的にこのような区域指定を行っており（他に「山腹崩壊危険区域」と「地すべり危険地区」の計三種類の区域があり、これら三種を包括して「山地災害危険地区」と称している）、本区域のAランクは、「崩壊土砂流出危険度」と「被災危険度」の双方が最も高い地区であることを意味している。もし、土石流等が発生した場合、直下にある本件土地は直撃を受けることは確実であり、本件土地面積20 haの内5.2 haに敷き詰められる予定の太陽光パネルが崩壊し下流になだれ込めば、下流に位置する170世帯を超える住民、数十軒の宿泊施設や商店が甚大な被害を受けることが予想される。プロパティーが本件土地を取得した場合でも、このような状況下でプロパティーが太陽光発電設備を設置しようとすれば、地域住民は物権的妨害予防請求権を行使して、太陽光発電設備の設置を差し止めることができるのではないか。

本件土地については、このように私法上の問題も残っており、それをクリアすることは事業者にとっては容易ではない。

(c)その他の法的問題

前述した通り本件土地の地目が山林であって、一部が林地になっているために、森林法上の開発許可（10条の2）が必要となる。プロパティーは県に対して許可申請をしようとしていたが、県は、2015年6月24日に、森林法の許可基準について県が以前に定めていた「林地許可審査要領」を改正し、1 haを超える林地開発の許可に際しては、「申請者が関係地方公共団体等と環境の保全に関する協定を締結していること」を要件として付加した（同要領7(5)）。「関係地方公共団体等」には、新聞報道によれば市町村のみならず自治会、町内会等も含まれると報じられている[10)]。今回の改正は要領の改正であるため法的拘束力はないものの、未だ正式に許可申請がなされていない本件についても適用される。事業者にとっては大きなハードルとなるものと思われる。

また、設備の耐用年数は20年程度といわれているが、20年後にこの設備はどうなるのであろうか。放置されれば全国各地に「産業廃棄物」が累々と堆積することになる。設備が稼働しなくなってしまえば事業者は以後そのまま放置することは十分に考えられ、発電事業者が途中で倒産でもしていれば当該事業者にその処理を行わせることは難しくなる。そのようになった場合でも、市町村や都道府県がその後始末をさせられるのはそもそもおかしいのであるが、本件のように敷地所有権が事業者に譲渡される場合には公的介入はますます容易ではなくなる。

4. むすびに代えて

以上、由布市塚原高原における太陽光発電設備の立地問題について紹介・検討してきたが、本章の最後に以下の諸点に注意したい。

第一に、本事案においては、前述したように、公法上の規制や指導要綱よりも民法がその解決に対して一定の寄与をすることが期待される。ただし、民法の規定は基本的には事後的規制であるため（もとより、前述したように物権的妨害予防請求権等の事前規制もあるが、これも物権妨害の「おそれ」の存在を要件とする)、基本的には国土空間を漏れなくカバーする事前的規制を公法上の規準として設けておくことが望ましい。

第二に、わが国においては、再エネ設備設置までの過程で、当該設備が立地する地方公共団体が詳細な情報を知らされないまま、事業が進んでいくおそれがあるという点である。そこで、メガソーラーの立地問題を抱える市町村の中には、国レヴェルでの対応を求める声も大きい。たとえば、2013年以降、千葉県成田市、静岡・山梨両県の富士宮市や富士市等の11市町村、全国市長会、大分県議会等が、条例レヴェルでの対応では限界があることを理由として、政府に対して、たとえば事業認定申請に際して当該自治体の同意を得ること等の条件を国法レヴェルで明確化することを求める要望書を提出している[11)]。

第三に、かつての列島改造論の際の開発ブームやリゾート開発の際と同様に、本事例の事業者は、東京に本社を置く、地域にとっては未知の外部資本である。それ故、〈資本の利益 vs 地域住民の生活・環境利益〉という対立の構図となっており、本事例ではメガソーラーは地域住民・市民にとっては迷惑施設以外の何ものでもない。しかし、注意すべきは、自治体も地域住民・市民も、再生可能エネルギーの拡大には賛成しているということである。福島原発事故は、地方自治体や住民・市民にも再生可能エネルギー導入の必要性を強く認識させた。もし、住民・市民がこれらの環境・エネルギー問題を意識しながら太陽光発電設備の立地に何らかの形で積極的に関与していれば、上記の対立の構図は、おそらくかなりの程度異なったものとなっていたであろう。地域住民・市民が一方では地域の景観や環境を維持・保全しながら、他方で再エネ設備の立地に積極的に関わっていく方途はないものであろうか。この点については、とりわけ本書第3編で改めて取り上げよう。

1)　ただし、再エネに関して、ベストなエネルギーミックスは何か、という問題はあるので、太陽光発電をどの程度伸ばすべきかについては議論があろう。この点は本章の対象から外させて頂くことを予めお断りしておきたい。
2)　「メガソーラー　地域と摩擦」日本経済新聞2014年5月24日、「急増メガソーラー摩擦も」朝日新聞2016年1月4日等。なお、太陽光発電設備の中でも本書ではメガソーラーを扱うが、家屋の屋根に設置する太陽光発電設備についても、パネルの反射を巡って近隣住民との間で訴訟が起きている。横浜地判平成24年4月18日（LEX/DB25481236）およびその控訴審である東京高判平成25年3月13日判時2199号23頁参照。なお、これらの判決を検討するものとして、宮澤俊昭「太陽光発電パネルの反射光と受忍限度」日本エネルギー法研究所月報237号（2015年）1頁以下参照。
3)　農林水産省食料産業局再生可能エネルギーグループ「農山漁村における再生可能エネルギー発電をめぐる情勢」（平成26年10月）8頁。ちなみに、本書第1章表1「メガソーラーの土地種別毎の立地状況」によると、土地種別の判明しているものの内、規制の厳しい農林地上に立地した設備は件数比で4.5%、出力比で4% に過ぎず、それ以外は、工業用地、埋立地、処分場・採土跡地等である。
4)　これまでは、経済産業大臣が認定しても、国から当該自治体には通知しておらず、また自治体が国に問い合わせても情報を提供してくれなかった。その後、資源エネルギー庁は、2014年12月26日に「再生可能エネルギーの最大限導入に向けた固定価格買取制度の運用見直し等について」と称する文書を公表し、認定時に事業者から関係法令の手続状況について報告を求め、地方自治体に提供する方向で関連法令を運用していくこととした。これによって、認定時以降は市町村が再生可能エネルギー設備建設計画を知悉することができるようになるが、本来であれば、事業者が接続申込みをするよりももっと前の段階（事業案の計画段階）で市町村との協議が始まってしかるべきである。
5)　市議会では、市当局は、由布市におけるメガソーラー計画の数について、「湯布院地域で25件程度、挾間地域で15件程度、庄内地域で10件程度」と推測しその旨答弁している（『由布市議会だより』33号（2014年1月）12頁）。太陽光発電設備の総数ではなく、メガソーラー（1,000 kwh以上）の数であることに注意されたい。

6)　湯布院町はそれ以前から、まちづくりに積極的であった。たとえば、1984年3月21日には「湯布院町住環境保全条例」を制定し、リゾート開発を規制しようとしてきた。本条例については、『ジュリスト』にも取り上げられている（山田洋「湯布院町住環境保全条例」ジュリスト829号（1985年）58頁参照)。

7)「日本で最も美しい村」は、1982年にフランスで始まった社会運動である「最も美しい村」の流れを2012年にわが国でも継承したものである。フランスと日本の他に、ベルギー、カナダ、イタリア等が合同して、「世界で最も美しい村連合」(The most beautiful villages in the World）を設立している。

8)　景観侵害の観点からの分析としては、2015年1月に近隣住民32名が提起した民事訴訟において原告の提出した富井利安（広島大学名誉教授）の意見書がある。

9)　川島武宜／川井健編『新版注釈民法(7)』（有斐閣、2007年）546、967頁（中尾英俊)。

10)「地元同意を要求　県が審査要領を改正」大分合同新聞2015年6月27日。

11)　たとえば、千葉県成田市議会「メガソーラーの建設について、立地条件の明確化など制度の整備を求める意見書」(2013年9月19日）等がある。これらは、由布市議会議員小林華弥子氏のご教示による。その他本章作成に際しては、小林議員の他由布市市役所の方々、気賀沢忠夫氏（共進会跡地のメガソーラーに反対する会）にも情報や資料の提供等多大なご教示を頂いた。これらの方々に、ここに記して厚く感謝を申し上げたい。

[参考資料]

由布市自然環境等と再生可能エネルギー発電設備設置事業との調和に関する条例（平成26年1月29日条例第1号）

(目的)

第1条　この条例は、由布市における美しい自然環境、魅力ある景観及び良好な生活環境の保全及び形成と急速に普及が進む再生可能エネルギー発電設備設置事業との調和を図るために必要な事項を定めることにより、潤いのある豊かな地域社会の発展に寄与することを目的とする。

(基本理念)

第2条　由布市の美しい自然環境、魅力ある景観及び良好な生活環境は、市民の長年にわたる努力により形成されてきたものであることに鑑み、市民共通のかけがえのない財産として、現在及び将来の市民がその恵沢を享受することができるよう、地域住民の意向を踏まえて、その保全及び活用が図られなければならない。

(定義)

第3条　この条例において、次の各号に掲げる用語の意義は、当該各号に定めるところによる。
(1) 再生可能エネルギー発電設備設置事業　電気事業者による再生可能エネルギー電気の調達に関する特別措置法（平成23年法律第108号）第2条第3項に規定する設備（送電に係る鉄柱等を除く。）の設置を行う事業をいう。
(2) 事業者　再生可能エネルギー発電設備設置事業（以下「事業」という。）を行うものをいう。
(3) 事業区域　事業を行う区域をいう。
(4) 建築物　建築基準法（昭和25年法律第201号）第2条第1号に規定する建築物をいう。
(5) 工作物　土地に定着する人工物で建築物以外のものをいう。
(6) 該当自治会　その区域に事業区域を含む自治会をいう。
(7) 近隣関係者　事業区域の境界線から16メートル又は事業に係る建築物若しくは工作物の高さの2倍の水平距離の範囲内にある土地又は建築物を所有する者をいう。

（市の責務）
第4条　市は、第2条に定める基本理念にのっとり、この条例の適正かつ円滑な運用が図られるよう必要な措置を講じるものとする。

（事業者の責務）
第5条　事業者は、関係法令及びこの条例を遵守し、由布市の自然環境、景観及び生活環境に十分配慮し、事業を行う区域の周辺の住民との良好な関係を保つよう努めなければならない。
2　事業者は、その事業に必要な公共施設及び公共的施設を自らの負担と責任において整備するよう努めなければならない。

（市民の責務）
第6条　市民は、第2条に定める基本理念にのっとり、市の施策及びこの条例に定める手続の実施に協力するよう努めなければならない。

（適用を受ける事業）
第7条　この条例の規定は、事業区域の面積が5,000平方メートルを超える事業に適用する。
2　既に施行している事業の事業区域の近接地において一体的な事業を施行する場合は、その面積を合算するものとする。

（抑制区域）
第8条　市長は、次の各号に掲げる事由により特に必要があると認めるときは、事業を行わないよう協力を求める区域を定めることができるものとする。
(1) 貴重な自然状態を保ち、学術上重要な自然環境を有していること。

⑵　地域を象徴する優れた景観として、良好な状態が保たれていること。
⑶　歴史的又は郷土的な特色を有していること。

2　前項の規定は、前条に規定する事業区域の面積にかかわらず、すべての事業について適用する。ただし、建築物の屋根又は屋上に設置するものを除く。

（届出）

第9条　事業者は、第7条に規定する事業を施行しようとするときは、あらかじめ、次に掲げる事項を届け出て、市長と協議しなければならない。

⑴　事業者の氏名及び住所（法人その他の団体にあっては、その名称及び代表者の氏名並びに主たる事務所の所在地）
⑵　事業を行う位置及び事業の計画を明らかにする図書
⑶　事業区域及びその周辺の状況を示す写真
⑷　事業に係る設計又は施行方法を明らかにする図書
⑸　該当自治会への説明会に係る報告書
⑹　近隣関係者への説明に係る報告書
⑺　他法令による許認可等を受けている場合はその許可書の写し

2　事業者は、前項第1号に掲げる事項の変更をしたときは、速やかに、その旨を市長に届け出なければならない。

3　事業者は、第1項第2号又は第4号に掲げる事項の変更をしようとするときは、あらかじめ、その旨を届け出て、市長と協議しなければならない。

（該当自治会への説明等）

第10条　事業者は、前条第1項の規定による届出を行う前に、該当自治会の住民に対して、同項第1号及び第2号に掲げる事項を周知し、事業の施行等について説明会を開催しなければならない。

2　事業者は、前条第3項の規定による変更の届出を行う前に、該当自治会に対して、事業の施行等について説明会を開催しなければならない。ただし、事業内容等の変更が軽微で市長が説明会の開催を要しないと認めたときは、この限りでない。

3　事業者は、前2項の説明会により、該当自治会の理解を得るように努めるものとする。ただし、該当自治会が事業者の説明に応じないことその他の規則で定める理解を得られない理由があるときは、この限りでない。

（近隣関係者への説明等）

第11条　事業者は、第9条第1項の規定による届出を行う前に、近隣関係者に対して、同項第1号及び第2号に掲げる事項を周知し、事業の施行等について説明を行うものとする。

2　事業者は、第9条第3項の規定による変更の届出を行う前に、近隣関係者に対して、事業の施行等について説明を行うものとする。ただし、事業内容等の変更が軽微で市長が説明を要しないと認めたときは、この限りでない。

3　事業者は、前2項の説明により、近隣関係者の理解を得るように努めるものとする。ただし、近隣関係者が事業者の説明に応じないことその他の規則で定める理解を得られない理由があるときは、この限りでない。

（審査）

第12条　市長は、第9条の規定による協議に当たっては、審査を実施し、必要に応じて次条に規定する審議会に諮問するものとする。

（審議会）

第13条　市長は、この条例の目的及び基本理念を推進するために、由布市自然環境等と再生可能エネルギー発電設備設置事業との調和に関する審議会（以下「審議会」という。）を置く。

2　審議会は、市長の諮問に応じて審議し、答申するものとする。

3　審議会の組織、運営その他の審議会に関し必要な事項は、規則で定める。

（指導、助言又は勧告）

第14条　市長は、必要があると認めるときは、事業者に対して、指導、助言又は勧告を行うものとする。

2　事業者は、前項に規定する指導、助言又は勧告について、その処理の状況を市長に報告しなければならない。

（協議の終了の通知）

第15条　市長は、協議が終了したときは、事業者に終了した旨の通知をするものとする。

2　市長は、必要に応じて、前項の通知に意見を付すものとする。

（事業の着手等の届出）

第16条　事業者は、事業の着手、完了、中止又は再開をした場合は、速やかに市長に届け出なければならない。

（事業の完了の確認）

第17条　市長は、前条に規定する完了の届出があったときは、確認を行うものとする。

（公表）

第18条　市長は、次の各号のいずれかに該当するときは、その事実を公表することができる。

⑴　正当な理由なく第9条の規定による届出をせず、又は虚偽の届出をしたとき。

⑵　正当な理由なく第14条第1項の規定による指導、助言又は勧告に応じないとき。

⑶　正当な理由なく第15条の規定による通知を受ける前に事業に着手したとき。

2　市長は、前項の規定により公表しようとするときは、あらかじめ事業者にその理由を通知し、弁明の機会を与えなければならない。

（委任）

第19条　この条例の施行に関し必要な事項は、規則で定める。

附　則

この条例は、公布の日から施行する。

第3章　太陽光発電設備の建築規制に関する日独法制の比較法的考察

1. はじめに

本章では、太陽光発電設備、とりわけ野外の太陽光発電設備の設置に関する問題を論じることを目的としている。近年、メガソーラーを中心とする野外の太陽光発電設備の設置をめぐって事業者と地域住民との間にトラブルが生じる事例が多い[1)]。

ところで、建物の建築に際しては、このような立地上の問題のみならず、建築物自体に関する規制がなされているのか否かという重要な問題もある。すなわち、建築物自体の安全性を確保するためになされる規制の問題であって、この種の規制を通常は「単体規定」と称している（単体規制と称することもある)。わが国の建築基準法（以下、「建基法」と称することもある）は、この単体規定をその中心とする立法である[2)]。

再生可能エネルギー（以下、「再エネ」と称することもある）の促進を図るために、太陽光発電設備の建設が盛んにおこなわれているが、立地の問題もさることながら、設備自体の安全性をどのように担保しているのか、筆者は以前より疑問を持っていた。福島の原発事故以降、太陽光発電設備を建基法上でいかに扱うかについて、様々な動きがあったからである。そして最終的には、2011年3月の国土交通省の通知によって、太陽光発電設備については、建築基準法の「建築物」に当たらない旨、また建築基準法施行令138条にいう「工作物」にも当たらない旨が明確にされたことによって、太陽光発電設備については、建築基準法の単体規定は原則として適用されないこととなった。

その後、太陽光発電設備の建設が全国各地で進む中で、2015年6月15日に群馬県伊勢崎市と前橋市で突風が吹き、伊勢崎市に設置されていた太陽光パネルが700枚以上吹き飛ばされると共に架台の多くが倒壊するという事故が起こった。この事故では、幸い人的被害はなかったようであるが、この発電設備（出力330 kW）の場合、架台については、杭基礎として1mほど地中に打ち込んだ単管パイプをジョイントで架台に組み上げられていただけの状態であったために、突風で架台が煽られ杭基礎ごと吹き上げられて飛ばされ、他のパネルに激突した[3]。太陽光発電設備は、人の居住や利用を想定したものではないものの、設備周辺の居住者や地域住民に対しては、安全性の面で影響を与えることが従来から危惧されていた。たとえば、台風や強風でパネルが吹き飛んだり、土砂崩れでパネルが架台ごと流されたりした場合には、周辺住民の生命・健康や財産に対して重大な影響を及ぼすであろうことは容易に想像できる。

ところが、これまでは、野外の太陽光発電設備についてその普及が急がれたこともあって、上記の点に関する十分な検証ができているとはいえない。本章は、太陽光発電設備の設置自体の安全性に関して若干の比較法的検討をすることを目的としている。太陽光発電設備を設置する場合、どのような法制度のいかなる要件を満たすことが必要なのか（第2節）、また、それをドイツ法と比較した場合、わが国の法制度にいかなる特徴が見られるか（第3節）を検討するものである。

2. 日本法

⑴　建築基準法との関係

まず、建築基準法との関係を見ていこう。

太陽光発電設備については、福島原発の事故後まもなく通知が発出された（2011年3月25日国交省住宅局建築指導課長「太陽光発電設備等に係る建築基準法の取扱いについて」（国住指第4936号））。それによると、まず第一に、「土地に自立して設置する太陽光発電設備」については、メンテナンス以外の目的で架台下に人が立ち入らず、かつ、架台下の空間を居住、執務、作業、集会、娯楽、物品の保管又は格納その他の屋内的用途に供しないものについては、建築基準法2条1項に定める「建築物」に該当しない（同通知第2）。

第二に、建築基準法上は、建築物に該当しなくても同法上の「工作物」に該当すれば、建築確認や構造耐力等の同法上の主要な規定が適用されるのであるが（同法88条）、本条が適用される工作物を列挙する同法施行令138条においては、太陽光発電設備は挙げられていない。したがって、太陽光発電設備は工作物にも該当せず、建築基準法がそもそも適用されないこととなった（上記通知第1）。

第三に、一般住宅等でしばしば見かける建築物の屋根上に設置される太陽光発電設備についても、設置を容易にする方向で建築基準法上の取扱いが変更されている（上記通知第3）[4)]。

本章で問題としたい野外の太陽光発電設備については、上記第一と第二が適用される。これらによれば、太陽光発電設備の架台であっても人が立ち入り、屋内的用途に供することができれば建築基準法の適用を受ける建築物となるのであるが、そのような架台の構造を有する太陽光発電設備はほとんどない。したがって、野外の太陽光発電設備には実際上建築基準法が適用されることはない。ちなみに、建築基準法（2条1号）の「建築物」の定義を見てみよう。

「建築物　土地に定着する工作物のうち、屋根及び柱若しくは壁を有するもの（これに類する構造のものを含む。）、これに附属する門若しくは塀、観覧のための工作物又は地下若しくは高架の工作物内に設ける事務所、店舗、興行場、倉庫その他これらに類する施設（鉄道及び軌道の線路敷地内の運転保安に関する施設並びに跨線橋、プラットホームの上家、貯蔵槽その他これらに類する施設を除く。）をいい、建築設備を含むものとする。」

この定義によると、建築物か否かの判断に際しては、工作物の中で人の利用に供されるものであるか否かが重視されている。解説書においては、「基準法にいう建築物は、明文はないけれども、すくなくとも人の出入りできる程度の規模の工作物であることを要する」とされ、「人の出入り」は、「建築物」であるか否かの規模を決定する物理的基準として用いられているが[5)]、人の出入りを内容とする用途に供されるものであることが前提とされているといえよう。

このような解釈によって建築基準法の適用を免除した理由は他でもない。福島原発事故以降、原発に頼らないエネルギー源の開発が急がれ、とりわけ再生可能エネルギーの比重を早急に高める必要性が生じたからである。しかし、太陽光発電設備も人による利用には供されないとしても（その意味では建物の利用者自身に危険を及ぼすことがないとしても）、その周囲に住む地域住民にとっては、自然災害による設備の破損等によって、自らの生命・身体・財産等に被害を受けることがあり、設備の安全性には十分な配慮がなされなければならない。

また、建築基準法では、太陽光発電設備は同法上の「工作物」にも当たらないとされた。国土交通省は、その旨を定めた同法施行令138条の趣旨について、「工作物」から除外するのは、「他の法令により法（建築基準法…筆者注）の規定による規制と同等の規制を受けているものとして国土交通大臣が指定するものを除く」からである、と説明する（上記通知第1参照）。すなわち、他の法令によって建基法と同等の規制を受けているものであれば、実質的には問題は生じないのであるから、建基法の「工作物」から外すという立場である。なるほど、他の法令によって建基法による場合と同等の安全性が確保されるのであれば、上記の問題は基本的には生じないであろう。そこでいう「他の法令」とは何か。それは「電気事業法」（同法施行令、同法施行規則を含む）である。発電設備を建設する場合には、電気事業法によって、手続や安全性を確保するための技術基準が定められており、これを遵守することによって、発電設備の安全性は担保されると考えられている。

それでは、電気事業法において、太陽光発電設備の建設に際してその安全性の確保に関していかなる基準がどのような手続の下に設けられているのであろうか。

(2) 電気事業法の規制

電気事業法によると、事業用電気工作物の設置（または変更）の工事については、公共の安全の確保上特に重要なものは経済産業大臣の認可を得（同法47条）、それ以外のものについては経済産業省令で定めるものについては経済産業大臣に届け出なければならない（同法48条）。太陽光発電設備は、事業用電気工作物であるものの（同法38条）、公共の安全確保上特に重要なものとはいえないとされ、届出で足りるとされている。また、届出が必要な事業は電気事業法施行規則65条および同規則別表第二によって明示されており、それによると、出力2,000 kW以上の太陽光発電所の設置には事前届出を要することとされている。わが国では1,000 kW以上（ドイツでは500 kW以上）をメガソーラーと称しているので、メガソーラーの中でも2,000 kW以上のものについては事前の届出が必要とされるが、換言すれば、2,000 kW未満のメガソーラーについては、電気事業法の届出すら必要ないのである。

次に、届出があった場合には、経済産業大臣は、一定の要件を満たしていない場合には、届出受理の日から30日以内に、その工事の変更または廃止を命じることができる（同法48条3項）。したがって、届出ではあっても、事後的なチェックが可能な仕組みとはなっている。ここにはまず、ここで定められている要件が安全性を担保する上で十分か、という問題がある。

その満たされるべき要件の一つとして、「経済産業省令で定める技術基準」がある（電気事業法48条3項、47条3項、39条1項参照）。その詳細は、「電気設備に関する技術基準を定める省令」で定められており、電気の供給施設、使用場所、保安に関する規定が全部で78か条にわたって規定されている。ただ、この省令は必ずしも明確かつ十分なものではないので、経済産業省はさらに詳細なガイドラインである「電気設備の技術基準の解釈」（以下、「解釈」と称する）という基準を設けている。この解釈は、福島原発事故後2011年7月に全面改正され、232か条にわたって具体化された。そこでは、第46条「太陽電池モジュール等の施設」において、電線、開閉器その他の器具に関する詳細な施設要件が定められていたが、2012年7月に、(イ)太陽光発電所は、施設形態や施設場所が電気使用場所とは異なり、(ロ)原則として、さく、へい等によって構内に外部者が立ち入らないように設置されていることを理由として、他の発電所との整合性を図るべく詳細な施設要件を定めないこととした。かくして、本解釈においても、太陽光発電設備の設置については大幅な規制緩和がなされたことになる。

ところで、この規制緩和にも拘わらず、解釈46条2項として、下記のような規定が残っている。

「太陽電池モジュールの支持物は、支持物の高さにかかわらず日本工業規格JIS C 8955（2004）「太陽電池アレイ用支持物設計標準」に規定される強度を有するものであること。また、支持物の高さが4mを超える場合には、更に建築基準法の工作物に適用される同法に基づく構造強度に係る各規定に適合するものであること。」

この規定は、太陽光発電設備の安全性を確保する上で非常に重要な規定と思われる。まず、ここにいう「支持物」とは何か。上記「日本工業規格JIS C8955（2004）太陽電池アレイ用支持物設計標準」（以下、「JIS8955」と称する）3.1によると、支持物とは、「太陽光モジュールを支持することを目的とした工作物で、単柱、架台などの総称」であるとされる。太陽光発電設備の安全性は、パネルや送電線の安全性もさることながら、支持物の安全性も非常に重要である。とりわけ前述したように大雨や強風、積雪等によって支持物や地盤が崩れて、パネルが吹き飛んだりすれば、周辺の地域住民にとっては大きな脅威となりかねない。そこで、JIS8955では、想定荷重として、固定荷重、風圧荷重、積雪荷重、地震荷重の4種を想定して、満たすべき基準値をそれぞれ各地域毎に定めている。しかし、これらの基準は支持物自体について満たすべき耐性や安全性であって、基礎設計や基礎工法に関しては何ら規定するところがない。パネルを支持物に取り付けて、それを土地上に置くだけで足りることになる。たとえば、野外の太陽光発電設備では、安価な置き石基礎が多く用いられているという。しかし、置き石基礎では垂直方向の加重には強くても横方向の加重（地震、強風等）には弱いのではないか。支持物自体の荷重に配慮することはもとより重要であるが、それと同時に、支持物が土地にどのように固着しているかという基礎工事への配慮も、安全性を確保する上で重要な要素なのではないだろうか。とりわけ、近年頻出する大雨、強風、地震等の異常気象を前にして、野外の太陽光発電設備についてはその安全性の確保になお不十分な点があるのではないかという危惧を抱かざるを得ない。なお、同解釈46条2項2文で規定するような、支持物が4mを超えることはほとんどあり得ない。

次に、届け出た後の経済産業大臣による事後的チェックであるが、この点も実効性がある手続であるかどうかが問われうる。

まず第一に、前述のように30日を過ぎれば、たとえ問題のある設置工事であったとしても工事の廃止・変更を命じることができなくなる。

また、第二に、届出後のチェックは、提出資料を基に行うのであるが、実際に設計図通りに施工されたか否かは自主検査に任されている（電気事業法51条)。したがって、届出手続のみでは、設置工事に問題があったとしてもこれを是正する機会としてはなお不十分であって、経済産業大臣による使用前検査を行うべきであろう（同法49条参照)。

このように電気事業法においては、制度上満たすことを要求されている技術基準が必ずしも十分ではなく、しかも、基準の順守は2,000 kW未満の太陽光発電設備の場合には、全くチェックされない。したがって、この基準すら遵守することなく設備を設置している事業者は少なくないと思われる。また、2,000 kW以上の太陽光発電設備であっても、届出しか要求されず、事後のチェックは可能ではあるものの自主検査である。したがって、野外の太陽光発電設備の単体規制は、事実上あってないに等しいといえるであろう。これらの問題点が如実に表れたのが、1で挙げた2015年6月の群馬県での事故である。この事故は、単に地中に差し込んでいた「単管パイプをジョイントで架台に組み上げていた」状態で生じたものである。ここから、この事件に関しては、下記の具体的な疑問が生じる。

第一に、上記の解釈46条2項によれば、本件の単管パイプも架台も本条項でいう支持物であることは明らかであるから、そもそもJIS8955の基準を満たしていなければならないはずだが、それを満たしていたのか。ちなみに、この発電設備の出力は330 kWであるので届出の不要な事案であった。

第二に、それが強風に煽られてあっさりと抜けてしまったという事実である。上記で指摘したごとく基礎設計や基礎工法についての規制が全くないために、単管パイプを地中に単に差し込んだ状態でも違法ではなかった。このような取り付け方では、強風に煽られた場合に架台ごとすっぽりと抜けてしまうおそれがあることは素人でも容易に想像がつく。再生可能エネルギーに関するあるポータルサイトによると、基礎の設計や工法の観点からの安全性は従来必ずしも重視されてこなかったため、日本全国で、十分な基礎工事を施している太陽光発電設備は少ないと言われているが[6)]、今回の事故は、正にその問題から生じたものであるように思われる[7)]。

3. ドイツ法との若干の比較

さて、以上のようなわが国における太陽光発電設備の設置に関する単体規制に対して、ドイツの場合にはどのような状況であるかを検討してみよう。

ドイツの場合、わが国の建築基準法に相当する法律は、州毎に州法として存在する「州建築秩序法」(Landesbauordnung, 以下、「LBO」と称する）である。これは連邦法ではないが、第二次大戦後、連邦憲法裁判所で、土地法について基本法上連邦と州の立法管轄を定める際に、都市計画や土地取引に関する規制は連邦法として、単体規制は州法として定める旨の鑑定意見[8)]が出されて以降、州毎に建築秩序法が制定された。各州法の構造は基本的には同じであるが、後述するように、太陽光発電設備の設置については扱いが多少異なっており、州毎の特色が出ている。また、わが国の場合とは異なり、建築のためには「確認」ではなく「許可」が必要である。

以下では、法の適用対象、法の目的、再エネ設備（とくにメガソーラー）の扱い、の3つの点について検討することを目的として、ノルトライン・ヴェストファーレン州（以下、「NW」と称する）とバーデン・ビュルテンベルク州（以下、「BW」と称する）の建築秩序法を取り上げる。この二つの州を選んだ理由は、双方の建築秩序法の内容は基本的にはほぼ同じであるが、太陽光設備については扱いを異にしているためである。

(1) 法の適用対象

まず、本法が適用される対象物の種類についてである。この点、NWのLBOでは、「本法は、bauliche　Anlagen（とりあえず「建築施設」と訳しておく）およびBauprodukte（とりあえず「建築製造物」と訳しておく）に適用される。また、本法または本法に基づく諸規定における諸要請があてはまる土地(Grundstück）およびその他の施設・設備（andere Anlagen und Einrichtungen）にも適用される」という規定を置いている（同法1条1項1文および2文)。

この規定については、まず、一定の土地も含められている等、非常に広い範囲の対象物が挙げられていることに気づく。

次に、上記の対象物へのいかなる行為について本法が適用されるか（行為的適用範囲）という点であるが、NW の LBO では、「bauliche Anlagen および1条1項2文（上記参照…筆者注）に定めるその他の施設・設備（andere Anlagen und Einrichtungen）の秩序づけ、建築、変更および修繕」行為に適用される（同法3条1項1文）、とする。この点は、わが国の建基法と重なるところが多い。

問題は、上記にいうところの“bauliche Anlagen”や“Bauprodukte”が、何を意味するか、という点である。まず、上記の“bauliche Anlagen”の意味であるが、「建築物」と訳すことも可能であるが、各州の LBO では、その内容については、さらに次のような定義を設けている。「“bauliche Anlagen”とは、土地に定着し、Bauprodukte（建築製造物）から構成される施設（Anlage）をいう。土地への定着は、その施設が自らの荷重によって土地上に存置されているか、土地に固着したレール上でのみ可動するか、または当該施設がその利用目的から見て主として土地に固定して利用されるべく定められている場合をも含む」（LBO NW 2条1項1文および2文）。また、上記でいう“Bauprodukte”（建築製造物）とは、(イ)継続的に建築施設に取り付けて利用するために生産されている建築素材（Baustoffe）、建築部分（Bauteile）および施設（Anlagen）、または、(ロ)プレハブ住宅、プレハブガレージ、サイロのように建築素材や建築部分から事前に作られた施設であって、土地に定着して作られたもの、である（同法2条10項）。

また、各州の LBO では、わが国でいう「建築物」に相当すると思われる概念としては、“Gebäude”という用語があり、これは、「独立して利用可能な、屋根の付いた、人の出入りが可能な“bauliche Anlagen”を指し、人、動物または物の保護に資するものをいう」（たとえば LBO NW2条2項）と定義されている。この“Gebäude”の定義は、わが国の「建築物」の概念と共通する部分はあるものの、人の保護に限定されない点でわが国のそれよりも広い。

したがって、以上をまとめると、ドイツ法でいう“bauliche Anlagen”の概念は、わが国の建基法の「建築物」を当然に含み、さらに、わが国でいう「工作物」にも適用される概念であって、「建築施設」という訳語が適当であろう。

同じ単体規制について、ドイツの場合には、法の適用対象が、わが国のそれに比して非常に広範であるということができる。彼我で生じるこの差異はどこから生じるものなのであろうか。次に、この点を法の目的規定に立ち戻って考えてみよう。

(2) 法の目的

ドイツの建築秩序法の目的についてNWとBWとではほぼ同じである。たとえば、NWのLBO3条1項1文では、下記の規定が設けられている。すなわち、その目的は「公共の安全性または秩序（die öffentliche Sicherheit oder Ordnung)、とくに生命、健康または自然的生存の基礎が脅かされない」ことであって、この目的を達成するように、先に挙げた「建築施設（bauliche Anlagen）および1条1項2文（上記参照…筆者注）に定めるその他の施設・設備（andere Anlagen und Einrichtungen）の秩序付け、建築、変更および修繕」についてのチェックが行われることになる。

この点、わが国の建基法の目的規定は、「建築物の敷地、構造、設備及び用途に関する最低限の基準を定めて、国民の生命、健康及び財産の保護を図り、もって公共の福祉の増進に資すること」と定められており（1条)、両者で大きな相違がないように見えるが、LBOの適用対象が建基法のそれよりも広範であることと関連して、次のような大きな差異があることに注意しなければならない。すなわち、わが国の場合には、建基法で保護が図られている「生命、健康、財産」とは、居住者に代表される当該建物利用者のそれに主として限定され、当該建物を利用することが想定されていない近隣住民や地域住民については単体規制としての本法によって保護しようとする発想が希薄である[9)]。このことは建基法の内容を見るとよくわかる。すなわち、建基法の単体規制は、建物の影響が建物内部やその近接する部分に及ぶ範囲内での規定にとどまっており、敷地外への影響に関する規定は基本的には考慮されていない。すなわち、建基法の単体規定の内容は、(イ)構造強度に関する規定、(ロ)採光、通風等に関する規定、(ハ)防火、避難に関する規定、(ニ)室内空気環境（シックハウス等）に関する規定、(ホ)その他安全性に関する規定（階段の寸法、手すりの大きさ等)、から成り、基本的には居住等でそこを利用する人の安全性を念頭に構成されている[10)]。

これに対して、ドイツの建築秩序法では、その保護法益は、「公共の安全性もしくは秩序、とくに生命、健康または自然的生存の基礎」であって、この目的を達成するための建築許可制度は、〈基本権の担い手の生命および健康を保護するために基本法上国家に義務づけられた保護義務（Schutzpflicht）を果たすためのもの〉として位置づけられている[11]。（基本権）保護義務とは、第三者の侵害から各人の基本権上の法益（生命、身体、自由等）を保護するために、積極的措置をとることを内容とする基本法上の国家の義務を指し、1975年以降判例上も度々認められてきた法理である[12]。基本法上は、2条2項1文（「各人は生命および身体の不可侵性への権利を有する」）や1条1項2文（「人間の価値を尊重し保護することは、あらゆる国家権力の義務である」）が根拠とされることが多い。近代国家における基本権は、国家から私人の自由を保護するために国家の権力行使を制限することを主たる目的としてきたが、ドイツでは、1980年代以降、基本権保護義務が国家の義務として論じられるようになった[13]。ここでは、原子力発電所等の他者に危害を及ぼし得る施設に対して積極的な規制措置をとることが要請される。建築秩序法もこの流れの中に位置づけられる。すなわち、本法は、当該建物の利用者の安全性にとどまらず、当該建物が周囲に及ぼす影響についても「公共の安全性」確保の観点から、その規制の対象とすることになる。したがって、ドイツの建築秩序法では、人の利用を前提とする、わが国の建基法でいう「建築物」の安全性を確保すれば足りるものではなく、建築物や工作物を含めたbauliche Anlage（建築施設）が、その利用者はもとより、周辺の住民・市民や就業者・歩行者等の安全をも確保する構造・性能でなければならないことになる。建築秩序法の単体規制の内容は、このような見地から設けられており、たとえば、建築施設の存立の安全性（Standsicherheit）[14]、防火に関する安全性（Feuersicherheit）、建築施設の設備に関する技術水準の安全性等のすべての基準はこのような観点から設計されている[15]。

建築秩序法の適用範囲が広範である理由の一つは、このような事情に由来する。

⑶　建築許可が不要な建築物

　ところで、わが国の建基法の建築確認やドイツのLBOにおける建築許可は、それぞれの法律が定める建築物ないし建築施設を建設する際に必要とされるが、彼我のいずれも、すべての建築物ないし建築施設について、確認や許可が必要とされているわけではない。しかし、このことを定めている双方の規定の仕方が興味深い。わが国の場合には、建築確認を要する建築物が列挙されているのに対して（建基法６条）、ドイツの場合には、建築許可が不要な建築施設が列挙されている（LBO NW 65条およびLBO BW 50条では、「許可の不要な建築案」として列挙されている）。

　注意すべきは、まず第一に、この規定の仕方について彼我で原則と例外が逆になっていることである。すなわち、ドイツの場合には、原則として建築許可を要し、例外的に許可が不要な建築案が定められているのに対して、わが国の場合には、このような原則を置かず、建築確認が必要な場合のみが列挙され制度上は例外的な位置づけが与えられているのである（建基法６条参照）。わが国の場合も、実際には建築確認を要する建物の方が数の上では遥かに多いであろうから、現実的には確認をとることの方が原則的形態なのであろうが、法理論上重要な点は、法律がどちらの原則に立っているかであって、いずれの原則を採用するかで、法の運用の仕方は実際上大きな影響を受けることになろう[16)]。

　第二に、それでは、ドイツにおいて太陽光発電設備は、建築許可が不要な建築施設に該当するのであろうか。許可が不要であれば、結果的にはわが国と同じ扱いということになる。たとえば、NWの建築秩序法65条を見てみよう。そこには、建築許可が不要な建築施設が列挙されているが、44号においては、下記のような規定がある。

「44. 再生可能エネルギー利用施設
a）太陽光発電設備であって、屋根または壁面の中に（in）、それらに沿って（an）もしくはそれらの上に（auf）設置するものまたは副次的な付属設備として設置するもの
b）高さが10ｍまでの風力発電設備、ただし、純住居地区、一般住居地区および特別住居地区ならびに混合地区内に建設するものを除く。」

NW では、建築許可が不要な施設は再エネ施設については、これだけである。太陽光発電設備についていえば、上記 a）のように、家屋に付属するものとして設置されるものに限定して建築許可が不要とされていて、したがって、野外の太陽光発電設備やメガソーラーについては原則通り建築許可が必要である。ちなみに、NW のこのような規定の仕方は、ドイツの他の州の建築秩序法を見ても例外どころかむしろ原則的な規定の仕方である。

他方で、NW と異なる規定を設けているのが、BW の建築秩序法である。BW は、環境都市として有名なフライブルク市を擁しており、環境保護には従来から非常に積極的であった（州議会の第一党は緑の党であり、現在の政権政党でもある）。それ故、再生可能エネルギーの利用にはとりわけ前向きであって、太陽光発電設備については建物付置のものか否かにかかわらず、建築許可を要しないとしていた（LBO BW 50 条付表 22 号）[17)]。その結果、BW では太陽光発電設備の増加は他州と比べて著しいものがあったが、他方で、野外の太陽光発電設備も増加していったため、2010 年に建築秩序法を改正して、建築許可が不要な太陽光発電設備を限定した。すなわち、建築許可が不要な再エネ施設は、下記の通りである。

建築秩序法 50 条付表「3.　防火及び再生可能エネルギー施設」
「c）建物から独立した太陽光および太陽熱発電設備については、高さが 3 m 未満かつ長さが 9 m 未満の施設
d）風力発電設備については、高さが 10 m 未満の施設」（傍点筆者）

規定の仕方が、NW と同様に、原則として許可を要し、例外として許可不要な建築案を列挙するという構造となった[18)]。もちろん、内容的には NW の限定の仕方よりもかなり緩いが、通常のメガソーラーであれば、c）の基準を超えるため、建築許可が必要となろう。メガソーラー設備について、従来建築許可が不要であった原則を転換して、不要な施設をこのような形で例外的に限定するに至ったことの有する意味は法的にも現実的にも非常に大きいものがある。

4. むすびに代えて

以上、太陽光発電設備の建築法（単体規制）上の扱いについて日本法をドイツ法と比較しながら検討してきた。

上述したところから明らかなように、わが国とドイツにおける太陽光発電設備の建築法上の位置づけは大きく異なっている。わが国の場合には、太陽光発電設備そのものが建基法の「建築物」や「工作物」から外されているため、設備の安全性に関する規制が不十分にならざるを得ない。これに対して、ドイツの場合には、当該建築施設が周囲の第三者に及ぼし得る侵害を防止するという観点からも制度が設計されているために、法の適用対象となる建築施設の範囲はより広範囲であって、太陽光発電設備も原則としてそこに入ってくる。

単体規制に関するこのようなドイツの規制の仕方は、建築物が単なる個的私的存在ではなく、社会的存在でもあることを前提としているといえよう。それ故、単にその利用者や居住者の安全性のみを確保することだけでは足りず、その周辺に居住したり仕事に従事したりする人々の安全性をも担保するものであることを法の不可欠の目的としているのである[19]。単体規制の目的をこのように広く捉えることについては、ドイツの建築秩序法ではいずれの州ももれなく配慮しており[20]、わが国の建基法についても、立法論および解釈論の双方において今一度検討する必要があるのではないか[21]。

わが国において再エネの普及・促進が喫緊の課題であることは十分に理解できるが、設備自体の単体規制についても慎重な対応が求められているといえ、わが国の場合には、この両者の要請のいずれをも同時に満たしていくことが今後とも必要であろう。

1)　筆者の調査した大分県由布市の事例も含めて、本書第2章参照。

2)　建基法にはこれと並んで集団規定が設けられている。集団規定は、建築物が都市環境に与える影響に関する規制を含んでいる。たとえば、用途規制、建蔽率・容積率規制、日影規制等である。これらは、本来は都市計画法制の領域に属する規定群であるのだが、わが国の場合には建築基準法の中に単体規定と並んで定められている。

3)「伊勢崎市で300 kWの太陽光発電設備が突風で倒壊、単管パイプ架台が崩壊」日経テクノロジーonline2015年6月17日。

4) より詳細にいえば、屋上の太陽光発電設備を建築物の高さに算入しても当該建築物が建築基準関係規定に適合する場合には、当該太陽光発電設備等の建築設備は、「階段室、昇降機塔、装飾塔、物見塔、屋窓その他これらに類する建築物の屋上部分」(令2条1項6号ロ) 以外の建築物の部分として扱うものとされる。

5) 島田信次／関哲夫『建築基準法体系 (3訂版)』(酒井書店、1982年) 17頁。

6) たとえば、「次世代エネルギーニュースPVN24」(http://pvn24.com/topics/topic009/2) 参照。なお、大阪市立大学教授の谷池義一らも、事業者は、イニシャルコストを抑えるために、JIS8955の荷重設定に余裕を持たせず設計することが多いと指摘している。谷池義人ほか「地上設置型太陽電池アレイのパネルに作用する風荷重」『第22回風化学シンポジウム学会梗概集』(2012年) 157頁参照。

7) 業界のHPを見ると、最近は単管を地中に打ち込む方式だけではなく、「スクリュー杭」といって、単管がスクリューのような形状になっている場合もあるようである。この方が風に煽られても抜けにくいことは想像できるが、そもそもこれらの基礎設計・工法の選択が業者任せになっている点に問題の本質がある。

8) 連邦憲法裁判所によって1954年6月16日に出された鑑定意見である。Vgl. BVerfGE 3, S. 407ff.

9) 逐条解説建築基準法編集委員会編『逐条解説建築基準法』(ぎょうせい、2012年) によれば、建基法の「単体規定は、ある1個の建築物に着目して、その構造等に制限を加え、建築物を地震、火災等から守り、その建築物を利用している人々の生命、健康及び財産を守るという観点から定められたものである」としている (675頁)。なお、建基法には、単体規定の他に集団規定があり、これらは、当該建築物の外部への影響を制御する規定ではあるが (前掲注2) 参照)、これらの規定は、用途、通風、日影等の点で建築物の形態、用途、接道等に制限を加え、「都市の機能確保や環境の確保を図ろうとするもの」(675頁) に関わる規定であって、近隣住民の生命・身体・財産等の安全性を保護することを直接の目的とする規定ではない。

10) ちなみに、建基法の防火に関連する規定についても、たとえば、防火地域および準防火地域以外の市街地について指定する区域内の建築物の屋根の性能については、「通常の火災を想定した火の粉による建築物の火災の発生を防止する」(傍点筆者) 観点からの規制が設けられており、周囲の建築物で発生した火災による当該建築物への延焼を遮断することが意図されている (同法22条)。また、外壁の性能についても、同様の区域内の建築物の外壁については、「準防火性能 (建築物の周囲において発生する通常の火災による延焼の抑制に一定の効果を発揮するために外壁に必要とされる性能)」(傍点筆者) が要求されており (同法23条)、ここでも周辺での延焼が当該建築物に及ばないような外壁の性能を備えることが要求されている。なお、鉄筋コンクリート造り等で要求される耐火構造 (同法2条7号) については、(イ)隣接建築物の火災からの延焼を防止すること、(ロ)全焼した場合であっても耐力の低下が少なくわずかな経費で修理することにより再使用することができることに加え、(ハ)自身から発火しても防火区域内で鎮火し屋外に火炎を出す損傷を生じさせないこと、が目的とされており (島田/関・前掲注5) 132頁および建基法施行令107条3号参照)、(ハ)の限りでは当該建築物の外部に及ぼす影響への配慮がなされている。

11) たとえば、H.-J. Koch/R. Hendler, Baurecht, Raumordnungs- und Landesplanungsrecht, 6. Aufl., 2015, S. 511.

12) BVerfG, Urteil vom 25. 2. 1975, BVerfGE 39, S. 1ff (42); BVerfG, Urteil vom 8. 8. 1978, BVerfGE 49, S. 89ff (142) 等、多数存在する。

13) J. Isensee, Das Grundrecht auf Sicherheit, 1983, S. 37ff; R. Alexy, Theorie der Grundrechte, 1985, S. 410ff; G. Hermes, Das Grundrecht auf Schutz von Leben und Gesundheit, 1987, S. 1ff; F. Klein, Grundrechtliche Schutzpflicht des Staates, NJW 1989, S. 1633ff.

14) この「存立の安全性」は耳慣れない言葉であるが、建築施設の基礎構造・工法等はここに入ってくる。

15) Koch/Hendler, a.a.O. (Anm. 11), S. 512.

16) この「原則」と「例外」の関係については、高橋寿一『農地転用論』(東京大学出版会、2001年) 第1章で述べたところを参照されたい。

17) ちなみに、太陽熱発電設備や高さ10 m以下の風力発電設備についても建築許可が不要である旨定められていた (LBO BW 50条付表22および23号)

18) ちなみに、ヘッセン州では、外部地域における太陽光発電設備の建設については、10 m^2未満の規模の施設について建築許可を不要としている。

19) 建築物が単なる個的私的存在ではなく、社会的存在としての意味をも有するものであることについては、建築士の民事責任を論じる中で以前論じたことがある。高橋寿一「建築士の責任」川井健編『専門家の責任』(日本評論社、1993年) 401頁以下参照。

20) ちなみに、同様な規定は、他州でも見られるところである。たとえば、BWについては、13条で定められている。

21) なお、本章で摘示した問題については、すでに第1章で指摘したように、再エネ特別措置法 (電気事業者による再生可能エネルギー電気の調達に関する特別措置法) 改正法および電気事業法改正法等において、たとえば、500～2,000 kWの設備の設置者に対して、技術基準適合性確認を義務づける等一定の制度的対応がなされているが（その内容につき第1章末補注2）参照)、その評価も含めた詳細な検討は後日改めて行いたい。

第4章　ソーラー・シェアリング（営農型太陽光発電）の法的構成と問題点

1. はじめに

2014年5月に施行された「農林漁業の健全な発展と調和のとれた再生可能エネルギー電気の発電の促進に関する法律」（以下、「新法」と称する）は、農山漁村の土地や海を利用して再生可能エネルギー施設を建設し、エネルギー資源の多様化とともに農山漁村の活性化を図るものであった[1]。

ところで、農地上に太陽光発電設備を設置する場合、以下の類型があり下記の手続を経る必要がある。

第一は、農地自体を転用する手法であり、そのための許可手続がある（農地法4条、5条）。もとより、当該農地が農業振興地域の整備に関する法律（農振法）の農用地区域に入っていれば、農用地区域からの除外手続も必要となるが、農地一般についていえば、転用許可手続が不可欠である。農地法4条は、農地を農地以外のものにする場合に取得しなければならない許可手続について、また同法5条は、農地または採草放牧地を農地以外または採草放牧地以外のものにするために所有権や地上権・永小作権・賃借権等を設定・移転する場合に当事者が得なければならない許可手続について適用される。そこで、農地を転用してその土地を太陽光発電設備用地として利用する場合には（以下、「恒久型」と称することもある）、4条の場合であれ、5条の場合であれ、農地法上の転用許可が必要となる。許可されれば、当該農地や採草放牧地は非農地または非採草放牧地となり、農地法が適用されない土地となる。賃貸借の場合であれば、賃借人は農業以外の用途（この場合には太陽光発電設備のために）で当該土地を利用することとなるので、賃貸人に支払う賃料も農業目的で賃貸に付される場合と比較してより高額となろう。

第二に、営農を継続しつつも、農地の上部空間に太陽光パネルを設置して太陽光発電事業を行う場合がある。これを営農型太陽光発電（ソーラー・シェアリング）（以下、「営農型」と称する場合もある）という。ソーラー・シェアリングでは、営農の継続が前提であるため、営農の支障とならないように、農地の上空に施設を設置して発電を行う。そして、得られた売電収入を農業者の副次的な収入とすることによって、農業者の所得を補完し、農山村の維持・活性化を図ろうとするものである。

筆者は、「恒久型」の手法については他章で検討したので、本章では「営農型」の手法について検討したい。

さて、農林水産省は、営農しながら、支柱を立てて太陽光パネル等（風力発電等の設備でもよい）を設置し発電を行うことを可能とするために、新法に先立つ 2013 年 3 月 31 日に、農村振興局長通知「支柱を立てて営農を継続する太陽光発電設備等についての農地転用許可上の取扱いについて」（24 農振第 2657 号）を発出し、農用地区域や第一種農地であっても一時転用（農地法 4 条 2 項・同施行令 10 条 1 項 1 号イ、農地法 5 条 2 項・同施行令 18 条 1 項 1 号イ）として扱うことによって、転用を許可することができることにした（以下、「本通知」と称する）。

農地での太陽光発電設備の設置は、従来から農業者や自治体関係者から要望されていたところであるが、農林水産省は本通知によって対処したわけである。

それでは、その通知はいかなる内容であるか。概要は以下の通りである。

(i)　一時転用許可期間は 3 年間（ただし、期間経過後の再許可は可能（回数制限なし））

(ii)　周辺の営農に支障が生じないこと

(iii)　収量が同じ地域の平均的な単収と比較しておおむね 20% 以上減少しないこと

(iv)　農地において生産された農作物に係る状況を年に 1 回報告し、その際には必要な知見を有する者（普及指導員、試験研究機関、農業委員会等）の確認を受けることこの通知によってソーラー・シェアリングは全国各地で増加しつつある。たとえば、静岡県の場合、2013年には6件、6,792 m^2 だったものが、2014年には5月までですでに12件、8,405 m^2 に達している。全国レヴェルで見ても、2012年は3件だったが、2013年には94件、2.1 ha、2014年も9月までに85件、0.2 haと増加してきた[2)]。その他、新聞報道では企業が耕作放棄地を再生しながら太陽光発電設備を設置する例が報告されている[3)]。

2. 法的構成

それでは、営農型太陽光発電設備を設置する場合の農地をめぐる法律関係はどのようになるのであろうか。ここでの注意すべき点は、同一土地上において、地表面では農業が営まれ、上空では太陽光発電が行われることである。すなわち、同一土地上の空間が物理的に水平に分割されて利用されるのであり、法的構成については注意が必要となる。農地法では、自己転用（4条）と転用目的での譲渡等の権利設定・移転（正確には、所有権移転、地上権・永小作権・質権・使用借権・賃借権・その他使用収益を目的とする権利の設定・移転）（5条）に際しては都道府県知事の許可が必要とされており、また、そこでの転用とは、「農地を農地以外のものにする」行為を指す。

これらのことを前提として、以下、設置に際して考えられる形態毎にその法的構成について検討していこう。

(1) 農業者が自作地上に発電設備を設置する場合

まず、自作農業者が自作地上に発電設備を設置する場合である。

(a)まず地表面については、営農が営まれるので転用行為がなされるわけではない。しかし、太陽光発電設備を支える支柱は地表面に設置せざるを得ないので、支柱を接地するに際してはその接地面積の部分についての転用許可が必要である。この場合は、1で述べたように一時転用許可がなされうる（農地法4条1項）。

(b)次に農地の上部空間に太陽光発電設備を設置する行為についてであるが、これについては、下記の二つの法律構成が考えられる。

(i)一つは、土地所有権はその排他的支配権限が、法令の制限内においてその地表面のみならず上部空間にも及ぶので（民法207条)、農業が当該農地上の空間を利用して営まれる以上、その地表面のみならずその上部の空間の用途についても農業以外の用途に供する場合には「転用」に該当するという構成である。この見解に基づく場合には、上部空間にも自己転用に関する農地法4条が適用され、一時転用として処理されることになる。

(ii)今一つは、下部空間である地表面部分について営農が確保されるのであれば、その上部空間が農業以外の用途に供されたとしてもその行為はもはや農地法にいう「転用」ではなく、農地法4条の許可は必要ではない。設置者は、地表面での営農活動に支障をきたさない限りで、その上部空間を自由に利用することができる。

上記の二つの法律構成が考えられるが、農水省は(ii)の見解を取っている。確かに、現在の栽培技術では農業は地表面で行われるものであるから、地表面での営農が確保されてさえいれば、その上部空間を非農業的用途に供しても、それは農地法にいう「転用」ではない、ともいいうる。ただ、将来技術が進歩して、地表面での営農と同時に上部空間についても併行的に農業的利用が可能な状況にでもなれば、上部空間を非農業的用途に供する行為も農地法にいう「転用」に該当することになるかもしれない。

(2)　農業者は自ら発電事業を行わずに、発電事業者に設置・運営させる場合

この類型は、農業者が、自らは営農を継続しながら、発電事業者に対して上部空間に発電設備を設置する権原を設定し、その対価を農業者が発電事業者から取得することを目的とする場合である。この類型は、農業者自ら発電設備を設置し運営する必要はなく、売電収入の一部を上部空間利用の対価として取得できるので、この類型も農業者にとってはメリットがある。

この場合は、営農者と発電設備の設置・運営者（以下、「発電事業者」と称する）とが異なることになるので、営農者である農業者は、発電事業者が発電設備を設置して発電事業を行えるように、発電事業者に対して、農地の上部空間を利用する権利を設定しなければならない。

⒜上部空間部分

まず、発電事業者は農地の上部空間に太陽光発電設備を設置するので、この上部空間を利用する権利を営農者から取得しなければならない。この場合、発電事業者は、地表面の利用権原は必要ではなく、上部空間のみの利用権原さえ取得できればよいので、民法269条の2の区分地上権の設定をしてもらって、売電収入の一部を地代として営農者に支払えばよい。なお、上空の空間のみを利用する権利は、区分地上権に限られないであろう。たとえば、賃借権や使用借権も当事者間の契約があれば可能であろう[4)]。そして、農地を農地のまま利用しながら、これらの権原を上部空間に設定するので、農地法3条によって農業委員会の許可が必要となる[5)]。前述のように上部空間の利用については一時転用許可は必要ない。

⒝支柱の接地部分

次に、支柱の部分であるが、この類型の場合は支柱部分も発電事業者が所有するのが通常であるから、支柱の接地部分については、営農者である農業者から転用目的での利用権原を設定してもらわなければならない。実際には地上権や賃借権の場合が多いであろうが、いずれにしても、支柱の接地部分については、農地法5条1項に基づく一時転用のための許可が必要となる。

したがって、この類型の場合には、営農者と発電事業者は、㈠支柱の接地部分に関しては地上権や賃借権等の権利の設定について農地法5条の一時転用許可を、㈡農地の上部空間に関しては区分地上権の設定について農地法3条1項に基づき権利移転のための許可を、それぞれ得ることになる。この場合、一方のみが許可されても意味はないので、5条許可がなされない場合には3条許可もなされてはならない旨の通知が発出されている（2013年3月31日付農林水産省経営局農地政策課長通知「営農型発電設備の設置についての農地法第3条第1項の許可の取扱いについて」（24経営第3797号））。

⑶　農業者が農地に利用権原の設定を受けて発電設備を設置する場合

⒜自己設置型

この類型は、農業者Ｂ（以下、「Ｂ」と称することもある）が、営農と上部空間での太陽光発電とを自ら同時に行うために、農業者Ａ（以下、「Ａ」と称することもある）から農地の利用に関する権利（永小作権、賃借権、使用借権等）を取得する場合である[6)]。

まず、Bは地表面を農業的利用に供する目的で利用権原を取得するのであるから、農地法3条に基づいて農業委員会の許可が必要となる。

また、Bは、上部空間での発電設備の設置のためにこの土地の利用権原を取得するのであるから、支柱の接地部分については、1で述べたように、転用目的での利用権原設定に関する一時転用許可（農地法5条1項）が必要となる。

なお、上部空間については、その利用権原も含めてBはAから取得したとすれば（Bの上記の意図からすれば予めAとそのように合意しておくのが通常であろう）、Bは、上部空間を発電設備に使うことができる。すなわち、前述したように、農地法の「転用」に当たらないので、許可は不要である。

(b)発電事業者設置型

なお、このバリエーションとして、農業者Bがソーラー・シェアリングを行うために、農業者Aから農地の利用に関する権利を取得したが、自らは発電事業を行わず、発電事業者Cに発電事業を行わせる場合が考えられよう。この場合は、まず、農業者Aは、農業者Bに対して、永小作権、賃借権、使用借権等の設定・移転を行うことになる[7)]。この際、農業者Bは営農目的での権利取得であるので、この権利の取得に際しては農地法3条の農業委員会の許可が必要となる。

次に、農業者Bは、発電事業者に対して、この農地の上部空間を利用する権利を設定することになる。この場合は、農業者Bは発電事業者Cに対して、たとえばBの利用権原が永小作権の場合であればBからCへの賃貸、賃借権の場合であればCへの転貸がなされることになる。この際には農業委員会の許可（農地法3条）と同時に、Bの利用権原が賃借権の場合には、譲渡・転貸についてAの承諾（民法612条）が必要となる。

他方、支柱の接地部分については、Cは、Bから転用目的で土地利用権原を取得することになるので、農地法5条1項に基づき一時転用許可を得ることになる。その場合の土地利用権原は、上記と同様に、永小作権の場合であれば賃借権、賃借権の場合であれば転借権等であろう。

この類型は、発電事業者の空間利用権原が他の類型に比して必ずしも安定的とはいえず、実際には利用されることは少ないであろう。

(4)　農業者が農地を他人に利用させる一方で自ら発電事業を行う場合

この類型は、農業者Aは営農する意思はないが発電事業のみを行いたい場合である。恒久型の太陽光発電設備を設置する意思がAにはない場合には、Aは、地表面についてのみ農業者Bのために利用権原を設定し、上部空間については、Aが発電設備設置のために利用することになる。

地表面についての利用権原としては、上部空間についてはAが自らの利用に供することを前提とするので、賃借権や使用借権となろう[8)]。AによるBへの地表面についての利用権原の設定に際しては農業委員会の許可を要するが(農地法3条)、上部空間の利用についてはそのままAに委ねられる。

支柱の接地部分については、Aが元々発電事業を行うつもりであるので、Bへの利用権原の設定に際して、Aは接地部分についてはBの利用権原が及ばないようにするであろう。そして、この場合の支柱の接地は自己転用となるので、農地法4条に基づき一時転用許可を得なければならない。

(5)　農業者Aがその所有権を自らに留めながら、一方では地表を利用する権利を農業者Bのために設定し、他方では上部空間を利用する権利を発電事業者Cのために設定する場合

(2)、(3)および(4)との違いは、農業者Aが自ら、営農者Bと発電事業者Cに対して、それぞれ地表面および上部空間の利用権原を付与する場合である。これはさらに次の二つに分かれる。

(a)上部空間を利用する権利を発電事業者Cに設定した後に、またはそれと同時に地表面を（農地として）利用する権利を農業者Bに設定する場合

(i)上部空間部分

ここでは、CはAから区分地上権や賃借権の設定を受けることになろう。この場合、地表面はB（または当初はA）による営農に供されるので、農地法5条ではなく3条の許可が必要となる。

(ii)下部空間部分

他方、Aは、地表面の農業的利用のために農業者Bに対して、農業委員会

の許可を得て永小作権、賃借権等の権利を設定・移転することができる（農地法3条）。この場合、Bの土地利用権原が上部空間にも及ぶ場合（たとえば永小作権）には、上部空間についてはCの区分地上権等の利用権原とBの土地利用権原とが競合することになり、Cが上部空間の利用権原をBに主張するためには、Cは、Bが対抗要件を備える前に区分地上権を登記することが必要となるとも考えられるが、民法269条1項の趣旨を重視して、かかる場合には対抗問題とはならずにCの区分地上権がBの用益権に優位するとも考えることができよう[9]。

(iii)支柱の接地部分

Cは、区分地上権の設定を受けるに際しては、支柱の接地部分についてもAから地上権や賃借権の設定を受け、農地法5条の一時転用許可を得なければならない。なお、BがAから永小作権や賃借権を設定してもらう場合にはこの接地面を除いた部分が対象となろう。

(b)地表面を（農地として）利用する権利を農業者Bに設定した後に、上空を利用する権利を発電事業者Cに設定する場合

(i)上部空間部分および下部空間部分

これに対して、Bが、Cが区分地上権の設定を受けるよりも前に永小作権を取得して、対抗要件を備えた場合には、Bの永小作権は物権であるから、Aは、これと衝突することになる区分地上権をCのために設定することはできないであろう[10]。一方、Bが対抗要件を備えていてもBがCの区分地上権等を承諾した場合には、AはCのために区分地上権を設定することができる（民法269条の2第2項前段）。鈴木禄弥は、この規定の処理の仕方について、「物権の排他性のドグマとの関連にはやや不透明なものが残る」としながらも「現実の不都合はない」と評している[11]。確かにBの承諾がない場合にAC間の合意でBの永小作権を制限しようとすることは物権の排他性との関係で問題があるが、永小作権者の承諾を得ればその上空に区分地上権を設定することができると解してよい。269条の2第2項前段はまさにそのことを許容した規定である。ただし、この場合でもBの用益権が消滅するわけではない。

他方で、Bは、Cが区分地上権の設定を受けるよりも前に永小作権を取得したが、登記をまだ済ませていない場合には、AからBとCに対して、（相矛盾

する）物権が譲渡されたことになるので、民法上は対抗問題であって、Cが先に登記を済ませれば、Cは区分地上権をBに主張しうることとなるが、農地法において、AがCに区分地上権を設定する際にはBの同意を得ておくことが3条許可の要件とされているので[12]、実際上問題となることは少ないであろう。

なお、AがBに対して土地賃借権を設定した場合には、引渡しによって対抗力が生じるが（農地法16条1項）、当事者間で当該土地の上空には賃借権が及ばない旨を予め合意しておけば問題は生じない。予めの合意がない場合にも、AがCに区分地上権の設定をする際にBの同意を得ておくことは、上記と同様に3条許可の要件となる。

いずれにせよ、下部空間についてのBの土地利用権原および上部空間についてのCの区分地上権等の取得に際しては、それぞれ農地法3条1項の許可を得ることが必要となる。

(ii)支柱の接地部分

次に、支柱の接地部分については、Bが、AのCに対する区分地上権や賃借権の設定を承諾している場合には、BC間で何らかの利用権原が設定されることになろう。具体的には、支柱の接地部分についてのみBがCに賃貸（転貸）する等の方法によることとなろう。この場合、農地を農地以外のものにするための権利移転であるから、BとCは、農地法5条1項に基づいて一時転用のための許可を取得しなければならない。

これに対して、Bが、Cの区分地上権等の取得を承諾しない場合には、Cは、支柱の接地部分について、土地の利用権原を取得できないので、支柱（ひいては発電設備）を設置することはできない。

3. 実務上の問題点

農産物価格が低迷している中でこのような収入が得られるならば、農業者が営農を継続する際の経済的基盤の形成に寄与することにもなるであろうし、農業者の収入が安定することによって後継者の確保に資することになるかもしれない。このことはまた農山村の地域振興にもつながりうるであろう。ただし、次の点については、なお注意が必要である。

(1) 発電事業の観点

2(5)の場合には、実際の営農者（農業者B）と発電事業者Cとがほとんど面識のない場合もありうる（これに対して、これ以外の場合には、営農者と発電事業者とはそれ以前から接点があるため問題は相対的に少ない）。その場合、Bが契約期間の終了以前にAに農地を返還する等して、当該農地が耕作されなくなった場合には、1で述べた本通知によると、転用許可権者は、「転用許可を受けた者に対して、営農型発電設備を撤去するように指導する」とされている（同通知5(2)参照）。発電設備については、一時転用許可は3年毎の更新となるものの、発電事業者は、通常は20年以上は発電事業を継続できるものとして事業計画を立てているはずであるので、農地を耕作する者がいなくなった場合には、発電事業者は途中でも設備の撤去義務を負担することになるかもしれず、この点は、発電事業者にとっての大きなリスクとなろう。ましてや、高齢化の進んでいる今日のわが国の農村ではそのリスクは益々大きいといえる。そこで、発電事業者としては、営農者との間で予め協定書を締結する等のリスクヘッジ策をとる必要があろう。埼玉県M町では、実際にはこのような場合を想定して、BC間において、営農の継続をBに義務づけたり、パネルの損傷によって地表の農作物に被害が生じた場合のCの賠償義務を定めたりすることを内容とする協定書が締結されているようである[13]。

(2) 農業経営の観点

固定価格買取制度によって、太陽光発電設備から発電される電気の買取価格は発電事業者の採算が取れるようにかなり高めに設定されているため、売電収入は農業収入を遥かに上回る。たとえば、小作料と比較してみると、埼玉県M町の場合、畑の小作料は5,000円/10a（太陽光発電は畑に設置されることが多い）であるのに対して、農業者が営農型の発電事業を目的とする者に賃貸した場合に得られる小作料は、100,000円/10aに達する。その差、実に20倍である[14]。このことが、農業サイドにもたらす影響には正確にはなお予測しがたいものがあるが、大きな影響があることは間違いない。以下、2の類型毎に見ていこう。

(i)まず、2(2)の類型であるが、この場合には、発電事業者が区分地上権の設定の対価を地代として、農業者に支払うことになる。この場合には、発電設備設置用地（＝空間）において生じた売電収入の一部が地代として土地所有者である農業者に支払われることになる。

(ii)次に、2(3)(a)の類型については、農業者Bは、自ら行う発電事業を通じて多額の売電収入を得るので（農業者Aもそのことを想定して賃貸するのが通常であろう）、農業者Aに対して支払う小作料は、農地としての小作料ではなく、売電収入も加味した小作料となるであろう。また、2(3)(b)の場合は、発電設備設置用地（＝空間）において生じた売電収入の一部がCからBに対して、賃料として支払われ、BからAに対しては、小作料が支払われる。この場合の小作料は、農業者AがBに利用権原を設定する際には、Bが発電事業者Cのために上部空間の利用に関する権利を設定することを前提としているのが通常であろうから、当該小作料は、BがCから取得する賃料の一部を取り込んだ水準のものとなろう。

(iii)2(4)の類型では、BがAに支払う小作料は、農業収益を基礎とした小作料であり、とくに問題はない。

(iv)最後に2(5)の類型である。ここでは(a)も(b)も同様に、Aは、Bからは小作料を、Cからは地代を取得することになる。上記M町では、Cから得る地代は、概ね100,000円/10aであり、Bから得る小作料は、本来は5,000円のはずであるが実際の事例では貸し手が借り手に農地を管理してもらっているという側面を重視して小作料を無料としていた。

これらから、いくつかの重要な点を指摘することができる。

第一に、農地の貸し手から見ると、純粋な農業的利用の対価としての小作料を受け取るよりも、売電収入を反映した地代を受け取った方が、遥かに高額の対価を得られるため、恒久型の場合には、農地の貸し手にとっては、仮に、農地の借り手として農業的利用に供する予定の借り手と発電事業を行う借り手とが同時に現れた場合、貸し手は、後者を借り手として選択することになろう。これによって、農地を農業的利用に供しようとする前者は賃貸借市場から排除され、地域の小作料が発電事業による売電収入の影響を受けて農業的利用とは切り離された形で上昇していくことがありうる。これに対して、営農型の場合には、これら双方の農地の借り手は、同一の農地上に併存しうるため、貸し手は、一方で農地を農業的利用に供し続けながら、他方で売電収入を確保することが可能となる。この点は、恒久型と比較した場合の大きな差異である。

第二に、しかしながら、営農型の場合であっても、売電収入は農業収入を凌駕する水準で形成されるので、〈当該農地の利用においては、太陽光発電が主であって、営農は従たるもの〉とする意識が多少なりとも出てくるであろう。実際、筆者が静岡県で聴き取りを行った限りでは、農業者の中には、ソーラーパネルの設置に伴い従来の作物を日当たりが多少悪くても育つ作物（しいたけや高級茶）に転換した者もいるという[15)]。農業的利用を前提とした小作料と、太陽光発電設備を設置・利用するために支払われる地代との落差を考慮すれば、農業者としては、作物生産は形（名）ばかりで売電を契機とする地代ないし賃料収入だけを目的とする者が出てきたとしても不思議ではない[16)]。とくに、1で前述した今回の通知は、農用地区域や第一種農地にも適用されるので、これらの農地所有者が農業生産よりも売電を契機とする賃料収入の方を重視するようになれば、このことは決して望ましいことではない。

第三に、ソーラーパネルは地上から2～3 mの高さに設置されるため、隣接農地に日照等の影響が出てくることを避けることはできないのではないかという印象を持った。また、パネルからの雨だれが農作物を変色させたり、土壌に過度の湿気を与える等、技術的な観点からの問題もなお残るように思われる[17)]。この点も、本通知の基準で何ら触れるところがないが、実務上は許可の際に十分に注意する必要があるであろう。

4. むすびに代えて

営農型太陽光発電設備の整備に関する法律上および実務上の構造および問題点は上述の通りである。恒久型と比較すれば、営農型の場合には、(イ)農地は引き続き農地として存続し、農地法の適用下に置かれること、(ロ)賃貸借期間経過後は、発電設備は発電業者によって撤去され（本通知1(2)エ参照)、再び農地としての利用が予定されていること、(ハ)賃貸された場合にも、売電収入をも勘案した小作料は、恒久型の場合の賃料よりも一般的に低額であること[18]、等の点で、恒久型と比較すると大きな相違がある。

しかし、3での検討からも明らかなように、営農型においても、その小作料は農業的利用を前提とする小作料水準を大きく上回るため、営農する者が農地所有者であれ、賃借人であれ、発電事業の方に熱心となり、農地の農業的利用が粗放化するおそれがある。2009年の農地法改正によって、企業が農地を賃借して農業経営をすることが可能となったが、ノウハウのある企業であれば、農地を営農目的で賃借して、上部空間に発電設備を設置して発電事業を行うことは容易である。実際そのような例も1で述べたように新聞報道で目にするようになってきており、売電収入が主目的で営農は形だけの農地利用が増えるおそれは少なくないように思われる[19]。

1)　本法の旧法案については、高橋寿一「地域資源の管理と環境保全」日本不動産学会誌26巻3号（2012年）74頁以下（本書第10章所収）、新法については、高橋寿一「再生可能エネルギー発電設備の立地規制―太陽光発電設備を中心として―」広渡清吾先生古稀記念論文集『民主主義法学と研究者の使命』（日本評論社、2016年）427頁以下（本書第1章所収）をそれぞれ参照されたい。

2)　以上につき、本書第1章表2および表3参照。

3)　「耕作放棄地　企業が再生」日本経済新聞2014年8月21日

4)　香川保一「借地法等の一部を改正する法律逐条解説（8・完）」法曹時報19巻7号（1967年）41頁、川島武宜／川井健編『新版注釈民法(7)』（有斐閣、2007年）892頁（鈴木禄弥）。

5)　区分地上権設定等の場合にも農地法3条の許可が必要である（農地法3条1項参照）。なお、この場合、平成12年6月1日農林水産事務次官依名通知「農地法関係事務に係る処理基準について」（12構改B第404号）（第3・2・(1)）によって、(イ)権利が設定される農地及び周辺農地に係る営農条件に支障を生じるおそれがなく、かつ、(ロ)当該農地における賃借人等の権利者の同意を得ていることが、許可基準とされている。

6)　Bが所有権を取得した場合には、上記(1)と同じ類型になる。また、本類型の場合、耕作目的なので、地上権は使われず、物権であれば永小作権、債権であれば賃借権か使用借権となる。

7)　Bが所有権を取得した場合には、上記(2)と同じ類型になる。また、本類型の場合は耕作目的なので、地上権は使われず、物権であれば永小作権、債権であれば賃借権か使用借権となる。

8)　Aによる上部空間部分の利用を前提とすれば、Bは、下部空間の利用を目的として区分地上権を設定できるように思えるが、本類型の場合、Bは耕作のための土地利用なので区分地上権は利用できない。他方、永小作権については、区分地上権のような制度がないので、「区分永小作権」も設定できない。なお、本類型の場合、仮に、Bが土地所有権を取得することがあれば、上記(2)と同じ類型になる。

9)　鈴木禄弥は、後者の見解を支持する（川島／川井・前掲注4）902頁参照）。

10)　川島／川井・前掲注4）897–898頁（鈴木）

11)　川島／川井・前掲注4）898頁（鈴木）。なお、Cが取得したのが賃借権の場合にも基本的には同様に考えてよいであろう。

12)　Bの同意を得ることは、Cへの区分地上権設定の際の農地法3条の許可の要件とされている（前掲注5）の通知(ロ)を参照）。

13)　埼玉県M町農業委員会での聴き取りによる（2014年9月16日）。

14)　ちなみに、埼玉県M町の場合、恒久型の場合の賃料は、営農型の場合のさらに2倍、すなわち200,000円/10aであり、農業目的での畑の小作料との乖離は実に40倍にまで拡大する。営農型と比較した場合、恒久型については税制上も非農地としての利用を前提として固定資産税等の税額が決定されてくるので、後者の方が当然高くなるようである。

15)　ちなみに、本文1で述べた本通知によると、「当該設備の設置を契機として農業収入が減少するような作物転換等をすることがないようにすることが望ましい」（6(2)参照）としているが、作物転換が禁止されているわけではない。

16)　より多くの売電収入を得るために、パネルによる遮光率が高くても育つ作物（ミョウガやフキ等）を選定しようとする傾向が現場にはあるようである。「ソーラーシェアリング太陽光発電が日本の農業を救う」環境ビジネス2014年秋号62, 68頁等参照。

17)　「ソーラーシェアリング太陽光発電が日本の農業を救う」（前掲注16））62頁。

18)　(ハ)の点については、前掲注14）参照。

19)　もっとも、「荒らしておくよりもましだ」という考え方もありうるであろうが、〈農地利用〉の観点からはそのような利用には積極的な意味はない。

第5章　再生可能エネルギーの利活用と地域
――ドイツにおける太陽光発電設備建設の立地規制問題を素材として

1. はじめに

本章は、太陽光発電設備をめぐる以上のようなわが国の状況に対して、ドイツの法状況をその運用実態も含めて検討しようとするものである。ドイツにおいては、営農型太陽光発電設備はないが、家屋に付置されたものはもとより、メガソーラーを中心とする野外（野立て）の太陽光発電設備が数多く存在している。電力に占める再生可能エネルギー（以下、「再エネ」と称することもある）発電の比率を2030年までには50%、2050年までには80%にまで高めることを目標とするドイツにおいても、再エネ設備が他の土地利用と競合し、他の土地利用を駆逐してしまう状況は、メガソーラーにおいてもしばしば見られる現象である。本章では、ドイツにおけるこの問題への制度的対応をその適用実態も含めて分析・検討することを目的としている。

ところで、わが国の特別措置法で採用された買取制度のモデルとなったのがドイツであって、具体的には1990年の「電力供給法」(Stromeinspeisungsgesetz) 改正法で採用された固定価格買取制度と2000年の「再生可能エネルギー法」(Erneuerbare-Energien-Gesetz（以下、「EEG」と称する））である。本法は2004年の改正後に使い勝手が格段に良くなり、これらを機に再エネ生産は増加することになる（図2参照)。

図2によると、再エネ生産は、2004年の改正法の効果もあって2005年以降著増している。発電量は、風力、バイオマス、水力、太陽光、地熱の順である（地熱は僅少のため図2では識別できない)。太陽光は、ドイツの発電量の中では第4位であるが、近年その伸びは著しく、2010年には累積設備容量が世界で最も大きくなった[1]。このような事情もあって、近年では太陽光発電設備の立

図2　ドイツにおける再生可能エネルギー発電量

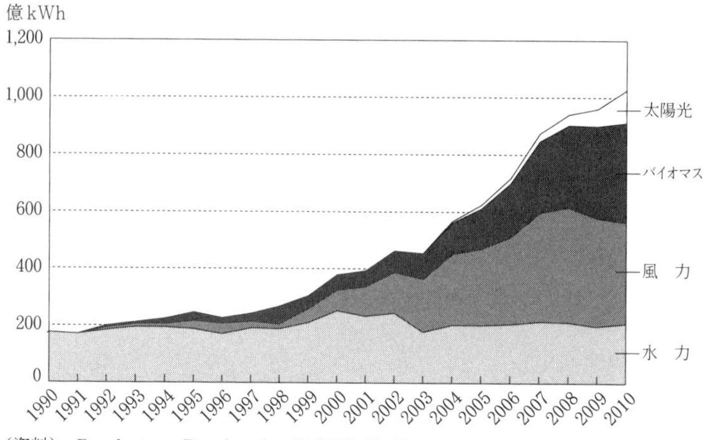

（資料）　Bundestags-Drucksache, 17/6071, S. 43.

地について法制度レヴェルでも動きが見られる（第2および第3節参照）。

以上のような理由から、本章では野外における太陽光発電設備建設をめぐる立地問題について、同様の問題を経験してきたドイツを素材として検討したい。なお、筆者は、2012年9月に、トリア（Trier）市にあるトリア大学の環境・技術法研究所（Institut für Umwelt- und Technikrecht）を2年ぶりに訪問した。研究所から100m程の距離の所には、トリア市では初めての野外での太陽光発電設備（Freiflächen-Photovoltaikanlage）が建設されておりすでに稼働していた。本研究所は、法学部や本部のあるキャンパスから10分ほど歩いた所にあり、羊飼いが何十頭もの羊を放牧しながら建物の周囲の牧草地を移動するような美しい風景の中に建っている。それ故、これまで見慣れてきた起伏に富んだ美しい景観の中に突如として現れた発電設備に筆者は違和感を感じざるを得なかった。第4節では、この発電設備の立地選定も含むその具体的な建設の経緯についても論じたい[2)]。

2. 立地に関わる法制度（その1）―EEGとの関係

(1) 固定価格買取制度の立地誘導機能

まず、確認しておくべき点は、太陽光発電設備は元々は家屋の屋根に太陽光パネルを設置する等家屋と一体として設置する形態から普及し始めたという点である。他方で、野外における太陽光発電設備の設置は、規模のメリットはあるものの、周囲の土地利用とりわけ農業や環境・景観との調整が問題化しやすいため、野外での設置にはドイツの国土利用計画法制（国土整備法制）は基本的には非常に慎重であったといってよい（第3節参照）。

これに対して、EEGの2004年改正法（後述(2)参照）で固定価格買取制度が一般に普及するようになって以降、建設しようとしている設備が買取制度の対象となるか否かは発電事業者にとっては非常に重要な問題となる。当たり前のことであるが、事業者は買取りの対象となるようにその立地を選定していく傾向があるからである。この意味で、固定価格買取制度そのものが、以下で述べるように一定の立地誘導機能を果たしていることになる[3)]。この点はわが国で固定価格買取制度を定めた「電気事業者による再生可能エネルギー電気の調達に関する特別措置法」（2012年7月施行）（以下、「特別措置法」と称する）との大きな違いである。わが国の場合には、特別措置法自体は、序章でもすでに述べたように買取請求の要件としては立地基準を全く用意しておらず、太陽光発電設備であれば全国どこに立地しても買い取ってもらえる構造になっている。立地の問題は、第1章で検討した「農林漁業の健全な発展と調和のとれた再生可能エネルギー電気の発電の促進に関する法律」（2014年5月施行）（以下、「新法」と称する）等に委ねられているのである。

(2) 内容

(a) 2004年改正

EEG2004年改正法[4)]では、太陽光発電に関する従来の固定価格買取制度の内容が大きく修正された。具体的には、1kWh当たり45.7セントでの買取りを原則としつつ（同法11条1項、以下、「基本買取価格」という）、それに種々の例外を設けることによって立地を誘導しようとした。たとえば、建物への付置の場合には、買取価格を引き上げた（出力 30 kW までは 57.4、同 30〜100 kW は 54.6、同 100 kW 超は 54.0 各セント／kWh）（同法同条2項1文）。

これに対して、野外での太陽光発電設備の場合には、下記の2つの規定が用意された。

第一に、建物に付置されない設備の場合には、当該設備が建設法典（Baugesetzbuch）30条の定めるBプランまたは同法38条で定める計画確定手続において位置づけられ、かつ2015年1月1日より前までに稼働し始めている場合にのみ、発電事業者は基本買取価格での買取請求権を行使することができる（送電事業者からすれば買取義務を負う）こととされた（EEG 11条3項）。建設法典では、市町村が建設管理計画（Bauleitplan. 以下、「BLプラン」と称する）を策定することとし、市域内の建築物の立地や外観等を厳格にコントロールしている。BLプランは、市町村が策定するその全域を覆う土地利用計画（Flächennutzungsplan. 以下、「Fプラン」と称する）と街区程度の狭域を対象とする拘束的な地区詳細計画（Bebauungsplan. 以下、「Bプラン」と称する）とから構成される。BLプランの策定に際しては、経済、交通、青少年育成、非常事態等と並んで、農業・農地や自然・景観保護、地区景観の保全等極めて多様な利害が衡量要素として挙げられており、Fプラン、Bプランの策定に際して指定しうる事項が各々詳細に定められている（Fプランでは10項目（同法5条)、Bプランでは26項目にも及ぶ（同法9条)）。

第二に、第一の設備が2003年9月2日以降にBプランの策定ないしは変更によって位置づけられた場合には、当該設備が、(イ)Bプランの策定・変更の決議の時点ですでに開発等によって地表面が遮蔽された（versiegelt）地域内にある場合（EEG11条4項1号)、(ロ)経済的または軍事的利用からの転換用地（Konversionsfläche）上にある場合（同法同条4項2号)、または、(ハ)Bプランの策定・変更時点では当該敷地は耕地として利用されていたが当該設備の建設のためにBプラン上で草地（Grünland）として指定された場合（同法同条4項3号)、のいずれかの要件を満たす場合に**のみ**、発電事業者は基本買取価格での買取請求権を行使することができる。

このように、EEG上は、建物に付置された設備については上記の基本買取価格に上乗せした価格で電力を買い取ることを通じてこれを優遇しているが、他方で野外の設備についてはこのような立地要件を満たす場合にのみ基本買取価格で買い取ることとして、立地要件を通じて設備建設を誘導しているのである。

それでは、このような野外設備の立地に関する上記の規定はどのような趣旨で設けられたのであろうか。

まず、上述した第一の点については、Bプランまたは計画確定手続に乗せることによって、立地をより適切な手続によって選定できるようにすることが目的である。Bプランも計画確定手続も計画策定の極めて早期の段階から関係部局の参加を求め、また市民（公衆）参加手続も充実している[5]。太陽光発電設備もかかる手続に乗せることで環境評価がなされ（建設法典2条4項）、かつ多様な利害との比較衡量が可能となり、これによって、たとえば、(イ)環境や農業上の利害を十分に衡量した計画（Bプランや部門計画）となることが担保されるし、また(ロ)市民の意見表明権や行政庁の応答義務等を内容とする市民参加手続を経ることを通じて計画の市民の間での受容度を高めることができる。さらに(ハ)計画の策定過程に瑕疵があった場合には市民がこれを訴訟で争う途も開かれている[6]。

また、上述した第二の点については、比較的近時に策定・変更されたBプランについて買取請求権行使の要件をより厳格にすることによって立地の誘導を図ろうとするものである。たとえば、(イ)については、地表面をアスファルトなどで遮蔽（versiegeln）すると土壌の有している本来的機能（雨水の地下への浸透、土壌中の微生物や栄養素バランス等）が侵害されるので、すでに遮蔽された土地上で設備を建設する場合には環境への侵害が少ないとして買取請求が可能となる。(ロ)も環境保全の要請と関係した規定である。経済的・軍事的利用からの転換用地とは、工場跡地、廃坑したボタ山、旧軍事演習地・弾薬庫等を指す。これらの跡地を太陽光発電設備建設に利用する場合にも環境を侵害する程度は基本的には少ないため基本買取価格での買取請求が可能とされる。(ハ)は、設備建設のために耕地を草地に転換しておくことで、設備による環境・景観への侵害（土壌浸食等）を最小限に抑制することが可能となり、また、設備建設後も設備の周囲を放牧のために草地として利用することもできる。したがって、

1年以上の休耕地や耕作放棄地はすでに自然保護上の価値を回復している場合が多いのでここでいう「耕地」には含まれず（したがって設備建設をしても買取請求はできず）、最低3年は耕地として利用され続けてきたことが要件となる[7]。このように、第二の(イ)(ロ)(ハ)については総じて設備を建設しても環境・景観侵害を最小限に抑制できるような立地を選択することがかかる買取請求権付与の要件とされているのである。

(b) 2010年改正

2004年改正によって、1で述べたように太陽光発電設備の建設と発電量は著増した。そして、太陽光発電設備については技術革新を通じて費用を逓減し買取価格水準を引き下げ得る余地が大きいため、消費者への価格転嫁を最小限度に抑制するべく、太陽光発電を促進することが政策上意図されるようになった。しかし、他方でとりわけ野外での設備建設は、他の土地利用とりわけ農業的土地利用との摩擦を惹起した。地代水準の点では、たとえば、トリア市の場合、耕地を農業的利用のために農業者に賃貸しても250ユーロ／haにしかならないのに対して、太陽光発電設備の事業者に賃貸すれば1,500ユーロ／haになる[8]。したがって、耕地の貸主は農業者に賃貸するよりも太陽光発電設備事業者に好んで貸すようになるので、経営耕地を拡大したい農業者にとっては経営発展の機会が減少すると共に、地代が農業収益とは無関係に上昇していくこととなり得る。また、この動向は食料・飼料生産にも影響を及ぼすことになる。かくして、耕地上での太陽光発電設備の建設に反対する声が農業者を中心に大きくなっていった。

2010年に行われた改正[9]は、太陽光発電については、このような流れを受けて〈促進〉と〈抑制〉の両者の側面を兼ね備えるものとなった。

第一に、〈促進〉の側面については、Bプランが策定された設備について、旧法では2015年1月1日より前までに稼働する設備からの電力について買取りの対象とされていたのに対して、改正法では、次のように拡大された。すなわち、(イ) 2015年の限定を取り払いその後に稼働する設備からの電力も買取対象とし、さらに、(ロ) 2003年9月2日以降にBプランが指定された設備については、(α)自動車専用道路や鉄道の沿線内110 m以内に建設された設備、(β) 2010年1月1日より前までに商業地区または工業地区として指定されたエリア内に建設された設備からの電力についても買取対象とした（EEG 32条3項1文4号、同2文参照）。(α)は自動車専用道路や鉄道の沿線は通常は騒音や排気ガスに晒されているので発電設備を建設しても新たな環境問題や農業的土地利用との競合問題を惹起するおそれが少ないことを理由とする。また、(β)についても同様に新たな環境問題を生じさせるおそれの低いことを理由とする。かくして、2003年9月1日以前にBプランや計画確定手続において位置づけられていれば2015年以降に稼働を始めたものについても買取対象とされ、また、2003年9月2日以降にBプランが指定されたものについては上記(α)と(β)が追加されることによって、固定価格での買取要件が緩和されたのである。

第二に、〈抑制〉の面については、2004年法11条4項3号の規定を下記のように修正することによって、農地に建設された設備からの発電を買取対象から大幅に排除した。すなわち、耕地から転換した草地上での設備について要件を加重し、(イ)2010年3月25日より前に策定ないし変更決議されたBプランで指定され、(ロ)Bプランの策定ないし変更決議の時点で過去3年間耕地の用に供され、かつ(ハ)2011年1月1日より前に稼働を開始した草地上で建設された設備からの電力についてのみ買い取ることとした（EEG 32条3項1文3号）。とりわけ下線で示したようにこの二つの時点の要件を満たさない限り買取対象としないことによって、農地上に建設された新規の設備からの電力は原則として買取対象から排除されたのである（なお、本法は2010年7月1日に遡って施行された）。法律案理由書によれば、この改正は、(α)食料・飼料生産のための農地利用を確保すると共に、(β)自然・景観を保護し、(γ)土地の浪費の抑止に寄与する、とされる[10]。

しかし、これらの制度変更の内第二点については、改正法成立後もSPD（社会民主党）と緑の党を中心として批判が強かった。すなわち、〈再エネ利用を促進するために、耕地に建設された太陽光発電設備からの電力についても引き続き買取りの対象に加えよ〉という主張である。この主張は、(イ)そうしたとしても食料生産に支障をきたすほどの影響はないこと、(ロ)その方が農村の所得の向上に資すること、(ハ)農業的土地利用との衝突を最小限にとどめるためには、土壌指数の劣悪な耕地（たとえば20点以下）に限ってその上で建設された設備に買取請求の対象を限定すればよいこと等をその論拠としている[11]。この内、

(ロ)の論拠は、農村に太陽光発電設備を建設することで、売電収入を始め様々な経済効果が期待され、農村全体の所得の向上に資するという主張である。この観点は、今日のドイツでは一般的であって、実際に農業者にとっても再エネ利用による農外収入は農業収入を補完するものとして重視されている（後述4(3)参照)。なお、(ハ)の土壌指数20点以下の農地は、農地としては非常に条件が悪い土地である。したがって、このような限定を設けることで、両者の土地需要を棲み分けさせて、専業農業者による経営規模拡大の動きとの競合を回避しようとするものである。

(c) 2011年および2012年改正

EEGは、2011年と2012年にも改正された[12)]。前者は、EU指針（2009/28/EG）に対応するためのもので、後者は福島での原子力発電所事故を受けたものである。いずれも再エネ利用の一層の促進を図ることを目的としている。2011年改正においては、太陽光発電設備についても、基本買取価格を引き下げて21.11セントとする一方で、立地要件を厳格化した設備からの電力の買取価格については基本買取価格に上乗せをして22.07セントとした。2012年改正では、建物に付置された設備の場合には旧法をほぼそのまま継承しているものの、野外に設置された設備については、買取りの要件が厳しくなっている。後者について旧法との相違点のみ挙げれば次の通りである。

第一に、2010年改正法32条3項1文3号に相当する規定は、2012年改正法では削除され、耕地から草地への転換に際して経過措置として認められていた買取請求を完全に排除した。

第二に、経済的または軍事的利用からの転換用地上にある場合については、これらの跡地が自然保護地区または国立公園として指定されていないことを買取りの要件に加えた。旧法では、これらの跡地が自然保護地区または国立公園として指定されていてもそこでの設備から生じる電力は買取りの対象とされていたのに対して、新法では、自然・景観保護を優先させたのである（32条2項)[13)]。このようにここでも旧法の要件が2012年改正法では厳しくなっている。それ故、このように厳格化された基準をクリアした設備については基本買取価格に上乗せしたのである。

EEG改正の経過の一部は上記の通りである。実は2012年改正法についても改正後ほどなく、新たな改正作業が進められ、改正法が2012年8月17日に成立した[14)]（5で後述）。

EEGは、このように頻繁に改正されているが、そこでは、(イ)固定価格買取制度の適用対象とするか否かの操作をすることによって太陽光発電設備の立地がコントロールされていること、および(ロ)その際の重要な視点は、(α)環境・景観や農業的土地利用等の他の利益の侵害を最小限にとどめるとともに、(β)計画策定手続において市民の意向を十分に斟酌することによって市民にとっての計画の受容可能性を高めることにあったことが共通に確認できることに注意したい。

3. 立地に関わる法制度（その2）―国土整備・都市計画法制との関係

(1) 建設法典

開発・建築規制の厳しいドイツで太陽光発電設備を建設する場合の法的根拠はなにか。

まず、太陽光発電設備は、家屋の屋根や壁面に設置されることが多い。この場合にはその家屋は通常はすでに市街化された地域または新たに市街地として開発された地域内にあるので、太陽光発電設備の設置は、建設法典の規定するBプラン等の規制に服することになる。

これに対して、市街地（既成市街地と新たな市街地、両者を併せて内部地域という）の外側は、ドイツでは外部地域（Außenbereich）と称されている。野外での太陽光発電設備建設はこの外部地域で行われることが多い。外部地域においては、開発・建築・改築・増築・用途変更等は農林業的土地利用や環境を保全するために原則的に禁止され、要件を満たした場合にのみ個別的に許可される（建設法典35条）。建築が認められる例としては、農業関係の設備や電気・ガス等のインフラ設備、外部地域でしか建設できないような迷惑施設等が挙げられている（建築が許されるこれらの建築案を「特例建築計画」（privilegiertes Vorhaben）という）[15)]。興味深いことに、風力、水力、バイオマス発電設備については特例建築計画に挙げられているのに対して（35条1項5号および6号）、太陽光発電設備はこれまで挙げられてこなかった。ドイツでは再エネ資源の内、風力・水力・バイオマスが最も多く利用されており（前掲図2参照）、このことが関係していたのかもしれない。しかし、1で述べたように、太陽光発電も2005年以降にその比重を徐々に増やしており、また、福島での原子力発電所事故の影響もあり、2011年の建設法典改正では、太陽光発電設備の建設計画も特例建築計画に含められた。しかし、含められたのは、建築等がすでに許可された建物の屋根や壁面等に設置する太陽光発電設備についてのみであって、野外での太陽光発電設備の建設までは認められなかった（同法35条1項8号参照）。

したがって、野外で太陽光発電設備を建設するためには、Fプランを変更して、当地区を設備建設が可能な地域（具体的には「特別建築地域」（Sonderbauflächen）が多い）として改めて指定し直した上で、新たにBプランを策定して太陽光発電設備の区域をBプラン上「特別地区」（Sondergebiet）として位置づけて設備の詳細を定めていく例が多いようである[16)]。このような計画の変更・策定によって、当地区は外部地域から市街地である内部地域に編入されることになる。特例建築計画の対象として野外での太陽光発電設備を加えて建設を容易にするルートをとらずに計画の変更ないし策定からやり直す理由は、野外での太陽光発電設備は、広大な面積の土地を必要とするので、他の諸利益を害する程度・可能性が大きく、より慎重を期する必要があるためである[17)]。

(2)　州計画・広域地方計画上での調整

建設法典では以上のように市町村が都市計画に関する計画高権を行使することによって、太陽光発電設備の立地をコントロールすることができる。しかし、とりわけ野外での設備設置に関しては、市町村の判断のみで建設を認めていくことは必ずしも適切ではない。外部地域においては環境・景観や農業はもとよりその他にも非常に多様な利害が存在しており、かかる諸利益との衡量を市町村が適切に行うためには市町村のエリアを越えたより広域的見地からの利害調整が不可欠であるからである。かくして、太陽光発電設備の立地は、州の定める州発展計画（Landesentwicklungsplan）やその下位の行政管区が策定する広域地方計画（Regionalplan）においてもこれを位置づけておくことが必要となる（ドイツの国土整備法制については第9章2参照）。

とりわけ、2004年EEG改正で、太陽光発電設備から生産される電力が固定価格買取の対象とされやすくなったことで、農村部の市町村の多くが太陽光発電設備の建設に走ったといわれている。このことは、外部地域の内部地域への指定替えが市町村によって濫用的に行われるおそれがあることを意味し、州も何らかの指針を策定することによって、太陽光発電設備の建設をコントロールしようとした。たとえば、バイエルン州（以下、「Bay」と称する）では、2009年11月29日に内務省が「野外における太陽光発電設備」（Freiflächen-Photovoltaikanlagen）というタイトルの文書を各市町村宛に送付して、設備建設に際して、国土整備法、自然保護法、建設法典、州建築秩序法との関係を判断する上での留意点や判断基準を15頁にわたって詳細に定めた。また、メクレンブルク・フォアポンメルン州（以下、「MV」と称する）でも、2011年に「外部地域における大規模太陽光発電設備—国土整備上の評価および建築法上の判断のための指示」（Großflächige Photovoltaikanlagen im Außenbereich—Hinweise für die raumordnerische Bewertung und die baurechtliche Beurteilung）という文書を各市町村宛に出している。以下、この二つの文書を素材として太陽光発電設備について広域的な観点からいかなる立地コントロールがなされているかを見てみよう。

まず、前者（Bay）の文書によれば、すでに策定されている州発展プログラムからは下記の諸指針が導かれ、設備建設のためにはいずれかの基準を満たすことが必要とされる。

(i)野外での太陽光発電設備を特別地区として指定する場合には、既存の建築地域に接続していてはならない。仮に、市街地に隣接せざるを得ない場合には、当該市街地よりも小規模であること。

(ii)(i)の基準を満たさない場合には、環境上すでに負荷を負った土地（以前は建築的利用に供されていたが現在は未利用である土地、工場跡地、軍用地からの転換用地、廃棄物処理場等）に建設されること。

(iii)(i)および(ii)の基準を満たさない場合にも、その他の公益を侵害しないこと。

これらの内(i)は、周辺に存在する市街地に対して設備から生じる影響を及ぼさないようにするためであり、(ii)は、これらの土地上に設備を建設しても土地を新たに開発しなくて済み、環境や景観を侵害する程度が低いためである。また、(iii)の公益については、環境・景観がとりわけ重要ではあるが、その他の公益も当然に考慮され、それらは、(イ)太陽光発電設備を建設してはならない場合（排他的基準）と、(ロ)原則としては望ましくないが例外的にのみ許容される場合（制限的基準）に分類された。排他的基準の例としては、たとえば、国立公園、自然保護地域、ビオトープ保護地域、景観がとくに優れた地域、州発展計画上他の利用が優先的に定められている地域等があり、制限的基準としては、農業上肥沃な（mit höher Bonität）土地、景観保護地域等が挙げられている。

次に、後者（MV）の文書であるが、まず、この文書を作成した理由について、当州は、これまでは太陽光発電設備については、(イ)既存の建物に付置させるか、(ロ)外部地域の場合にはすでに地表面が遮蔽された土地上に建築するように誘導することを目標としてきた。しかし、EEG が 2004 年改正によって建物に付置されていない発電設備から生じる電力についても設備の規模に拘わらず買取請求の対象としたために、野外の太陽光発電設備建設について立地を規制する必要が生じた。そこで、州計画等の国土整備法上のコントロール手法と市町村の BL プランによるコントロール手法を使うことによって EEG の立地規制を補完するためにこの文書を作成したのだ、と説明している[18]。ここには、2 で述べた EEG の立地コントロールと国土整備および都市計画に関する基本的手法との関係が〈前者を補完するものとしての後者〉という関係として明瞭に述べられている。そして、本文書においても、設備を建設してはならない「排他的地域」と建設に際しては「特別の審査を要する地域」とが分類されている。前者（排他的地域）には、州発展計画上の優先地域、自然保護地域、森林法上の森林等が挙げられ、後者（特別の審査を要する地域）としては、州発展計画上の留保地域、土壌点が 20 点以上の農地、景観保護地域等が挙げられている。これら二つの基準は、Bay の文書における前述した二つの基準（排他的基準・制限的基準）と基本的には同様の発想に基づくものであろう。

Bay も MV も、州レヴェルの国土整備計画に基づいて上記の基準を新たに定めることによって、市町村の BL プランの策定・変更の際の指針としようとしたのである。そして、これらによって、EEG の規制では必ずしも十分ではない立地上のコントロール機能が補完されたといえよう。

4. 太陽光発電設備建設の経緯―トリア市の場合

(1) 建設の経緯

野外における太陽光発電設備に関する前述してきた法制度の具体的な適用の仕方についてトリア市の太陽光発電設備を素材として検討していこう。

トリア市は、ドイツ中西部のラインラント・プファルツ州（以下、「RP」と称する）にある人口約8万人のドイツでは中規模の都市である。金融都市ルクセンブルクから車で30分ほどの距離にあるためルクセンブルクの金融街に勤める者も多く、ドイツの辺境にあっても人口は漸増しており、新たな住宅地開発も進んでいる。トリア市は従来は再エネ利用にさほど積極的ではなく野外の太陽光発電設備もなかった。しかし、近い将来（2030年）には電力の50%を再エネ資源で賄う計画を立てており、近年では野外での太陽光発電設備の建設にも積極的である。1で触れた設備は、プロジェクト名を“Solarpark Petrisberg”といい、規模は、広さ3.6 ha、出力3 MW、年間100万kWhの電力を生産し、約250世帯の1年間分の消費電力を賄うことができる。これはトリア市初の野外での太陽光発電設備であり、市も相当に力を入れ、141の候補地から選定を進める中で最終的に本件土地が選定された。なお、本件土地は市有地であって、計画策定後に発電事業者であるトリア・エネルギー協同組合（Die Trierer Energiegenossenschaft）（以下、「TRENEG」と称する）に賃貸されている。

Fプランの変更・Bプランの策定を開始するための議会での決議（建設法典2条1項）が2010年3月25日になされ、同年5月2日に第1回目の公聴会（公衆参加手続）が開催された[19]。公聴会では周辺住民から計画案に対する疑義が相次いだ。反対論の内容は、(イ)景観を侵害する、(ロ)パネルで太陽光が反射して生活が乱される、(ハ)パネルで大気が暖められて新鮮な空気の通り道が遮断される、(ニ)地下水が汚染される、(ホ)周辺地域の地価が下がる等である。これに対して、市側は、(ロ)(ハ)(ニ)については誤解に基づく批判であること、(イ)については景観の侵害を最小限にとどめていること、(ホ)については、この設備の建設地域に隣接したPetrisbergには、環境対策も含めた最新の技術を駆使して建設したばかりの地区があり、大学と一体として学術公園（Wissenschaftspark）と称されており、この地区に太陽光発電設備を造ることはむしろ地区のイメージアップに繋がると反論している[20]。

政党の対応状況であるが、CDU（キリスト教民主同盟)、SPD（社会民主党)、FDP（自由民主党）とも当初は躊躇していたが、最終的には賛成したようである。緑の党は再エネ利用に最も積極的な政党であるが、本計画については原則的には賛意を表しつつも、周辺住民の上記の懸念を払拭すべきことを強調していた[21]。

結局、上述した反対論にも拘らず、2011年9月28日に本件設備建設のための計画変更・策定手続は議会で決議され条例としての効力を生じ[22]、本件設備用地はBプラン上「特別地区」として指定されることになった。その後設備が建設され、2012年6月に本件設備は稼働し始めた。市広報紙によると、周辺住民の疑念は専門的な見地から回答され克服されたとしているが[23]、それ以上の情報は得られていない。

(2)　立地選択の適否

ところで、今回の設備建設についてなお残る疑問は、市当局による本地域における本件設備の立地選定は客観的に見て果たして正しかったのか、という点である。この疑問は、建設法典の上記手続の前提として、BLプランの上位計画レヴェルでの立地方針が野外での太陽光発電設備につきどのようなものであったのか、がなお不分明であることに由来する。この点は、RPの方針が管見の限りでは不分明であったので、3(2)で述べた他州（BayとMV）の方針を基に検討してみよう。

まず、Bayの上記文書によると、前述したように、(i)、(ii)または(iii)の基準について審査される。(i)については、本件設備は特別地区として指定されているが、既存の建築地域からは切り離され、最も近い宅地からも100m前後は離れている。したがって、(i)の要件は満たしている。なお、(ii)については、本件設備敷地は意外にも以前は砂利捨て場（Kiesgrube）だったそうであり、現在は原野になってはいるものの少し掘れば今でも砂利が出てくるそうである。したがって、本件設備敷地は(ii)の「環境上すでに負荷を負った土地」にも該当しそうである。次に、(iii)の「その他の公益」を侵害するか否かであるが、前述したようにBayでは野外太陽光発電設備の建設が排除される排他的基準とそれが制限される制限的基準が設けられていた。本件設備は、いずれの基準にも該当しないようである。起伏に富んだ丘陵地帯に囲まれた風光明媚な土地であることは確かではあるが、たとえば、自然環境ないし景観上とくに優れた地域とはいえないし、また肥沃な農地でもない。

このようにBayの文書のいずれの基準から見ても本件設備については上位計画（州発展計画や広域地方計画）との関係における立地上の問題は生じなさそうである。なお、MVにおける前述した指示文書による場合でも、本件設備敷地は、「排他的地域」、「特別の審査を要する地域」のいずれにも該当せず、上位計画との関係での立地上の問題は生じない。

総じて、RPではないものの、少なくともBayとMVの基準によった場合、本件設備の立地選択は上位計画との関係では問題なさそうである。したがって、問題はFプラン・Bプランが法定の適正な参加手続と諸利益の比較衡量の下で策定されたかという点のみであり、この点前述のように周辺住民は当初は批判的ではあったものの最終的には納得した。

なお、本件設備は固定価格買取制度の適用を受けるべく建設・運営されているので、EEGについて前述した立地誘導機能との関連を検討しておこう。

まず、本件設備については、2010年3月にFプランの変更とBプランの策定決議がなされ、2011年9月28日に議会により決定され、2012年6月に稼働している。EEG2004年改正法との関係では、本件敷地にはBプランが策定されており、かつ2015年1月1日より前までに設備が稼働しているので、EEG11条3項によって買取制度の適用対象となるとも考えられるが、他方、本件Bプランは2003年9月2日以降に策定されているので、本条項ではなく11条4項によって処理されることになる。これによる場合、本設備用地は同条同項2号の「転換用地」に該当する。本敷地は以前は砂利捨て場であったのであり、すでに環境上は負荷がかかった土地であったからである[24)]。かくして、本件設備から生産される電力は買取制度の対象とされた。

(3) 建設・運営主体と資金調達

ドイツでは、再エネ発電の40%は、市民ないし農民所有の発電設備からのものであって、近年ではその数値は50%を超えていると指摘されている[25]。ドイツでは、再エネ利用については、大手企業が発電設備の建設・運営を担う場合もあるが、市民が出資した協同組合（Genossenschaft）が発電設備の建設・運営主体となり、固定価格買取制度から得られる売電収入を出資者である地元住民に還元している例が多い。ドイツ各地には再エネ利用を目的とする協同組合が570も存在し、出資金に対する利回りは4〜5%にも達している。このことは、再エネの利活用の促進が、単に原子力発電への忌避のみからではなく、地元住民の経済的利益にも適っており、農業者や農村住民の所得が売電収入によって補填されることを通じて地域社会の維持・保全に貢献していることを意味している[26]。

トリア市においても、本件設備の建設・運営については、上記の点が強く意識されている。たとえば、2012年6月3日の地元紙[27]は、「エネルギー転換：市民と基礎自治体は、自ら電力供給者になるべき」というタイトルで下記の記事を掲載した。

「すべての市民は、協同組合に出資することができ、電力市場における資金の提供者になることができる。景観プランナーのBernhard Gillichは、『再生可能エネルギーは地域における価値創出を意味する。電力と熱に関して毎年7億6千万ユーロが地域から流出しているのに対して、地域には僅か1億9千万ユーロしか入ってこない。かかる状況は、基礎自治体がエネルギー生産を自ら引き受けることによって変えることができるのだ』と述べている。」

かくして、トリア市においては、2011年に前述したトリア・エネルギー協同組合（TRENEG）が設立された。そこでは、地域のインフラ網の整備・供給を任務とする「トリア都市公社」（Stadtwerke Trier）や「国民銀行（フォルクスバンク）」（Volksbank）も理事として参加している。TRENEGは、このプロジェクトのために1口500ユーロで市民から出資金を募った。出資の呼びかけには約130名の市民が応じ、総事業費170万ユーロ（約2億円）の内20%は組合の自己資金から賄われた。それ以外は、外部から資金を調達した。また、本設備は、地元企業である「市民サービス」（Bürgerservice）によって建設され、TRENEG によって運営されている[28]。

ドイツでは、このような地元住民の出資に基づいてエネルギー協同組合が設立され、設備の建設・運営を手掛ける事例が非常に多いが、このようなことを可能にしている要因の一つが、市民運動を母体として各地に生まれた社団の存在である。トリア市においても、従来から、都市や地域の持続的発展を地方分権・市民参加の下に推進することを目的とする「ローカル・アジェンダ 21」（Lokal Agenda 21、以下、「LA21」と称する）が設立されている。TRENEG は、実は LA21 が再エネの利活用促進を目的として 2011 年に設立した協同組合である。LA21 は、1992 年のブラジル・リオで開催された環境と開発のための国連会議で採択された「アジェンダ 21」をトリア市とその周辺地域で実施するために 1999 年にトリア市の財政支援を受けて設立された社団法人であり、各種の行政機関や住民とともに、持続的な都市・地域発展のための種々の提案を行っている。この社団の活動組織の一つとしてエネルギー・グループがあり、TRENEG の生みの親となった[29]。

以上が、本件設備の建設をめぐる動向である。当初は、本件設備に対して周辺住民は激しく反発していたものの、設備周辺を歩く限りそのような気配は全く感じられなかったし、トリア大学関係者に聞く限りでも今日ではこの問題は解決したという印象を受けた。おそらく州や市当局、マスコミも本件設備に対して積極的である上に、何よりも市民主体の協同組合が本件設備の運営を担っており、そこから得られる利益が地元に還元されていることが、本件設備に対する反発を相対的に減少させ、むしろ地域の内発的発展の一つの契機とさえ捉えるようになりつつある大きな要因であろう。

5. むすびに代えて

再エネの利活用が、固定価格買取制度を通じて地域経済・社会の存続・発展に資しているドイツの動向は、今後わが国が再エネの利活用の促進を進めていく上で非常に興味深い。すなわち、本章との関係では、次の点に留意すべきである。

第一に、再エネ設備の立地規制については、ドイツでは、EEGと国土整備・都市計画法制の2本立てで行われている。この両者の規制は、前述したように後者が再エネ設備に限定されず一般的に適用される規制であるのに対して、前者は再エネ設備についてのみ適用され、買取制度を通じて設備建設の立地を誘導していこうとするものである。そして、EEGでの買取の条件や価格が変更され立地の誘導機能を十分に果たさなくなることがあったとしても、その背後には国土整備・都市計画法制が存在するためにEEGの立地誘導機能の足りない部分を十分にバックアップすることができる。これに対して、わが国の場合には、(イ)立地規制として機能するものが、農地法や森林法、自然公園法等の個別の立法群であって、それらを総合・統括する国土利用計画レヴェルでの規制が著しく弱く、また(ロ)特別措置法における買取制度には前述のように立地の誘導機能がなく、新法で立地コントロールを十分に行うことができるかはなはだ心許ない。

第二に、前著ですでに検討したように[30]、上記の国土整備・都市計画法制においては、計画策定に際しての地域住民や市民の事前の参加制度や策定された計画についても事後的に訴訟によって争うことができる手法が整備されている。

第三に、これらの法制度を踏まえた上で、一方では、太陽光発電設備の建設が地域の土地利用や環境上の利益と衝突することなくその立地が選定され、他方では、設備の建設・運営を地域住民が主体となって推進し売電収益を地域住民に還元していくことで、農業等の土地利用、環境保全、所得補填のいずれの点においても地域経済・社会の維持・存続さらには発展が期待できる。翻ってわが国に目を転じると、近年の再エネの利活用においてはほとんどの場合いずれも大企業が事業主体となっており、基礎自治体や地域住民が設備建設に際して参加する機会は全くなく、事業主体の単なる交渉相手でしかない。わが国においても地域の内発的意思に基づいて（すなわち地域社会の存続・発展に資するように）再エネの利活用を進めるためには、おそらくはトリア市のLA21のような社団が各地で設立され、基礎自治体や地域住民と協力していくことが必要なのであろう。しかし、わが国ではその動きはなお萌芽的である。

なお、彼我においてはいずれも、電力会社が固定価格買取制度によって発電事業者に通常の電力購入価格を越えて支払った部分は最終的には消費者に転嫁され、消費者の支払う電気料金が引き上げられる。近年のドイツにおいてはこの電気料金の引上げ幅が大きく（標準的な家庭で約70ユーロ／年の引き上げ）、消費者側には不満が渦巻いているそうである。そのため、ドイツ政府は、2012年に改正した再生可能エネルギー法を同じ年に再び改正し、同年8月17日に改正法を成立させた（2(2)(c)参照）。ここでは、固定価格買取制度について、買取りの条件や価格が変更ないし大きく引き下げられており、この試みを「新たな市場統合モデル」（neues Marktintegrationsmodell）と称している。そして、とりわけ太陽光発電設備については、近い将来市場価格での売買に依拠しても発電事業者は採算が取れ、もはや固定価格買取制度は太陽光発電については不要である旨の指摘がなされている[31]。この法改正が、本章で検討したドイツのこれまでの手法にどのような影響を与えるかは今後注視していく必要がある。いずれにしても、ドイツの手法もなお発展途上であって、再エネの利活用と地域の経済・社会・環境の維持・保全とが両立する制度について電力消費者の負担を勘案しながらその適切な解をなお模索していく必要があろう。

1)　和田武『拡大する世界の再生可能エネルギー』（世界思想社、2011年）31頁および83頁以下参照。なお、EEGの注釈書を著したResthöftによれば、太陽光発電は、(イ)電力消費のピーク時である昼間に生産されること、(ロ)技術進歩やスケールメリットによる生産価格の低下が期待されること、の2点においてエネルギー供給において重要となるであろうと予測している（J. Resthöft, EEG, 3. Aufl., 2009, Rdn. 1 zu §32［Christina］）。

2)　なお、同様の問題意識から、筆者の執筆した論文として「野外における太陽光発電施設の建設―ドイツ・トリア市の事例を中心に―」日本エネルギー法研究所月報219号（2012年）1-4頁があるので参照されたい。本章はこの論稿と重なっている部分も含んでいるが、前稿では分析が足りなかった点も含めて大幅に加筆したものである。

3)　この点を強調するものとして、M. v. Oppen, Rechtliche Aspekte der Entwicklung von Photovoltaikprojekten, ZUR 2010, S. 296.

4)　Gesetz für den Vorrang Erneuerbarer Energien（Erneuerbare―Energien―Gesetz―EEG）vom 21. Juli 2004（BGBl. I S. 1918).

5)　Bプラン策定手続や計画確定手続の内容や第三者の参加については、高橋寿一「ドイツにおける計画・収用法制と『第三者』」『大規模施設の立地計画・収用に関する法制度』(日本エネルギー法研究所、2003年) 241頁以下参照。

6) BT-Drs. (Bundestags-Drucksache), 16/8148, S. 65. この点については、高橋寿一『地域資源の管理と都市法制』(日本評論社、2010年) 第7章参照。

7) Resthöft, a.a.O. (Anm. 1), Rdn. 35 zu §328 (Bönning).

8) トリア市の地元新聞「トリア市民の友」2012年6月3日版の記事「エネルギー転換」(Energiewende, Trierischer Volksfreund vom 3. Juni 2012) 参照。

9) Erstes Gesetz zur Änderung des Erneuerbare—Energien—Gesetz vom 11. August 2010 (BGBl. I S. 1170).

10) BT-Drs., 17/1147, S. 10. それに対するSPD (社会民主党) や緑の党からの批判については、BT-Drs. 17/1640を参照。

11) この点については、BT-Drs., 17/6363, S. 57, 70 und 85を参照。

12) 前者につき、Gesetz zur Umsetzung der Richtlinie 2009/28/EG zur Förderung der Nutzung von Energie aus erneuerbaren Quellen (Europaanpassungsgesetz Erneuerbare Energien—EAG EE) vom 12. April 2011 (BGBl. I. S. 619). 立法経過につき、BT-Drs., 17/4895を参照。後者につき、Gesetz zur Neuregelung des Rechtsrahmens für die Förderung der Stromerzeugung aus erneuerbaren Energien vom 28. Juli 2011 (BGBl. I S. 1634).

13) とりわけ軍事的利用地の場合には自然・景観保護上優れた地域がしばしば見られることを考慮した改正である (BT-Drs., 17/6071, S. 76ff.)。

14) Gesetz zur Änderung des Rechtsrahmens für Strom aus solarer Strahlungsenergie und zu weiteren Änderungen im Recht der erneuerbaren Energie vom 17. August 2012 (BGBl. I S. 1754). 改正経過につき、BT-Drs., 17/8877, S. 5, 19 und 20.

15) 条文に列挙されていない建築計画についても公益を侵害しない場合にのみ個別的例外的に許可されるが (建設法典35条2項)、許可を得るのは実際には極めて困難である。詳細については、高橋寿一『農地転用論』(東京大学出版会、2001年) 第3章第4節参照。

16) W. Söfker, Das Gesetz zur Förderung des Klimaschutzes bei der Entwicklung in den Städten und Gemeinden, ZfBR 2011, S. 545; W. Ernst/W. Zinkahn/W. Bielenberg/M. Krautzberger, Baugesetzbuch, 2012, Rdn. 59j zu §35.

17) Ernst/Zinkahn/Bielenberg/Krautzberger, a.a.O. (Aum. 16), Rdn. 59j zu §35.

18) 「外部地域における大規模太陽光発電設備—国土整備上の評価および建築法上

の判断のための指示」の「序文」参照。

19）　公聴会の様子は、地元紙（Trierischer Volksfreund vom 3. Mai 2010）に詳細に報道されている。なお、建設法典によれば、Fプラン・Bプランとも策定・変更については公衆参加（Beteiligung der Öffentlichkeit）が必要である。この新聞記事の公聴会がいずれの計画のものか定かではないが、Fプランの変更とBプランの策定決議が同日（2010年3月25日）に行われていることからすると、公聴会も二つの計画に関するものを同時に実施した可能性が高い。

20）　その他の本計画に対する批判については、Trierischer Volksfreund vom 28. September 2011 参照。

21）　Die Stadt Trier, Rathaus-Zeitung vom 2. Februar 2010.

22）　Trierischer Volksfreund vom 28. September 2011.

23）　Die Stadt Trier, Rathaus-Zeitung vom 12. Juni 2012.

24）　ただし、本件敷地が「転換用地」に該当するかどうかの判断は微妙なようにも思われる。なぜならば、「転換用地」に該当するためには、従前の用途の影響がなお存続していなければならず、従前の用途に供されない状態がある程度の期間継続して従前の用途が現在の土地の状態にはもはや影響を及ぼさない場合にはこれには該当しないと解されているからである（BT-Drs., 16/8148, S. 60）。本敷地が砂利捨て場ではなくなり原野化してから一定の年月が経過している以上、もはや「転換用地」には該当しないと判断することも可能であるように思われる。

25）　Die Stadt Trier, Energiewende wird nicht zu stoppen, Rathaus-Zeitung vom 24. April 2012. 連邦環境・自然保護・原子力安全省政務次官は、その比率は50％を上回るという。U. Heinen-Esser, Ländliche Räume sind ein stärker Partner im Gemeinschaftsprojekt Energiewende, BLG Landentwicklung Aktuell 2012, S. 9.

26）　興味深い事例として、村田武／渡辺信夫『脱原発・再生可能エネルギーとふるさと再生』（筑波書房、2012年）第4章参照。

27）　Trierischer Volksfreund vom 3. Juni 2012.

28）　Die Stadt Trier, Rathaus- Zeitung vom 12. Juni 2012.

29）　Die Stadt Trier, Rathaus- Zeitung vom 24. April 2012.

30）　高橋・前掲注6）第7章参照。

31）　BT-Drs., 17/8877, S. 1.

［補注］

ドイツの再生可能エネルギー法（EEG）は、2014年に再び改正され（Gesetz für den Ausbau erneuerbarer Energien（Erneuerbare—Energien—Gesetz—EEG 2014）vom 21. Juli 2014（BGBl. I S. 1066））、市場適合的な特徴をより明

確に打ち出している。それに伴って、買取価格の条件や価格が大きく変更ないし引き下げられた。太陽光発電設備についても買取価格が9.23セント/kWhに引き下げられた他、買取の対象となる太陽光発電設備の規模について定格出力10MWまでの設備に限定した。ただし、本章で検討した立地規制については、2012年改正法をほぼそのまま継承しており(同法51条参照)、実質的な変更点はない。

第2編

風力発電設備と国土利用

第6章　わが国における風力発電設備の立地
——山形県庄内町と酒田市を素材として

1. はじめに

第1章から第5章までにおいて、太陽光発電設備の立地をめぐる諸問題を個別事例も含めて検討してきたが、本章からは、風力発電設備を取り上げる。風力発電設備は、陸上のみならず海上（洋上）でも建設が可能である。ドイツでは陸上・洋上を問わず風力発電設備の建設が、再生可能エネルギー法の改正（2000年および2004年改正、とくに2004年改正）以降、固定価格買取制度が使いやすくなったこともあって、著増している。これに対して、わが国の場合には、第1章の図1で示したように、太陽光発電設備ほど増加していない。これは、後に検討するように、風力発電設備の場合、計画、建設から着手に至るまでの手間が時間的にも資金的にもよりかかることに起因しているが、それでも、2014年度までに総設置数が2,034基を超え、総容量は300万kWに近づいてきたようである[1)]。ちなみに、政府の想定する電源構成では風力発電は約1,000万kWであるので、その目標のおよそ3割が達成されたことになる。

ところで、風力発電設備についても、立地をめぐって各地で近隣住民との紛争が生じている。たとえば、愛知県田原市では、風力発電設備の建設をめぐり近隣住民から風車の騒音が問題とされ、損害賠償請求訴訟が提起された[2)]。本章では、風力発電設備の立地の問題を土地利用計画との関係で検討したい[3)]。具体的には、まず、第2節において、太陽光発電設備と比較しながら風力発電設備の特徴を検討し、それを踏まえて、第3節では、山形県庄内町と同県酒田市をそれぞれ対象として、陸上風力発電設備の建設と運用について紹介しながら検討し、第4節において、近年環境省が新たな立地コントロールの手法を提案しているので、それを中心に検討したい。

2. 太陽光発電設備と風力発電設備―設備の属性に基づく差異

さて、前章までの考察で野外の太陽光発電設備（とくにメガソーラー）の立地上の特徴やそれに伴って生じる諸問題について検討してきたが太陽光発電設備の有する問題点は、基本的には風力発電設備の場合においても当てはまる。すなわち、立地予定地に農地法や森林法等の個別法がなければ事業者は、原則として発電設備を自由に設置することができる。それ故、規制が少なく風況のよい地域には事業者が集まってきて、地域住民や市町村との調整を十分に経ることのないまま建設をする例も多い。このように、立地に伴う制度上の基本的な問題は、太陽光発電設備でも風力発電設備でも同じである。

しかし、両者の間には、設備の属性に由来する大きな相違がある。以下では、まずそれを検討していこう。

第一に、適地の相違である。風力発電は、風況が良好な地点でないと立地しても意味がない。風車が回転するためには、最低でも5 m/s 前後の風が必要であり、事業採算性を考えると、地上高70 m での平均風速が6.0 m/s 以上の地点であることが望ましい。しかも、道路や送電線が付近に存在することが必須である。このような条件を満たす地域はわが国においては決して多くはない。それ故、近年では、標高の高い尾根伝いに建設されることが多いが、標高が1,000 m を超えると建設が困難になるといわれている。これに対して、太陽光発電の場合、適地を見つけることは風力ほど難しくない。

第二に、同じ定格出力の場合、風力発電の方が太陽光発電よりも、転用面積が少なくてすむ。たとえば、2,000 kW の風力発電設備を建設する場合に必要な転用面積は、附属設備を含めても400 m^2 程度（20 m×20 m）である。これに対して、太陽光発電の場合にはパネル1枚が200 W の出力である場合には、2,000 kW の出力とするためにはパネルを10,000枚敷かなければならず、パネル相互間の間隔も考慮に入れると、およそ2 ha 程の転用面積が必要となる。その差は実に50倍である。もちろん、風力発電設備の場合も、風車間の左右や前後の間隔を詰め過ぎると発電効率が落ちるため、ブレード直径が70 m の場合には左右で250 m 前後、前後で最低500 m 前後は空かすことが望ましいとされているので、風力発電パークを建設する場合にはそれなりの事業面積が必要となる。ただ、実際に転用されるのは1基につき400 m^2 程度なので、風車の建っていない土地は、水田や牧草地等として従前通り利用することができる。

第三に、稼働率（設備利用率）は、風力発電の方が高く、太陽光発電の場合には10% 前後であるのに対して、20% 前後に達する。

第四に、建設後の維持管理費は、風力発電の方が高い。太陽光発電設備の場合には、パネルを設置しさえすれば、パワーコンデンサーを10年毎に交換する以外、大きな修繕は基本的には必要ないが、風力発電の場合には、発電設備の部品が10,000点以上あり、その保守管理の頻度や費用は太陽光の場合よりも遥かに高額となる。

第五に、建設作業についても、太陽光発電の場合よりも風力発電の方がコストがかかる。風力発電設備の場合は、2,000 kW 級になると、回転翼だけでも、半径50 m 近くになるため、運搬に際しても、運搬できる車両が限られ、また目的地へのアクセス道路を整備する必要があり、これだけでも大変な作業となる。また、現地に運んだ後に組み立てる場合にも、50 m もある回転翼を地上高80 m 以上の高さにまで吊り上げてナセルに取り付けるので、建設機械も大がかりなものにならざるを得ない。この点、太陽光発電の場合には、整地さえすめば、パネルや付属機械はトラックで運搬が可能となるので、風力発電よりも設置作業が遥かに容易である。

第六に、周囲への影響という観点でも双方で差異がある。太陽光発電設備の場合には住宅地の場合には反射光、野外のメガソーラーの場合には景観侵害がそれぞれ問題となりうる。これに対して、風力発電設備の場合には、景観との関係の他にも騒音、振動、低周波音、バードストライク等いくつかの問題があり、周辺環境に与える影響は、太陽光の場合よりも大きいといえよう。

第七。このように風力発電設備はその建設に際して周囲の環境に負荷をかけることになるため、2012年10月以降に着工した出力10,000 kW 以上の発電設備の場合には環境影響評価法によって第一種事業として環境アセスメントを受けることが義務づけられ、7,500 kW 以上の発電設備については環境アセスメントが必要か否かを個別に判断する第二種事業とされた（環境影響評価法2

条)。

以上が、太陽光発電設備と比較した場合の風力発電設備の主な特徴である。同じ再生可能エネルギーでも設備については大きな相違があるといえる。極めて大雑把な言い方をすれば、太陽光発電設備は、〈敷地規模が大きくなるため立地に際しては既存のないしは周囲の土地利用との関係等に注意をしなければならないが、費用は風力発電設備よりも相対的に安価であり、一旦建設してしまえばその後の維持管理は比較的容易である〉のに対して、風力発電設備の場合には、〈敷地規模が太陽光発電設備よりも小さくてすむが、環境への負荷が太陽光発電設備の場合よりも大きく、建設適地は限られ、建設作業や維持管理も手間がかかる〉といえよう。

他方で、太陽光発電設備は、〈転用面積が大きく、稼働率(設備利用率)は低い〉のに対して、風力発電設備の場合には、〈転用面積が小さくてすみ、稼働率(設備利用率)は高い[4]〉という相違点もある。この点は、風力発電設備の設置にとっての大きなメリットとなる。一定規模以上は環境影響評価法が適用されるとはいえ、風力発電設備の設置が進んでいるという本章冒頭に指摘した近年の動向は、風力発電事業に太陽光発電事業にはないメリットを見出す事業者がいるからに他ならない。

次節では、上記の点を前提として、風力発電設備がどのように立地されているかを山形県庄内町の事例を通して検討したい。庄内町は、今から約35年前の1980年から風力発電設備の導入に着手してきた。わが国の地方自治体の中でも、最も早くこの事業に取り組んでおり、また、農地上に設備が設置された全国的にも稀有な自治体である。

3. 風力発電設備の建設と土地利用

(1) 山形県庄内町の事例

(a)経緯[5]

庄内町は2005年に余目町(人口:約18,000人)と立川町(人口:約7,000人)が合併して生まれた自治体である。風力発電設備の整備は、旧立川町で始まった。旧立川町は、庄内平野の南東部にあり、南端に月山、東部に最上川が流れ、両側を山に囲まれた最上川が、庄内平野そして日本海に注ぎ込むいわば「出口」に位置している。当地は、「日本三大悪風」の一つ「清川だし」が吹く強風地帯であって、春から秋にかけては新庄盆地にたまった冷気が最上峡谷を経て南東方向から庄内平野に吹き出す。他方、冬は、逆に日本海側から北西の季節風が吹き、地吹雪が頻繁に発生する。平均風速は4.1 m/s、10 m以上の風も年間88.5日吹き、全国的にも稀な強風地帯である[6)]。

旧立川町では、1年中吹き荒れるこの強風を生かした町おこしを1970年代から考えてきて、1980年に小型風車を設置し、温室ハウス等の農業への利用を目的とした各種の実験を積み重ねてきた。そこで、風力発電設備を積極的に整備することを計画し、1993年に当時としては大型であったアメリカ製の風車（100 kW）3基を導入し、風車による町おこしのシンボル的存在として、風車村を建設した。年間発電出力は6万kW／基であり、今日の風力発電設備の規模から見れば小さいが、ここで発電された電力は風車村の各種施設や教育施設で使われた（当時の町全体の電力利用量の1%）。

このシンボル的な風車の導入を先駆けとして、1996年に策定された「立川町新エネルギー導入計画」に基づいて、町は次々と風力発電設備を導入することになる。まず、1998年と2000年に、町が25%を出資している第三セクター（(株) たちかわ風力発電研究所）を事業主体として、それぞれ400 kW×2基、600 kW×4基を導入し、2002年には立川町自らが事業主体となり、1,500 kW×1基を設置し、2003年には民間事業者である（株）立川CSセンターが1,500 kW×1基を設置し、次々と建設が進んでいった。これらによって、合計出力は6,500 kW、年間発電総出力は1,267万kWに達し、旧立川町の総電力消費量に占める割合は57.6%にまで達した。今日でも稼働しているのは、1998年以降に設置された計8基の風力発電設備である。各事業とも、NEDO（新エネルギー・産業技術総合開発機構）の補助事業に採択されたため、建設費の33〜50%の補助を受けている。また、いずれの施設も、固定価格買取制度が施行される前に導入されており、RPS法[7)]の適用を受け売電をしてきた。

(b)運用

運用状況であるが、まず、1998年と2000年に導入した計6基については、事業主体である、上述のたちかわ風力発電研究所が運営をすべて行っており、立川町は25%の出資をした以外には、維持管理費用を一切負担していない。なお、この第三セクターへの立川町以外の出資者は、風力発電事業を専門に手掛ける㈱エコ・パワー、地元建設業者である㈱狩川佐藤組の他に、オリックスも出資している。建設当時からマスコミ等で大きく取り上げられ、「省エネ大賞」や「資源エネルギー長官賞」等を受賞し、わが国におけるその後の風力発電設備事業普及のモデルケースとなった。

また、2003年導入の際の事業主体である立川CSセンターは民間事業者である。この会社は、大阪のポンプメーカーが従来から当地でバイオマスの稼働実験事業等を行っていたが、風力発電事業に参入した。当地に管理事務所を置き、地元から1名の常勤職員を採用している。

したがって、現在、立川町（合併後は庄内町）が自ら事業主体となっている風力発電設備は、2002年に導入した1,500 kW 1基のみである。なお、これについては建設費用は起債で調達したため、毎年償還費が発生している。事業収支については、特別会計を設けて、収入と支出はすべてここで行っている。RPS制度が適用されていた時期でもすでに年間3,400万円前後の売電収入があったが、固定価格買取制度の適用以降、売電収入は年間5,400万円に増加した。売電収入から償還費や保守管理費用を除いても、毎年黒字を確保し、それを積み立てている。固定価格買取制度以前には積立金は1億円前後であったが、今日では、1.4億円に増加した。固定価格買取制度が施行されてから3年しか経っていないが、以前と比較して年間1,000万円以上売電収入の増加があることになる。なお、償還は2017年には終了するので、その後の収支状況はさらに改善することになるが、他方で、修理費用もかかるようになるため、大きな期待はできない、ということであった。なお、日常の保守管理については、技術者を非常勤特別職として町で雇用しており、定期点検や修繕については、風車メーカーの支店が青森にあるため、そこから来てもらっている。これまでの積立金の額を多いと評価するか少ないと評価するかは何ともいえないが、RPS制度の適用を受けていた時期においても黒字を確保してきたことは評価に値するし、事業収支は良好であったということができよう。

(c)土地利用調整

(i)候補地の選定

次に、立地選定の状況を検討しよう。前述したように、立川町は「清川だし」を最大限に生かすべく立地選定を進めた。すなわち、立川町内で風況の最もよい場所を候補地とした。立地選定に際しては、三重大学や足利工業大学等の風力発電に関する研究者の協力を得ながら、候補地を絞っていった。その結果、選ばれたのが、図3に示すように、町の北部、最上川西岸沿いに、南東からの風を真っ向から受けるように風力発電4基を1列として計3列設置するという案であった。接近しすぎても風力を最大限に利用できないので、ブレード直径が70 mの場合、同列の風力発電設備では相互の間隔を250 m前後、異なる列の間では列と列の間隔を500 m前後は離すことが望ましい。立川町の風力発電設備は、以後、この計画に沿って設置されていった。

候補地となった土地は、農用地区域の真ん中である。そもそも庄内平野は、すでに建物が建っている地区を除けばそのほとんどが農用地区域に指定されている。「軒下まで指定されている」と評されるように、庄内平野の市町村はその多くが、農用地区域指定を原則としており、例外的に農用地区域の指定が除外され転用（開発）がなされる、という、いわゆる「建築（開発）不自由の原則」が実際上適用されている状況である。このようにわが国でも珍しい土地利用規制が実際上実現していることを前提として、上記の候補地に風力発電設備を設置するためには、農用地区域の除外手続を経て、その上で農地法上の転用許可を得なければならない。農用地区域除外のための要件は、区域除外の必要性、代替可能性、周囲の農用地の効率的かつ総合的利用に支障を生じないこと、周囲の農家の農用地の利用集積に支障を及ぼさないこと等であるが（農業振興地域の整備に関する法律（以下、「農振法」と称する）13条2項)、風力発電設備の設置がこの要件を満たさないことは明らかであった。しかし、1989年に農水省から農村活性化土地利用構想が出され、住宅、店舗、工場、流通業務施設等の建設を目的として市町村が策定した構想を知事が認定した場合には、農用地区域からの除外が認められ、農地転用許可基準も緩和されることになったため、立川町は、1998年風力発電設備の建設のためにこの構想を策定し、農用地区域からの除外等の手続がなされた[8)]。

図3 旧立川町の発電施設用地案

（注） 図中の黒塗りの部分が用地候補地を示している。
（資料） 旧立川町農村活性化土地利用構想（1998年）

なお、立地場所の決定に際しては、道路沿いの角地を優先的に選んだ。設備の設置作業を容易にするためである。また、農作業への影響をできるだけ少なくするために一枚の圃場の中では隅の部分に寄せるようにした。なお、前述したように風力発電設備のための転用面積は、付属施設も含めて225 m^2（600 kWの設備の場合）ないし400 m^2（1,500 kWの設備の場合）であるため、1 ha区画の1枚の圃場の角地にこれらの転用地を寄せて建設がなされた。

(ii)地域住民・農業者、地権者との関係

本件の風力発電設備の建設に関しては、環境影響評価法の対象ではなかったので、法に基づくアセスメントは行われなかったが、事業者による自主的なアセスメントが実施された。町以外が事業主体となっている場合でも立川町の担当者が説明会や地権者との話合いの席に必ず同席して、住民の疑念に答えるべく積極的に議論に参加したという。住民・農業者からは、とりわけ騒音と電波障害に関する心配が寄せられ、当初は反対した者もいたが、景観侵害やバードストライクを心配する声はほとんどなかった[9)]。騒音に関しては、設備と人家の距離を最低500 m[10)]は置くようにして、電波障害についても回避のための措置をできるだけとった。その結果、この両者の点についても最終的にはすべての近隣住民・農業者の了解が得られて、建設することができた。なお、上記の点に関する苦情はこれまでにほとんど寄せられていない[11)]。ただ、町が事業主体の設備についてはその運用開始後に、エンジンオイルが漏れて周囲の稲に飛散する事故があった。その際には、一帯の稲を町が全部買い取り、焼却処分にした。この修理をして以降、同種の事故は起きていない。

それでは、地権者との関係はどうだったのであろうか。地権者のうち2名から話を聞いた。それぞれ20 haと16 haの水田を耕作している専業農家である。当時町から話があったが、転用面積がせいぜい400 m^{2}と小さいこともあって了解したという。圃場の一部が設備用地となることで、農業機械を多少動かしにくくなるが、大きな支障は生じていない。設備からは、夏場は水滴が、冬場は付着した氷雪が落ちてくるが、冬場は関係ないし、夏場の水滴も水田なので支障ない。また、設備によって水田に日影ができるが、特定の場所が恒常的に日影となるわけではないため収量には全く影響がないとのことであった。

総じて、地域住民・農業者、地権者とも、町に対して好意的であった。庄内

町が有名になるのだからよいのではないかという声も聞かれた。「町が地域おこしのために努力しているのだから、協力できることは協力しよう」という姿勢が窺われると同時に、すでに30年以上前から（1980年から）風車に慣れ親しんできたため、風力発電設備を比較的すんなりと受容することができたのではないかと推測される。

(iii)土地利用権原の設定

それでは、設備用地の法律関係について検討しておこう。設備用地は農用地区域からすでに除外され転用許可も受けているため、当該土地はもはや農地ではない。その土地を町は（その他の事業主体も同様に）地権者から賃借している。存続期間は20年、賃料は400 m^2で年10万円（推定値）である。賃料は10a当たりに換算すると25万円となり、農地としての収益の20倍前後になる[12)]。圃場の一部のみを賃貸してこの額の賃料収入があるのは、地権者としては決して悪い話ではない。そのこともあってか、筆者が話を聞いた農家のうちの一人は、賃貸借契約の更新を望んでいた。契約の始期が2000年なので2020年に満了を迎える。風力発電設備の寿命も20年前後なので、事業主体もそろそろ現在の設備の後のことを考えなければならない時期にきている。なお、もう一人の農家は、復田した状態での返還を望んでいた。賃貸借契約上は原状に復して返還することになっているため、町としては賃貸人の意向に沿う方向で処理するとのことであった。もっとも、この敷地はすでに非農地となっているために、これを復田した場合には地目変更や農用地区域への再編入が行われることになろう。

なお、敷地の草刈り等の管理は賃貸人が賃借人から委託されて有料で行っている。賃貸人としては、農作業のついでの作業であって負担感はない。

(d)今後

今後の庄内町の風力発電設備に関する方向性であるが、町直営の風力発電設備については、現在の1基では経営的に厳しいという。風力発電設備は太陽光発電設備に比べて故障しやすく、その1基が故障している間は売電収入がなくなってしまう。したがって、直営の場合にも複数基は欲しい。しかし、現在の1基については、地権者は復田した上での返還を望んでおり、20年が経過する2022年ごろ町営の風力発電設備はなくなるかもしれない。そのこともあって、当町の今後の方針としては、町はあくまでも民間の事業を援助する方向で、風力も含めた再生可能エネルギー設備の建設を増やしていきたい、と考えている。

今後の当町での風力発電設備の立地については、大きく二つの点が焦点となりそうである。

第一に、当町での設備は建設時期が早期のものが多いため、耐用年数が20年を超えるものが次々と出てくる。現在稼働中のものの中では、第三セクターが運営している400 kW（2基）と600 kW（2基）について、2018年と2020年にそれぞれ20年が経過する。現在のところ、第三セクターは、リパワリング（設備更新）を望んでおり、地権者との交渉がまとまれば、今度は1,500 kW級のものを導入する計画であるという。

第二に、当町では、現在、2地区において、風力発電設備の新規建設の意向が事業者から町担当課に寄せられているという。その内、1地区は、現在の立地場所から2 kmほど北西に行った最上川沿いの農用地区域内農地、もう1地区は、現在の立地場所から同じく2 kmほど南東に行った尾根沿いの山林である。前者については地元の建設会社が2,000 kWを1基、後者については、複数の企業が2,000 kW級のものも含めて20基ほどを計画し、町と協議し始めている。町としては、いずれも、2014年5月に施行された「農林漁業の健全な発展と調和のとれた再生可能エネルギー電気の発電の促進に関する法律」（以下、「新法」と称することもある）に基づいて処理する方向で考えている[13]。前者の地区については、現在基本計画を策定中であって（同法5条）、協議会をすでに設置した（同法6条）。協議会は20名ほどで構成され、事業者、東北電力、農業委員会、地元商工会、小中学校の校長、地元住民、有識者等がメンバーである。当該地区は、農用地区域に属し新法によっても建設できないため、まずは農用地区域の除外をしていく方針である。農用地区域からの除外手続については新法では緩和措置が設けられていないので、従来からの農振法に則った手続がなされていくことになるが、27号計画も要件が厳しくなり、区域除外がなされるか否かは見通せない[14]。なお、新法では、事業者に対して、「農林漁業の健全な発展に資する取組」を行うことを求めており（同法5条5項）、それを設備整備計画の内容の一つとしているので（同法7条2項2号）、事業者としても何らかの地元への還元策をとらなければならない。売電収入の一定割合（たとえば5%）を町に寄付してもらう案等が俎上に乗ることになろう。

⑵　山形県酒田市の事例

(a)はじめに

庄内町に隣接している酒田市は、古くから交易で栄えた酒田港を擁する商業と農業を中心とする市（人口：約107,000人）であって、農業が中心の庄内町とは対照的である。

酒田市にも東日本大震災以前から風力発電設備が順次建設されてきた。2013年11月現在で14基（2,000 kW×10、1,500 kW×1、450 kW×3、出力合計23,280 kW）が稼働している。すべて、民間が事業主体であって、固定価格買取制度の適用前は、RPS法によって売電してきた。

(b)立地規制の特徴

立地に際して特徴的な点は、下記の3点である。

第一に、14基すべてが日本海沿いの海岸線しかも港湾区域かそれに隣接する区域に建設されていることである（内、洋上風力発電設備は5基）。したがって、管理者ないし地権者（知事ないし国）との間の土地利用権原の取得をめぐる交渉の面倒さは一般の地権者の場合よりも相対的に少ない。また、立地の際の根拠となっているのが、2004年11月に策定された「酒田市風力発電施設建設ガイドライン」（以下、「ガイドライン」と称する）である。酒田市によれば、風況のよい地域は農地にも多いが、景観保全を優先してすべて海岸線に立地するように指導しているとのことであった。これは、霊峰鳥海山を含む出羽丘陵をどこから見ても視界に風力発電設備が入らないようにするためである。海岸線に建てても海上から鳥海山を見れば風力発電設備は視界に入ってきてしまうが、少なくとも庄内平野から鳥海山が見える景色の中に風力発電設備は入ってこない。このように、酒田市では、海岸線以外での建設は行われず、上記ガイドラインで、港湾区域を中心として「建設が可能な区域」を指定することによって、立地を海岸線沿いに集中させている点に特徴がある。

第二に、酒田市の海岸沿いの地域には、その中央部を東西に流れる赤川を境にその北側には港湾区域が延びているが、その南側には山形県立自然公園（庄内海浜県立自然公園）が海岸沿いに展開している。そこで、ガイドラインにおいても、赤川の南に延びる海岸線は、「建設にあたって調整を要する区域」として指定されていた。「調整」の具体的内容に関しては、山形県の策定した山形県立自然公園条例が定めており、県立自然公園内での工作物の建設等に際しては、特別地域に含まれない地域（以下、「普通地域」と称する）内での工作物の建築等条例で定める行為については、知事への届出が必要であるとされている。知事は、届出に対して、風景を保護するために必要な場合には、行為の禁止・制限その他の必要な措置をとるべき旨を命ずることができる（同条例13条1項、2項）。このような知事の命令はこれまでにも出されてきた。たとえば、風力発電設備設置についても2001年に新日本製鐵（現新日鐵住金）が1,500 kWを2基海岸沿い（上記自然公園内の普通地域）に設置するべく知事に届け出たが、知事はこの規定に基づいて禁止命令を出し、設置計画は頓挫した。また、2010年の風力発電設備の設置計画（2,250 kW×8基）（事業者：庄内風力発電）についても、本条例に基づく届出をする前の事前協議において、酒田市の景観審議会と県環境審議会が建設反対の立場をとったため、計画は中止に追い込まれている。この地域は、クロマツ林や砂丘植生が美しい景観・環境を形成しており、風力発電設備は、これらの景観や環境に支障を来す、というのがその理由である。ガイドラインにいう「建設にあたって調整を要する区域」は、建設を禁止するものではなく、調整を経ることを要求しているだけだが、自然公園の場合には、これまでは景観保全のために上記条例がかなり厳格に適用されてきたのである。

第三に、酒田市の海岸沿いに展開する「建設が可能な区域」および「建設にあたって調整を要する区域」以外の区域は、すべて「建設が好ましくない区域」とされている。したがって、酒田市の場合には、ガイドラインによって、原則は「抑制」であって、例外的に「建設」ないしは「調整を経た上で建設」が可能となる構造となっている。立地規制の在り方としては、法的拘束力はないものの、市の明確な姿勢を読み取ることができる。

なお、酒田市の場合には、(d)で述べる市営の風力発電設備も含めて、海岸沿いないしは海岸に近い水域に立地しているため、事業者は、海岸管理者である知事から海岸ないし水域の占用許可を受けることになる（一般公共海岸の場合には海岸法37条の4、海岸保全区域の場合には同法7条、港湾区域の場合には港湾法37条参照)。庄内町のように民有地の場合における地権者との土地利用権原取得に関する交渉は必要ではない。

(c)県のエネルギー政策の転換

2011年3月の福島第一原子力発電所の事故を受けて、山形県は、2012年3月に、原発依存度を逓減して将来的には原子力に頼らない「卒原発社会」を実現することを中心とする「山形県エネルギー戦略」を策定した。そこでは再生可能エネルギー設備の県内での建設を促進して、風力発電設備については230基を増設することが目標とされた(同8頁)。これを実現するために、山形県は、(イ)同年3月に「第三次山形県環境計画」を策定し、「自然公園の価値を著しく損なうおそれのある地域や貴重な動植物の生息・生育に重大な影響を及ぼすおそれのある地域等を除き、風力発電施設の整備に配慮する」こととするとともに、(ロ)同年3月に「再生可能エネルギー活用適地調査報告書」を発表し、県内の再生可能エネルギー(以下、「再エネ」と称することがある)発電設備の適地について、風況、付近の送電線の有無、地形(傾斜地か否か)、道路状況等の諸条件を基準に調査・抽出し、地図上で示した[15]。山形県は、さらに、(ハ)同年7月に「県立自然公園許可・届出行為に関する審査指針」(以下、「審査指針」と称する)を改正し、前述した山形県立自然公園条例の許可・届出の適否を判断する基準となってきた指針を改正した。これによって、(α)従来は景観に関する事項を先行審査し、その後動植物等への影響について審査する二段階の審査方式を取っていたが、これを廃止し総合的に判断する審査方式に変更するとともに(審査指針第2)、(β)普通地域で公園計画が未策定の公園[16]における風力発電設備の設置については、公園計画が策定されるまでの間、保護すべき地域(設置を認めない地域。具体的には、国指定鳥獣保護区および周辺地域、社叢林および周辺地域、貴重な動植物の生息・生育に重大な影響を及ぼすおそれのある地域)を定め、それ以外の地域は「柔軟に対応すべき地域」として、総合的な判断を行い設置を弾力的に認めていくこととした(審査指針第3・3)。

上記の(ハ)については、従来は風致景観に関する審査を先行していたためにこの段階で風力発電も含む各種工作物の建設に歯止めがかけられていたが、本改正によって、先行審査が廃止されるとともに、風力発電設備についてのみ、区域区分を行って、保護すべき地域以外は設置を柔軟に認めることとする等、風力発電設備の建設を中心として従来の規制が大きく緩和されている。

山形県は、このようにして、再エネの中でもとくに風力発電設備についてはその設置を積極的に進めるべく、従来の規制を緩和する方針に転じた。酒田市のガイドラインにおける「建設にあたって調整を要する区域」についても、「調整」の基準がこれに準じて変更（緩和）されることになる。

(d)酒田市の風力発電設備新設計画

このような山形県の政策転換を受けて、酒田市は、2012年8月に、市営の風力発電設備を3基（2,300 kW×3）、赤川から南の海岸線（陸地）上に建設することとした。さらにその南側には、山形県が同様の性能の風力発電設備を3基新設することを計画しており、双方の計画が実現すれば、自然公園の中に新たに6基の風力発電設備が出現することになる。

この地域は、前述したように、従来から山形県立自然公園条例によって風力発電設備の建設計画が規制されていたが、ほぼ同じ地域で、今度は酒田市と山形県が風力発電設備を建設しようとしているのである。この立地選定をいかに評価すべきか。

第一に、今回の計画には、県のエネルギー政策の転換が反映されていることは明らかである。風力発電設備の設置促進に舵を切り、県立自然公園内の許可・届出行為に関する審査指針を改訂したことで設備の設置が容易になった。酒田市（と県）の設備を設置する地域は、改訂後の審査指針では「柔軟に対応すべき地域」（第3・3・(2)）内にあるため、設置が弾力的に認められることとなる。

第二に、環境影響評価法との関係では、市も県もそれぞれ2,300 kWを3基ずつ設置するため、両者を併せれば、計13,800 kWとなる。10,000 kW以上になると環境影響評価法の第一種事業として、また、7,500 kW以上は第二種事業としてアセスメントの対象となりうるのだが、市も県も両者は別個の事業なので環境影響評価法のアセスメントは必要ない、という見解に基づき、それぞれ自主アセスメントで対応しようとしている。しかし、両者の計画は、同時期に計画・立案され、また地域的にも海岸線上に南北方向に3基ずつ設置されるため、実質的には両者の計画は一体と考えるべきではないかという批判が住民・市民から提起されている。法定のアセスメントと自主的なアセスメントとでは、配慮書手続の有無という決定的な違いがある。配慮書は個別の事業に先立つ計画の立案段階において、事業想定実施区域内の環境配慮事項について予め検討を行うものであるが、事業者は、原則として複数案を提示する他、事業を実施しない案（ゼロ・オプション）を含めて案を設定することが求められているため、事業者にとって優先順位が最も高い区域でも事業を断念せざるを得なくなるリスクが高まる。配慮書手続は、そもそも立地や規模の適否の審査を事業前の早期の段階で実施することによって、事業計画を既成事実化することなく環境配慮をより十全ならしめようとする意図に基づいて、2011年の法改正によって新設された手続である。自主アセスメントでは、配慮書手続を省くことが可能となるために、市も県もそれぞれを別個の事業と位置づけることができれば、事業主体にとっては事業の進めやすさの点で大きなメリットがあることになるが、他方で法定アセスメントを回避するために形式上別の計画としているだけではないか、という疑念も残る[17)18)19)]。

第三に、本計画に対する住民・市民の反応であるが、庄内町の場合と比べると、酒田市の方が風力発電設備の設置に対しては冷淡ないし批判的である。両者では自治体の規模が異なるので、酒田市には多様な意見の住民・市民がいるであろうことは疑いない。また、第二で指摘したような点が、酒田市の場合には影響していることも推測できるところである。ただ、両市町ともこれまで市町内に多くの風力発電設備を持っていたのであって、その意味ではいずれの住民にも風力発電設備は身近な存在であったはずである。おそらく、酒田市の場合には、庄内町に比べて、風力発電設備は、次の二つの意味で住民・市民から遠い存在だったのではないか。一つは、ガイドラインによると、酒田市の場合、風力発電設備と住宅との距離は最低200 mである。庄内町では500 m空けていたことに比べると、住宅地に大幅に近い。今回の計画には付近の住民からも反対運動が起こっているが、それは、景観・環境保護の観点のみならず、風力発電設備が酒田市の住民の間ではこれまで「迷惑施設」として認識されてきたのかもしれない。今一つは、このことと関連して、酒田市の場合、すべての設備で民間企業が事業主体であって、売電収入等事業に伴う収益はすべて事業者に帰していたため、住民・市民にとっては、「営利企業のための事業施設」と認識されてきたのではないか。庄内町の場合には、町や町が出資している第三セクターが事業主体であるのと対照的である。

今回の計画は、市や県が事業主体である。また、「卒原発」政策を受けた設備建設であって、これまでの酒田市の風力発電設備とは異なった意味を持っている。市や県は、環境アセスメントも含めて手続的公正性を確保しながら、今回の事業計画が有する意味を住民・市民に理解してもらうことが決定的に重要である。

(3)　風力発電設備と環境アセスメント

以上、山形県の庄内町と酒田市という限られた地域についてではあるが、風力発電設備の設置をめぐる動向について比較・検討してきた。両市町とも、第2章の由布市で述べたような、〈市町村が立地選定に際して十分に関与することなく事業が進んでしまう〉という構造ではなく、むしろ、市町がイニシアティブをとりながら事業を進めており、このような意味で、これらの事例は、むしろわが国の風力発電設備建設においては例外的な事象に当たるのかもしれない。すなわち、酒田市の場合には、ガイドラインによって設備の設置を海岸沿いでのみ認め、それ以外の地域では設置を抑制してきた。このガイドラインは、これまで述べてきたように事業者によっても遵守されてきているようで、法的拘束力はないものの実効性をもって機能していると評価することができよう。また、庄内町の場合にも、既成市街地以外は原則として農用地区域が指定されている状況を前提として、当時の農村活性化土地利用構想を利用することで農用地区域から区域除外したものであり、設備も整然と並んで配置されており、今日まで近隣の農業的土地利用と衝突することもほとんどない。

このような市町主導型の風力発電設備ではない場合には、濫開発されるおそれもあるが、太陽光発電設備の場合との最大の相違は、やはり環境影響評価法に基づく環境アセスメント手続の存在であろう。これによって、一定規模以上の設備については、一定の立地コントロールが可能となる。もちろん、一定規模以上の施設に限られるのではあるが、事業の採算性を考えた場合にはやはりそれなりの規模を持たせるであろうから、本法の存在は、太陽光発電設備の場合とは異なって、事業者にとっては立地上の大きな制約要因となる。ただし、下記の点には留意しなければならない。

第一に、環境影響評価法は、各個別法での許可や認可手続が定められている場合に、個別法に基づく許可や認可手続に際して、環境アセスメントの結果（報告書）を考慮することを求めるにとどまる（1条、33条）。したがって、何らの個別法の適用もない地域（たとえば原野）においては、本法の環境アセスメントは実施されない。すなわち、行政庁の許可手続等が設けられている個別法の適用領域内にあることが、本法が適用される場合の前提となっており、この意味で本法の適用には一定の限界がある。

第二に、本法に基づいて判断されるのは、環境への影響を評価する本法の性質上当然のことながら専ら環境に関わる事項に限られる。したがって、たとえば、洋上風力発電設備建設の際の環境アセスメントで漁業者の利益を考慮に入れたり、地熱発電設備建設の場合に温泉業者の利益を考慮に入れることはできない。本来であれば、実際の立地選定に際しては、環境アセスメントで調査・予測・評価される環境上の利益はもちろんのこと、立地に伴って周辺の地域住民やその他のステークホールダー等の利害を十分に斟酌することが必要であって、これらの諸要素が計画裁量において衡量されるべきなのであるが、環境アセスメントではそこまでの衡量はできず、この点でも本法のみによる立地の計画的コントロールには限界がある。

第三に、環境アセスメントは、個別の事業が計画立案された場合に〈当該の具体的事業が環境に対していかなる影響を及ぼすか〉という観点からの審査しかされず、立地規制におけるより早期の計画段階での候補地の適性等（例：いわゆる戦略的アセスメント）に関する審査にはやはり限界がある。また、環境アセスメントでは、地域全体を見渡した上で風力発電設備をいかに配置ないし立地するか、という意味でのより広域的な観点からの事前の計画的コントロールは難しい。すなわち、この意味で環境アセスメントは、立地について一定のコントロール機能を持ちうるが、それのみに立地規制の機能を担わせることはできない[20]。

ところで、近年、環境省は、上記の第二および第三の点に配慮した制度を構築しようとしている。後の章で述べるドイツ法の発想とも共通する点があり、非常に興味深い。そこで、以下では、節を改めて、近年の環境省の構想について、紹介・検討していこう。

4. 環境省の近時の取組み

(1) 環境アセスメント環境基礎情報データベース

風力発電設備が有するわが国の再エネ発電に占める比重をより高めるべく、近年、環境省と経済産業省は風力・地熱発電設備に関する環境影響評価手続の迅速化について検討を行っている。環境省においては、国や自治体が行う審査期間と事業者側が実施する調査期間をそれぞれ短縮し、通常3〜4年程度かかる手続を概ね半減することを目指している。一例を挙げれば、環境アセスメントに利用できる環境基礎情報（たとえば、貴重な動植物の生息・生育状況等の情報）や土地利用規制の状況等を予め環境省や地方自治体が調査（文献調査、現地調査、ヒアリング調査）し、これを「環境アセスメント環境基礎情報データベース」として整備・提供することによって、事業者によって行われてきた初期の立地調査や現況調査を省略・効率化したり、地域住民や地方自治体がこれらの情報にアクセスして環境アセスメント手続に積極的に関与することができるようになる。この構想は2012年からモデル地区が選定され、2014年5月から運用が開始され、2015年5月時点で10地区についての情報が提供されている。

(2) 地域主導型の戦略的適地抽出手法の構築事業

この事業の目的は二つある。

(i)地域主導で、先行利用者との調整や各種規制手続の事前調整と一体的に環境配慮の検討を進め、従来事業者が単独で行っていた手続、とりわけ方法書以降の手続や各種規制手続に係る負担を軽減する。

(ii)地域で上位計画における戦略的環境アセスメント（SEA）の具体化を検討することで、事業の不確実性を低減し、かつ、累積影響等の環境保全上の配慮を含むゾーニング計画によって、計画段階配慮書手続等を円滑化させる。

これらの施策によって、構想段階から着工までにかかっていた所要期間を最大3年程度短縮できるという。

さて、本章との関連で検討したいのは、この事業である。これは上記の(i)と

(ii)から成り立っているが、以下で検討してみよう。

まず、(i)については、「地域主導」が強調されている。本章で検討した庄内町や酒田市の例は正に「地域主導」であって、両市町ともこれまで風力発電設備の立地を適宜コントロールしてきた。したがって、ここでもそのような事例を念頭に置いているのかと思うと、どうもそうではなく、上記(i)を読む限り、〈事業者と協力しながら事業者の負う各種負担を軽減する〉のが目的のようである。そうだとすれば是非はともかく明らかに手続の迅速化には資するであろう。

次に、(ii)であるが、上位計画で戦略的環境アセスメントを導入することで事業の不確実性を低減するのであるが、より具体的には、「促進エリア及び避けるべきエリアの設定等、環境面に加え、経済・社会面を統合的に評価したゾーニング計画策定の検討を行う」として、この上位計画を「再生可能エネルギー導入促進ゾーニング計画」（以下、「ゾーニング計画」と称する）と称している。この計画では、計画実施区域の再エネ導入目標や省エネ（省エネルギー）目標が掲げられ、たとえば、「風力発電所：立地推進可能区域（上限○ kW）」、「風力発電所：立地制限区域」等の地域指定ができ、連系変電所やその他の各種事業のための区域等が示される（図４参照）。

このような上位計画は、これまでのわが国ではほとんど考慮されてこなかったものと思われ、他方、３(3)の第二および第三で指摘した問題点に対応しようとするものであって、非常に興味深い。このような上位計画を策定することで当該地域において、立地を促進すべき地域と立地を抑制すべき地域を指定できるようになり、当該地域の将来の土地利用の方針の中に再エネ設備を位置づけることが可能となる。風力発電設備を中心とするこのような計画的コントロールは、次章以下で詳細に検討するようにすでにドイツでは1990年代から実施されており、一定の成果を挙げてきた。わが国でもこのようなゾーニング計画が導入されれば、立地コントロールの有効な手法となり得よう。

現時点では制度の詳細まで公表されていないため、詳細については立ち入って論じることができないが、上記の(i)(ii)については、一般的には下記の点について注意が必要であろう。

第一に、(i)(ii)とも、第１章４で検討した「農林漁業の健全な発展と調和のと

図4　再生可能エネルギー導入促進ゾーニング計画のイメージ

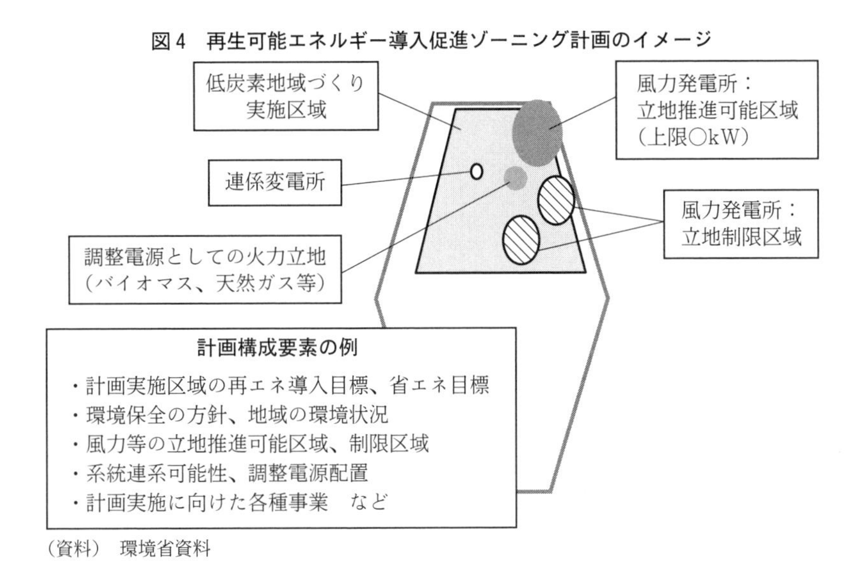

（資料）　環境省資料

れた再生可能エネルギー電気の発電の促進に関する法律」で導入された諸制度を連想させる。たとえば、(i)については、各種許認可手続について市町村が事業者のために同意を得ることで一括して許可が付与されたものとみなす、いわゆる「ワンストップ化」のようなことが想定されているようにも思われ、また、(ii)については、同じく同法の「設備整備区域」を連想させる。同法は、第1章で述べたように「農林漁業サイドからの再エネ促進法」であるが、環境省の今回の案は、「環境サイドからの再エネ促進法」といえるかもしれない。

第二に、今回のゾーニング計画で重要な点は、再エネ設備について「立地推進可能区域」と「立地制限区域」を指定できるとした点であろう。これまでは、個別法の規制がない限りどこでも可能であったのを、〈集中と排除〉というメリハリをつけたものになっている。ただ、次章以下で論じるように、ドイツの場合には「立地推進可能区域」以外は、基本的にはすべて「立地制限区域」なのであるが、日本の場合には、いずれの区域にも属さない区域（いわゆる白地区域）がおそらく大量に残存してくる。そして、このいずれにも属さない区域は、個別法の規制がない限り建築自由の状態に依然として位置づけられ続ける。

第三に、今回のゾーニング計画では、「環境面に加え、経済・社会面を統合的に評価したゾーニング計画策定の検討を行う」とされている点である。すなわち、この上位計画においては、環境面に限定せず、経済的観点（たとえば、洋上風力発電が漁業所得に及ぼす影響等）や社会的観点（たとえば、陸上風力発電が住民の生活に及ぼす影響等）が統合的に評価される。これは、正に各方面の多様な利益が総合的に衡量される計画裁量であって、環境影響評価法の論理のみから導き出すのは難しいのではないだろうか。このような上位計画は、環境以外の要素も含めた総合的な国土・土地利用計画制度の中で本来は位置づけられるべきものであろう。

5. むすびに代えて

本章では、太陽光発電設備と比較しながら風力発電設備の特徴を検討し、山形県庄内町と酒田市を素材としてその立地上の問題を中心に具体的に検討し、それを環境省の近年の事業と比較検討してきた。風力発電設備の場合は転用面積が小さいとはいえ、その環境への影響は、太陽光発電設備の場合より大きいともいうことができ、国、都道府県、市町村は、環境アセスメントや条例、要綱等を使いながら、不十分ながらも何とか対応しているというのが実態であろう。

本章での検討を通じて、第2章で検討した由布市のメガソーラー設備の事例と比べた場合の一定の傾向を見出すことができる。

第一に、庄内町や酒田市の場合のように再エネ設備の立地については一定の公的コントロールが不可欠であるという点である。この点、由布市の場合には、事業者は由布市から事業用地を譲り受けたにも拘らず、由布市は当初は立地に関しては積極的な関与をしなかった。そしてこのことが、後に付近住民の激しい反発を招き、複数の訴訟が提起されている。これに対して、庄内町や酒田市の場合には、その立地に際して当初から慎重な配慮をしてきており、再エネ設備は整然として配置されている。酒田市の場合には環境アセスメントの点で疑問点はあるものの、ガイドラインや自然公園条例に沿った運用を行ってきており、立地決定に際しての公的な関与という点でのこれまでの基本的な方向性は誤ってはいないと思われる。

第二に、庄内町と酒田市を比較した場合、やはり事業主体が公的主体か純粋な民間企業かの違いは大きいように思われる。この二つの事例のみでは一般化することはできないし、両市町の規模が異なることに起因することも考えられることを留保してあえて述べるとすれば、庄内町の場合には、事業主体に町が関わっていることで住民・市民にとっては再エネ事業との距離が近くなっているものと思われる。庄内町では売電収入がまだ地域に還元されていないが、特別会計に累積している黒字分を何らかの形で地域に還元するようになれば、その距離は一層縮まるであろう。さらに、住民・市民が再エネ事業そのものに関わるようになればなおさらである。

第三に、4で検討した環境省の近年の提案からも明らかなように、立地の選定に際してはさらに、上位計画を通じた広域的調整が必要となろう。また、戦略的アセスメントに見られるようにより早期の段階での市民参加のあり方が検討されてよい。これらの点は、庄内町や酒田市にとっても今後の課題である。

そこで、次章以下では、風力発電設備の立地規制についてドイツを素材として検討したい。上記の方向性については、すでにドイツでは試行錯誤が繰り返され、法制度がダイナミックに展開している。4で検討した環境省の新たな立地コントロールの手法についても、すでに類似の手法はドイツでも導入されており、その経験を辿ることはわが国の今後の立地規制を考える上でも参考となろう。なお、ドイツでは洋上風力発電設備の建設も近年進んでおり、この点についても本編（第9章）において紹介・検討しておきたい。

1)　「風力設置2000基を突破」日本電気新聞2015年6月5日。

2)　名古屋地裁は、2015年4月22日に原告（住民）の請求を棄却した（判時2272号96頁）。

3)　なお、風力発電設備についても、建築基準法は適用されず、電気事業法（2条1項16号参照）が適用される（2014年3月18日国土交通省住宅局建築指導課長「建築基準法及びこれに基づく命令の規定による規制と同等の規制を受けるものとして国土交通大臣が指定する工作物を定める件の一部を改正する件の施行について（技術的助言）」（国住指第4547号）第一）。なお、本章では風力発電設備の単体規制については触れない。

4)　本文で「高い」（「低い」）とか「大きい」（「小さい」）というのは、太陽光発電設備と風力発電設備とを比較した場合のあくまでも相対的な意味においてでしかない。

5) なお、本町（旧立川町）の風力発電事業については、すでに多くの紹介があるが、導入の経緯については、とりわけ下記の文献が参考になる。長谷川公一「風車が開く未来—山形県立川町の取り組み」書斎の窓 480 号（1998 年）33 頁以下、阿部金彦「地域振興と自然エネルギー事業展開」月刊自治研 39 巻 8 号（1998 年）45 頁以下参照。

6) 立川町パンフレット「Wind Farm Tachikawa」（1999 年）3 頁。

7) RPS 法は、正式には「電気事業者による新エネルギー等の利用に関する特別措置法」と称され、2004 年 6 月に公布された。電気事業者に対して、一定量以上の新エネルギー等を利用して得られる電気の利用を義務づけることにより、新エネルギーの導入を促進していくことを目的とした制度である。

8) ちなみに、この構想はその後、1999 年に農振法施行規則 4 条の 4 第 27 号において定められ（「27 号計画」と称された）、法令上の根拠を持つ制度となったが、各地でこの制度を利用した農山村の開発が急速に進行し、歯止めが利かなくなった。そこで、2009 年の農振法改正において 27 号計画に新たな要件を付加し、農業振興のために必要な施設に限定した。この改正で、それ以降は、農用地区域からの除外手続は実際上再び困難となったといわれている。

9) 実際、バードストライクは、建設以降今日までに 1 件生じただけである。

10) この「500 m」という数値は、後の章で検討するドイツと比較すると、かなり短い。

11) 予想外の風向きの場合には、「音がうるさい」という声が出されたこともあったそうであるが、南東または北西の風に戻れば、問題ないとのことであった。

12) 庄内町の場合には、実際に転用されている 400 m^2 のみが賃貸借の対象地となっているが、上空の回転翼部分は、400 m^2 を大きく超えているので、法的には回転翼部分については空中についての区分地上権の設定が必要である。したがって、本来の地代はより高額になるはずである。なお、区分地上権については、ソーラー・シェアリングの章（本書第 4 章）で述べたところを参照されたい。

13) 新法については、本書第 1 章 4 を参照されたい。

14) 本地区は、農用地区域の東端に位置し、区画の形状や土質も必ずしも良好なわけではないようなので、区域からの除外がなされる可能性はある。

15) ちなみに、本文で前述した庄内町での 2 か所の新たな計画区域や本文で後述する酒田市の新たな計画区域もすべてこの報告書で適地とされた区域内で計画されている。

16) 庄内海浜県立自然公園については、その全域について公園計画が策定されていない。

17)　なお、この問題は国会でも追及された。2013年3月19日の衆議院環境委員会で政府委員は、「県と市の事業は別個の目的を有する事業なので法定のアセスメントは不要」という旨の答弁を行っている。

18)　市の自主アセスメントは、2013年6月に方法書が縦覧され、説明会や知事の意見等を踏まえて、2014年1月に現地調査が開始された。現地調査は、2015年夏に終了し、その後2016年にかけて準備書縦覧手続に入る予定である。なお、県の自主アセスメントも同じ日程で動いている。

19)　なお、自主アセスメントの場合は、費用と時間の双方とも法定アセスメントの1／2程度ですむそうである。

20)　洞沢秀雄「洋上風力発電所の立地・開発をめぐる法」札幌学院法学31巻2号（2015年）50頁。

第7章　風力発電設備と立地規制

1. はじめに

本章では、風力発電設備の立地規制に関する若干の日独比較を行う。太陽光発電と並んで風力発電に関しては、日独両政府とも陸上・洋上を含めて非常に積極的である。

わが国の場合、再生可能エネルギー源のベストミックスという観点からは、太陽光発電は上限に近づきつつあるとも指摘されるが、風力発電設備の普及は、陸上・洋上を問わずまだこれからであって、太陽光発電に次ぐ再生可能エネルギー源として大きな期待が寄せられるところである。そこで、政府は、風力発電設備の普及が中々進まない状況を前にして、風力発電設備建設を促進するために、下記の二つの対応をとることにした。

第一に、環境アセスメントの手続期間を半減させるために手続を簡易化・迅速化する。すなわち、現在は、〈配慮書手続→方法書手続→環境影響調査→準備書手続→評価書手続〉という順序で、環境アセスメントを行っているが、環境影響調査を前倒しし、配慮書手続よりも前から実施し、配慮書手続や方法書手続と同時並行的に実施しようとするものである（前倒環境調査）。このため2014年度から実証事業を開始している[1]。

第二に、農地の転用規制を緩和した。風力発電設備の場合には一基に使用する土地面積が太陽光よりも狭小であるとはいえ、施設設置のためには土地の種類によっては各個別法によって行政庁の許可や認可が必要とされる。たとえば、農地上に風力発電設備を建設する場合には、農地法によって、都道府県知事の（転用）許可を受けなければならない（4条、5条）。そこで、この状況に対処すべく、2014年5月に「農林漁業の健全な発展と調和のとれた再生可能エネルギー電気の発電の促進に関する法律」（以下、「新法」と称する）が施行された

(新法の詳細は本書第１章４参照)。新法では、農林地を設備整備区域に含めようとする場合には農地転用許可基準が緩和され、第一種農地について下記の例外的な扱いがなされる（2014年５月16日「農林漁業の健全な発展と調和のとれた再生可能エネルギー電気の発電の促進による農山漁村の活性化に関する基本的な方針」（号外農林水産省、経済産業省、環境省告示第２号）（以下、「基本的方針」と称する）第三・２⑴①②)。すなわち、風力発電設備およびその付属設備については、第一種農地であっても、(イ)年間を通じて安定的に風量が観測され、風力発電設備を用いた効率的な発電が可能であると見込まれ、(ロ)農用地の集団化・効率化その他農業上の利用に支障を及ぼすおそれがないと認められる場合には、転用が許可される。(ロ)については、太陽光発電設備にも適用される一般的要件であるが、(イ)は風力発電にのみ適用される。そして、太陽光発電設備の場合は第一種農地については耕作放棄地等の荒廃農地を対象に設備整備区域に含める（すなわち転用許可がなされる）ことができるものとされていたが、風力発電設備の場合には、荒廃農地ではなくても(イ)の安定的な風量が確保されるのであれば、((ロ)を満たすことを要件として）第一種農地のどこでも設備整備区域に含めることができるとされたのである[2)]。また、林地については再エネ設備の種類を問わず、保安林であっても当該保安林指定の目的に支障を及ぼすおそれがない場合には、設備整備区域に編入され、森林法上の開発許可がなされることとなった（基本的方針第三・２⑴②および⑵参照)。

実は、1990年代のドイツも現在のわが国と同じような状況であった。すなわち、再生可能エネルギーをエネルギー政策の中心にすることをいち早く決定したドイツ政府は、1990年代にはすでに風力発電についても促進し、発電施設の建設を積極的に進めようとしていた。しかし、次章以下で述べるように、当時の法制度では政府が思うようには建設が進まなかった。ドイツは、その隘路をどのように打開してきたのであろうか。以下、本章では、建設促進に支障をきたしていた状況、その閉塞状況をいかに打開したか、またそのことが有する意味について、順次検討していきたい[3)]。

2. 1990年代の状況

(1) 再生可能エネルギーをめぐる状況

わが国の場合、再生可能エネルギーには従来からRPS法（第6章注7）参照）に基づく一定の政策的支援がなされてきたが、その強化・促進が社会的にも認知されたのは、福島原発事故以降であったといってよい。これに対して、ドイツでは1990年代にはすでに再生可能エネルギーの開発・普及のためにわが国の場合以上に連邦や州、そして市町村レヴェルで多様な試みがなされてきた[4]。その契機は1986年に旧ソビエト連邦で起きたチェルノヴイリ原子力発電所の事故である。あの事故以降、ドイツでは環境保護の政策にドライブがかかり、再生可能エネルギーについても積極的に推進されるようになったのである。ちなみに、固定価格買取制度も1990年の電力供給法改正によってすでに採用されていた。

ドイツでは1990年代から国土の至る所に巨大な風力発電設備を見ることができたが、風力発電設備はいかなる法的根拠によって建設し得るのであろうか。まずは、その主たる制度について見ていこう。

(2) 風力発電設備と法制度

(a)国土整備手続

当該建設計画が、連邦国土整備法上空間的に重要な意味を有する場合には、本法に基づいて国土整備手続が必要となる（国土整備法15条、16条。なお本手続につき第9章2(2)参照）。国土整備手続とは、大規模施設（たとえば、原子力発電所、廃棄物処理施設等）の建設事業が国土整備計画に合致しているか否かを審査する手続であって、これによって、(イ)「地域にとって重要な」（raumbedeutsam）計画または措置と国土整備の「諸要請」との適合性、および(ロ)これらの諸計画・諸措置間の整合性・実現可能性を確保することが目的とされる。具体的には、建設法典35条の定める外部地域における設備であって、環境影響評価法別表1の1号ないし10号に該当しかつ連邦イミッシオン防止法の許可手続の対象となるもの（法定の規模以上の風力発電設備は(d)(e)に述べる通り該当する）が対象である（国土整備令1条1号)。この手続の詳細は州計画法で具体化されるが、一般的には下記の通りである。

(i)実施主体：州上級計画庁

(ii)事業者の申請または職権による開始

(iii)事業者による必要な資料の提示

(iv)関係行政機関（連邦、州、広域地方会議、関係自治体等）への通知および参加

(v)公衆参加（Öffentlichkeit)：市町村を通じての縦覧、聴聞、意見陳述

(vi)適合性評価（手続の終了)：この手続の結果は、他の行政機関の計画策定や事業の許認可手続に際して「考慮」されるにとどまり、私人への拘束力はない。また、この評価が独立の訴訟の対象となることもない。

(vii)結果を再度当該市町村において縦覧

なお、国土整備手続は、連邦イミッシオン防止法上の許可手続の前に行われるが、州計画等の別の手続ですでにこれらの諸点について審査がなされた場合（たとえば、州発展計画で後述する優先地区の指定場所等についてすでに考慮がなされている場合）には本手続は省略されることとされているため（国土整備法15条1項4文参照)、本手続を実施しない州も多い。

(b)州建築秩序法上の建築許可

太陽光発電設備と同様に、風力発電設備の建設に際しても単体規制である州建築秩序法上の建築許可が必要である（第3章3参照)。そして、この建築許可は、下記(c)の建設法典上の諸規定への適合性についても審査した上で—具体的には許可付与の前に市町村の同意を得ることを前提として（建設法典36条1項2文）—初めて建築許可が付与される。したがって、ドイツでの建築許可は、都市計画法（具体的には建設法典）上の基準もクリアした上で出されることになる。単体規制としての建築許可の基準は、太陽光発電設備についてすでに述べたのと同様に州建築法において定められている。風力発電設備の場合、例外なく建築許可を要するとしている州（たとえばラインラント・プファルツ）もあるが、多くの州は高さ10m未満の風力については建築許可を不要としている（たとえばノルトライン・ヴェストファーレン、バイエルン、バーデン・ヴュルテンベルク、ザクセン等）（本書第3章3参照)。ただ、高さが200mにも達する風力

発電設備が増えている中で、10 m 未満の高さの風力発電設備設置は今日ではほとんどあり得ない。

(c)建設法典への適合性

風力発電設備を建設するには、建設法典が定める計画法上の諸基準を遵守していなければならない。ドイツでは、既成市街地や新規の市街地の外側の地域を「外部地域」(Außenbereich) と称しているが、風力発電設備は通常この外部地域に建設されるため、建設法典35条の定める諸基準を遵守しなければ、州建築法上の建築許可を得ることができない。この場合、建築許可は、当該建築案が、公益を侵害しない場合等に例外的に出されるに過ぎず、実際に許可を得るのは非常に厳しい（同法同条2項)。ただし、同法同条1項各号の定める特例建築計画 (privilegiertes Vorhaben) に該当する場合には公益への適合性要件の審査が緩和され、建築許可を得るのが容易になる。特例建築計画としては、①農林業経営関係施設、②造園経営関係施設、③地域に結合している電気、ガス、通信、暖気、水、排水、商業の関係施設、④廃棄物処理場等の迷惑施設、⑤核エネルギー研究や放射性廃棄物処理施設等、従来から非常に限られたものしか認められておらず（同法同条1項)[5]、風力発電設備は、それ単独としては特例建築計画には含まれていなかった。

風力発電は、通常は外部地域において建築されるため、建設法典35条の審査を受けなければならない。したがって、1990年代半ばまでの風力発電設備は、同条2項の厳しい審査を経るか（これは実際には非常に厳しい)、同条1項の場合と関連づけて基準を満たさなければならない。「1項の場合と関連づけて」とは、たとえば、上記①の農林業経営に利用するための風力発電設備とか、③の地域と結合した電気供給施設としての風力発電設備というように、同条1項各号の要件を満たす限りでの風力発電設備である。従来から①や③に関連づけられていない風力発電設備については、それ単体では特例建築計画として建てることはできないと解釈されており[6]、風力発電設備を外部地域で普及させるには大きな障害があったといえる。

ところが、1994年6月に連邦行政裁判所が、建設法典35条1項を根拠として風力発電設備を建築することに対して抑制的な解釈をとった。たとえば、上記①についていえば、風力発電設備による発電の主たる部分は農林業経営に利用されていることが必要であって、主たる部分が売電されている場合はここに含まれないとし、③の「地域に結合している」とは、地理的ないしは地質的に当該土地上の建設であることが必要であって、収益を目的とするものや他の地域でも目的を達成できる設備の場合にはこれにあたらないとされたのである[7]。この判決は、従来のような風力発電設備の建設にブレーキをかけるものであり、風力発電設備の建設を促進しようとするドイツ政府の政策とは矛盾する内容を孕んでいた[8]。この判決に慌てた政府は、3で述べるように、急遽立法的解決によって事態の収拾を図ることになる。

(d)環境影響評価（環境適合性審査）

このように、建設法典の計画法上の審査基準や州建築秩序法上の単体規定に関する審査基準を遵守する他にも、わが国の環境影響評価に相当する環境適合性審査を受けることも必要となる。ただし、この手続は、後述する連邦イミッシオン防止法上の許可手続の中で行われる。

(e)連邦イミッシオン防止法上の許可

(i)概要

さらに、連邦イミッシオン防止法上の許可を得ることも要求される。本法は、廃棄物処理場の建設等の際に環境保全のために重要な機能を果たすが、風力発電設備を建設する場合においても、本法の許可を得ることが要求される。審査手続においては、設備の建設・運営から環境への有害な影響およびその他の危険が発生しないか、公共および近隣に対して重大な不利益ないし負荷が生じていないか等が調べられ、有害な影響がある場合には、一定の条件（設備の改善措置等）を満たした上でないと許可が付与されない（同法1条参照）。風力発電設備については、全体の高さが50 mを超える設備について本法の許可が必要とされ（同法第4次施行令付表1.6参照）[9]、たとえば、騒音、日影、標識灯(Hinderniskennzeichnung)の光障害等の点で生活ないし環境侵害が生じていないかが審査されることになる。

(ii)手続

手続の概要は、下記の通りである。なお、これにも正式手続と簡易手続があるが、下記では正式手続の内容のみ紹介する。

①　当該事業案が連邦イミッシオン防止法第4次施行令に定める施設である

こと

② 事業者から許可官庁への申立：説明書等の資料の添付（連邦イミッシオン防止法10条1項）

③ 事業案の公告（官報および地方紙）・縦覧（公告後1か月間）（同法同条3項）

④ 異議申立（縦覧後1か月以内）：申立権者に限定はない。

⑤ 異議申立期間経過後のすべての異議申立の排除（同法同条3項）

⑥ 他の行政庁の意見聴取（同法同条5項）

⑦ 聴聞（討議）：適法になされた異議申立について、許可官庁が許可申請者及び異議申立人と討議（erörtern）する（同法同条6項）。

⑧ 環境影響評価の実施：環境影響評価法（環境適合性審査法）の定める施設（50 m以上の高さを有する風力発電設備が一定数以上の場合（環境影響評価法別表1・1-6)[10)]）の建設・施業については、環境影響評価法に基づき環境影響評価が実施される（連邦イミッシオン防止法第9次施行令1条2項）。なお、この際の評価主体は許可官庁と同じである。

⑨ 許可決定（連邦イミッシオン防止法10条7項）

⑩ 許可決定に対する争訟方法：行政裁判所への取消訴訟（行政裁判所法42条）

(iii)特徴

この許可手続には利害関係者の広範な参加が認められ、聴聞手続も定められている等、計画確定手続に類似した側面もあるが、諸利益が比較衡量されるのではなく、法定要件に適合しさえすれば許可がなされるため、計画確定手続（第9章2(1)参照）や建設管理計画（BLプラン）（第9章2(1)参照）策定手続の構造とは異なって、事業者にとっては予測が可能である。

また、本法の許可手続には、計画確定手続における裁決の場合と同様に集中的効力があることも重要である（同法13条）。すなわち、関係行政庁が当該事業計画について行うべきすべての公法上の許認可等の処分は、手続の中で関係行政機関の意見として提出され処理されるため、上述した諸々の法律上の判断（ただし、(a)で述べた国土整備手続を除く）がすべて本法の許可処分に取り込まれ、本法の許可があれば他の法律に基づく許認可等を得る必要はない。したがって、本法の許可は、連邦イミッシオン防止法の許可基準は満たしていても、たとえば環境影響評価法の基準を満たしていない場合には、結果的になされないことになる。

以上、事業者が設備を建設する際の関係する法律の基準や手続について述べてきた。これらは基本的にはいずれも、わが国の場合とは異なって個別分野のみを対象とする規制ではなく、あらゆる開発・建築案について適用される横断的規制である。これらの基準のうち、(c)を除けば、法定の基準がクリアできれば各々の法律との関係では建設へ向けての障害はない。もちろんそれぞれの基準をクリアすることは容易ではないが、事業者にとっては克服できない壁ではない。問題は(c)の基準であって、この基準があるために、外部地域での風力発電設備の建設は、上述のような例外的な場合を除いて非常に難しかった。そこで、風力発電設備の建設促進のためになされたのが、1996年建設法典改正であった。

3. 1996年の建設法典改正

(1) 改正法の内容

(a)風力発電設備の特例建築計画への追加

以上のように、風力発電設備の建設には法制度および判例上の前述した要件をクリアしなければならない。とりわけ2で述べた1994年6月の連邦行政裁判所判決は、風力発電設備の建設を促進したい連邦政府にとっては大きな障害となった。そこで、連邦政府は、風力発電設備によるエネルギー供給を促進するべく[11]、立法的解決を図ることとし、1996年に建設法典を改正した（施行は1997年)。改正点の一つは、法定の特例建築計画の種類を増やし、風力発電設備をその一つとして位置づけることである。かくして、35条1項の特例建築計画の一つとして、「当該建築案が、風力または水力の研究、発展もしくは利用に資する場合」が追加された（同項6号［現5号]）。この改正によって、風力発電設備（水力発電設備についても同様）については、建設法典は、必ずしも公益と対立するものではないこととなり、また、従来判例で要求されていた要件も課されることがなくなって、建設法典との関係においては建設がこれまでよりも遥かに容易となったのである。

(b)指定区域外での建築禁止

1996年の改正法で注目すべき点は、以下の点にもある。すなわち、風力発電設備の建設を特例建築計画として認めるとしても、この改正だけでは、外部地域に風力発電設備が不規則的に散在して建つことになってしまう。このことは、風力発電設備のバラ建ちやスプロール化を生じさせることになり、外部地域を保全する上で問題が大きい[12]。そこで、連邦政府は、このような国土整備、土地利用計画ないし都市計画の観点から、風力発電設備を特例建築計画に加える一方で、次のような規定を建設法典35条3項3文として新たに規定した。

「第1項2号ないし6号に基づく建築案は、Fプランの指定または国土整備の目標として他の場所でこれについて指定がなされている場合には、原則として、公益と対立するものとする。」

この規定は少々わかりにくいが、Fプラン（第5章2(2)参照）（具体的には「特別地区」または「集中地区」（以下、「集中地区」と称する）としての指定）においてまたは国土整備の目標（具体的には広域地方計画上の「優先地区」または「適性地区」（以下、「優先地区」と称する）としての指定）として風力発電設備（それ以外にも上記条文の通り1項2号ないし6号に列挙されている施設をすべて含むが、以下では風力発電設備を念頭に検討する）が位置づけられている場合には、優先地区や集中地区の外側での風力発電設備の建築案には公益に対立するものとして許可を与えない旨が定められた（優先地区については第9章3(1)参照）。国土整備計画（とくに州発展計画や広域地方計画）で目標（Ziel）として定められると、その遵守が公的諸機関に義務づけられ、また具体的な事業の許認可手続を通して一定の私人にも法的拘束力を有するようになるが[13]、優先地区として定められることで建設法典35条3項3文に基づいて私人一般に対しても法的拘束力が生じる。Fプランも本来は行政内部の拘束力しかないが、本条項に基づき集中地区として定められることで、私人に対する法的拘束力が生じる。この規定によって、Fプラン上または国土整備計画の目標として風力発電設備の建設予定地区が指定されれば、それ以外の地域での風力発電設備の建築案は公益に対立するものとしてもはや特例建築計画としては認められない、すなわち当該建築案は許されないこととされたのである。ここに、連邦政府が、一方で風力発電設備の建築を促進しながら、他方でその立地については、非常に周到な注意を払っていたことを読み取ることができよう。法案理由書ではこのことが次のように指摘されている[14]。

「この規定（建設法典35条3項3文）は、単に特例建築計画として認めるだけよりも、景観および地域の土地利用について全体として適合的な立地コントロールの手法であるといえる。単に特例建築計画として認めるだけであれば、地方や地域での計画策定を経ずして、たまたまそこが風況のよい土地であるからという理由だけで、当該建築案に優位性が付与されてしまうのである。」

この手法が計画法論上有する重要な点はいくつかある。

第一に、最も重要な点は、風力発電設備については、単にそこが風況がよい、という理由だけで建設することは望ましいことではなく、市町村の土地利用計画やその上位の州レヴェルの計画において位置づけられて初めて適切な立地が選択されたといえるのだ、という明確な意思を、立法者がこの規定を通じて表明した点にある。この点は、後の連邦行政裁判所も評価しているところであって、この規定は、Fプランの指定を通じて市町村が、特例建築計画案の建築を「秩序だった軌道上に誘導すること」によって、外部地域を保護するとともに、基本法（ドイツの憲法に相当する法律）28条2項の定める市町村の計画高権（Planungshoheit）にも配慮したものとなっている、と評価している[15]

第二に、建設法典35条3項3文は特定の地区に風力発電設備を誘導するものであるが、特徴的な点は、その結果、その他の地区での風力発電設備の建設が排除されるという、排除効（Ausschlußwirkung）を有している点である。計画法論上は、特定の建築物の立地を特定の地区に誘導したとしても、それは当該地区内に当該建築物がまとまって建設されることにはなっても、そのことが必ずしも当該地区外で当該建築物の建築を排除する効果まで担保するわけではない。当該地区外での当該建築物の建設を排除するためには、当該地区外においては当該建築物の建設が排除されるという計画策定者の衡量が必要なのである。そして、同法35条3項3文については、特定の地区への風力発電設備の誘導は、他面において、当該地区外での風力発電設備の建設が公益との関係で不適切であって排除されるという計画策定者の衡量を伴うものでなければならないと解されている[16]。この点は、いわゆる白地地域における開発・建築規制をどのように考えるかという問題と密接に関わる論点であって、わが国の土地利用計画は一般的に、いわゆる白地区域（都市計画白地や農業振興地域白地（農振白地））においては開発・建築規制が緩いことと明確な対照をなしている。

(c)建築許可の時限的保留

上記のコントロール手法は、広域地方計画やＦプランでの位置づけがなされている場合の手法であって、これらの計画での位置づけがない場合には、建設法典35条3項3文は適用されず、同法35条1項の特例建築計画として建築が許可されることになる[17]。法改正後はこのような状況が出現することになるが、現場の市町村は大いに戸惑うであろう。なぜならば、従来外部地域で風力発電設備を設置することは非常に厳しく規制されていたのに対して、法改正によって、広域地方計画上の優先地区かＦプラン上の集中地区の指定のない限り、風力発電設備は特例建築計画とされその建設が一気に容易になるからである。そこで、改正法においては、時限的措置として、改正法施行後外部地域において風力発電設備の建築許可申請があったとしても、市町村が、Ｆプランを策定、変更または補完しＦプラン上で建設法典35条3項3文の定める風力発電設備に関する指定を検討していることを決定した場合には、建築許可官庁は、市町村の申立てに基づき、当該建築許可申請を最長1998年12月31日まで保留しなければならないこととした（同法245条b）。この規定によって、一方では、改正法による風力発電設備の濫立を防止し、他方では、同法35条3項3文の法的効果を生じるＦプラン（すなわち集中地区指定を伴うＦプラン）の策定等を市町村に急がせようとしたのである[18]。この規定は当初は経過規定として設けられたが、結局、2004年の法改正で15条3項として恒久法化された。この恒久法化によって、外部地域において風力発電設備の建築許可申請があった場合には、市町村はいつでも上記の申立を行えることになり、これによって当該建築許可申請を1年間保留することができるようになった。そして、2013年の法改正によって、この期間が、特別の事情がある場合には最大2年まで延長可能とされた（同法15条3項4文）。当初経過規定として置かれていた本規定は、このようにして、1996年改正以降も実務上の意義を高めていくことになった。

ともあれ、このような改正を通じて、指定された地区内での風力発電設備の建設が促進され、今日では再生可能エネルギーの中で最も大きな比重を占めるエネルギー源となっている（第5章図2参照）。

それでは、このような手法の法的正統性はいかに確保されているのであろうか。具体的には、風力発電設備を建設するにあたって地域住民や市民の意思はどのように反映されているのであろうか、また、風力発電設備につき建設がすでに決定された場合に地域住民や市民が訴訟でそれを争うことができるのであろうか。以下では、この問題を検討していこう。

⑵　法的正統性の確保について

この問題は、このような計画を策定する際の計画策定手続への参加の問題と事後的な争訟可能性の問題とに分けて論じられる。

(a)事前参加手続について

最初に、風力発電設備の立地を選定する過程で地域住民や市民がどのようにしてまたどの程度関与（参加）できるのかという点である。

(i)まず、建設法典35条1項5号単独で特例建築計画として風力発電設備を建設する場合は、州の機関である建築許可官庁が判断し、その判断過程に市町村が関与することはあっても、地域住民や市民は関与する機会がない。当該建築に地域住民や市民が異議を述べる場は、専ら事後的救済すなわち建築許可に対する争訟手続（取消訴訟）によることになる。

(ii)これに対して、建設法典35条3項3文によって、Fプランの表示または国土整備の目標において、建設のための地区指定がなされる場合はどうか。

まず、Fプランによる指定の場合であるが、Fプランは、Bプラン（第5章2⑵参照）とともに市町村の都市計画の根幹的な手法であって、両者ともに周到な住民・市民参加手続が建設法典の中に用意されている。たとえば、参加者の範囲は、当初の「地域住民」(Einwohner) から「市民」(Bürger) へ拡大し、さらに今日では「公衆」(Öffentlichkeit) とされており、子供や隣接する自治体の市民も参加することができる。また、参加の機会も今日では計画素案の策定前の段階から与えられていて、FプランやBプランの公衆参加手続は世界的に見ても非常に優れている手法であると評することができよう。

次に、国土整備の目標の場合である。国土整備計画は、連邦、州、(州の) 行政管区と多段階に分かれているが、1996年の国土整備法改正以降、建設法典上の計画策定手法を国土整備法にも積極的に採用していこうとする明確な傾向を指摘することができる。その代表的な例の一つが、国土整備計画策定プロセスへの公衆参加の導入である。たとえば、「目標」は、国土整備計画上の指定の方法の一つであるので (同法3条2項2号)、「目標」策定への参加は、国土整備計画策定への参加に他ならない。そして、国土整備法は、1996年、2004年、2009年等幾度かの改正を経て、建設法典におけるFプラン、Bプラン策定への公衆参加手続と類似した規定を、自らの中に設けるに至った (同法10条。第9章2(2)参照)[19)]。

このように、当該風力発電設備が、建設法典35条1項5号に基づく特例建築計画としてしか位置づけられていない場合には、市民参加の機会はないが、同法35条3項3文の規定に定められた国土整備計画やFプランの策定を媒介として住民・市民の参加の機会が一気に拡大されることになり、風力発電設備の建設に際して、住民や市民が意見を述べそれを計画策定過程において衡量の対象とすることが制度上可能となったのである。

(b)争訟可能性について

それでは風力発電設備について建築許可が付与された後に、訴訟でそれを争うことはできるであろうか。風力発電設備の立地決定の民主的正統性の確保に係る事後的救済の問題である。

まず、建設法典35条1項5号で特例建築計画として位置づけられたため、建築物について州の建築許可が出された場合には、地域住民であっても、当該建築許可の取消しを求めて行政裁判所に提訴することができる。この点、わが国の取消訴訟の原告適格も2004年の行政事件訴訟法の改正によってようやく拡大されたが、ドイツでは以前から互換的利害関係論[20)]等に依拠しながら取消訴訟の原告適格は広く解されてきたところである。

次に、建設法典35条3項3文で、風力発電設備の建設のための地区指定がなされている場合はどうか。すなわち、Fプランで集中地区としての指定がなされた段階、または国土整備計画上で優先地区として指定された段階で、その指定の有効性を争うことはできないであろうか。この場合、もとより、最終的に建築許可が出された段階で上記の取消訴訟を提起し、その中でFプランや国土整備計画の違法性を争うことは可能である（行政裁判所法42条）。この場合、建築許可処分という具体的な行政処分の取消しを争う中で付随的に計画の効力を争うことからこのような審査の仕方は付随審査（inzidentale Kontrolle）と称されている。

これに対して、具体的な行政処分を待つことなく、「条例」や「州法以下の法規定」自体を対象とした訴訟類型もドイツでは認められている。この訴訟類型は規範統制訴訟（Normenkontrollverfahren）と称されており、都市計画関係において市民によってしばしば用いられている（行政裁判所法47条1項）[21]。ところで、Fプランは、市民への法的拘束力を有するBプランとは異なって、行政内部での拘束力しか有しないこともあって、条例として定められるものではない。また、「州法以下の法規定」にも当たらないため、Fプランを規範統制訴訟で争うことは困難であった。国土整備計画についても事態は同様であって、規範統制訴訟を用いることは元来想定されていなかった。しかし、近年はかような解釈にも変化が生じ始めている。その典型は、Fプランであって、その指定に対しても規範統制訴訟を提起することが連邦行政裁判所の判決で認められるようになった。たとえば、2007年4月26日の連邦行政裁判所判決（注22）参照）は、Fプラン上で風力発電設備について集中地区（Konzentrations-zone）が指定され、当該地区外での建設を希望する事業者がFプランを策定した市町村を相手として規範統制訴訟を提起して当該Fプランの違法性を争った事案において、規範統制訴訟の提起を有効であると認めた。判決は、FプランがBプランの準備的な計画であることや市町村内部でしか法的拘束力を有しないことを認めつつ、建設法典35条3項3文においてFプランで指定される集中地区は、市民に対しても法的拘束力を有するのであって、これを通じて、立法者は、外部地域における特例建築計画を拘束力ある立地計画に位置づけるための新しい手段を市町村に対して与えたのである、とする。このような意味で、「建設法典35条3項3文の適用領域においては、Fプランは、Bプランに比肩しうる機能を営んでいる」[22]。すなわち、文理解釈上は、同法35条3項3文のFプラン上の指定についても、行政裁判所法47条1項を準用して解釈することになる[23]。

そもそも、Fプランの策定手続はBプランのそれと同様であって、計画上の必要性が厳格に判断され、多様な公益・私益が総合的に衡量される。単なる準備的な計画ではあっても、Bプランと同様な策定プロセスを経るFプランについても規範統制訴訟を使えるようにして、策定プロセスを民主的に統制することは重要である。

ただ、上述の判旨からも明らかなように、本判決は、Fプランに対して一般的に規範統制訴訟を提起しうることを認めたものではなく、あくまでも建設法典35条3項3文でFプランの指定が用いられる場面に限ってであることに注意しなければならない。しかし、元来規範統制訴訟の提起が認められていなかったFプランについて、かような限定が付されているとはいえ、規範統制訴訟の提起を認めたことの意義にはとても大きなものがある。これによって、風力発電設備については、立地のための地区指定がなされた段階で、それを司法上争うことのできる場が市民や事業者の側に用意されたことになる。

なお、国土整備計画上の指定を訴訟で争うことについても、従来はFプラン上の指定と同様に消極的に解されてきたが、これについても学説・裁判例とも近年明確に風向きが変わってきた。すなわち、広域地方計画（Regionalplan. なお、州によっては「広域地方プログラム」等と称し名称は一様ではない）についても優先地区が国土整備計画上の「目標」（国土整備法3条2項）として定められていれば、その指定は私人をも拘束するので規範統制訴訟の対象となる[24]。

このように、争訟可能性については、近年のドイツは規範統制訴訟の対象をBプランから上位の土地利用計画（Fプラン）、国土整備計画にも徐々に広げており、風力発電設備のための土地利用計画の民主的正統性の確保により一層の配慮がなされつつあるということができよう。わが国の場合、取消訴訟の原告適格が拡大されつつあるものの、規範統制訴訟のようなそもそも計画段階でそれを争うことのできる争訟類型は用意されておらず、この点でも対照的である。

4. むすびに代えて

風力発電をめぐる問題についてのドイツの制度的な対応状況は概要以上の通りである。本章での検討から、下記の点を改めて指摘しておきたい。

第一に、1で検討したわが国の状況とは政府の対応が大きく異なることに気づくであろう。わが国の場合には、環境影響評価法における手続の簡易化・迅速化が図られたり、農地法や森林法の転用ないし開発規制を緩和したりと、手続的にも実体的にも規制緩和のみによって設備の建設促進が図られている。ドイツにおいても、1996年建設法典改正において、風力発電設備の建築案を特例建築計画とすることによって、建設促進に舵を切る立法的対処がなされたが、他方でかかる規制緩和が風力発電設備の濫立（ドイツでは「アスパラガス化」（Verspargelung）と称する）を回避するために、国土整備法や建設法典において「優先地区」や「集中地区」の指定を行うことを通じて、地区内での建設を促進する一方で地区外での建設を原則として禁止した。このように、〈誘導・促進〉と〈規制〉とを併行して実施することによって、一方では建設を促進しつつも、それが濫開発に繋がらないような仕組みを導入している。

第二に、上記の「優先地区」や「集中地区」の指定に際しては、計画策定手続に際して早期の段階から関係行政機関のみならず地域住民や市民さらには公衆も参加することができ、他方で、事後的参加手続である争訟手続についても、取消訴訟を提起する中で付随的にこれらの計画の違法性を争うことはもとより、近年では集中地区を定めるＦプランについて規範統制訴訟を提起することができることを連邦行政裁判所が認めるに至っている。また国土整備計画法上の優先地区についてもこれを含む広域地方計画を規範統制訴訟の対象とすべき旨が学説や裁判例で説かれつつある。このように、事前および事後のいずれにおいても市民参加の充実が図られてきており、今日の立地規制において不可欠な要素となっていることにも注意したい。

第三に、ドイツの状況について補足をしておく。ドイツでは外部地域について原則的には建築を禁止しており、例外的に建築を許可することで対応してきた。しかしながら、このような個別事案的な対応では、例外的にではあっても許可された建築物相互間の、空間における整合性は確保されない。建設法典の立法者はこの欠点を補正すべく、外部地域の空間的形成に際しては市町村や州の国土整備官庁が計画的な決定を通じて影響力を行使しうるように、建設法典の改正の度に、徐々に充実を図ってきた。たとえば、1966年の連邦建設法（建設法典の前身）改正において、外部地域と内部地域の境界部分を整備できるようにすべく、市町村が内部地域条例を定めることができるようにしたり（同法34条4項）、1986年の建設法典の改正によって、外部地域での建築許可の付与に際して国土整備計画の目標への適合性の確保に資する規定を新設したり（同法35条3項2文）、1990、1993、1998年の改正によって、外部地域において建物建設の立地をコントロールする手法（外部地域条例）を市町村に与えたりしてきた。これらの流れの共通点は、外部地域における建築施設の立地を市町村や州の計画的コントロールの下に置こうとする試みであるということである。本章で分析した建設法典35条3項3文もまたかかる動向の一環を形成するものである[25)]。それ故に、本条項は、前述したように風力発電設備のみならず同条1項2号ないし6号に掲げる設備（たとえば、廃棄物処理場等の迷惑施設）の立地に際しても適用される一般的な射程をもった立地規制手法であることにも注意しておきたい。

1)　詳細は本書第6章4参照。
2)　水力発電設備についても同様に規制が緩和される（基本的方針第三・2⑴②イ参照）。
3)　陸上風力発電設備の立地に関するイギリスでの状況については、洞澤秀雄「風力発電所の立地をめぐる紛争と法」札幌学院法学30巻2号（2014年）147頁以下が詳しい。
4)　ドイツも含めたヨーロッパ諸国の再生可能エネルギー利用の動向については、飯田哲也『エネルギー進化論』（ちくま新書、2011年）第2章、植田和弘／梶山恵司編『国民のためのエネルギー原論』（日本経済新聞社、2011年）第3章等を参照。
5)　建設法典35条については、以前立法経過も含めて詳細に検討した。高橋寿一『農地転用論』（東京大学出版会、2001年）第3章参照。
6)　③の要件との関連では、風力発電設備は、風が吹けばどこでも建設が可能であるため、「地域結合的」ではないと解されていた。W. Ernst/W. Zinkahn/

W.Bielenberg/M. Krautzberger, Baugesetzbuch, 2010, Rdn. 53 zu §35 (Söfker).

7） BVerwG, Urteil vom 16. 6. 1994, BVerwGE 96, S. 95ff.

8） Ernst/Zinkahn/Bielenberg/Krautzberger, a.a.O.（Anm. 6）, Rdn. 58a zu §35（Söfker）.

9） より正確にいうと、高さ50m以上の風力発電設備が20基以上の場合に本法の許可が必要となり、20基未満の場合には、本文後述の環境影響評価法の適用対象でもある場合に連邦イミッシオン防止法上の許可が必要となる（同法第4次施行令2条参照）。この点、注10）参照。

10） 正確にいうと、高さ50m以上の風力発電設備が20基以上の場合に本法の審査が必要となり、6基以上20基未満の場合にはスクリーニングにかけ、3基以上6基未満の場合には環境への重要な影響がある場合にのみ環境アセスメントが必要となる。

11） Bundestagsdrucksache（BT-Drs.）, 13/1733, S. 3.

12） 法案理由書では、特例建築計画の規定のみによる処理だと、スプロールの発生の他にも、適切な立地選定ができないことや自然・景観保護に反すること等が指摘されている。Vgl. BT-Drs., 13/2208, S. 5.

13） その詳細につき、本章第9章2(2)(b)および高橋・前掲注5）101頁以下参照。

14） BT-Drs., a. a.O.（Anm. 12）, S. 2.

15） BVerwG, Urteil vom 17. 12. 2002, BVerwGE 117, S. 287（294）.

16） BVerwG, Urteil vom 17. 12. 2002, BVerwGE 117, S. 287（298）. また、他の連邦行政裁判所の判例は、国土整備計画上の優先地区について、地区の指定が地区外について排除効を有するためには、優先地区を定める国土整備計画（州発展計画ないし広域地方計画）が、計画対象区域全域について明晰な（schlüssig）計画コンセプトを有していることが必要であると述べているが（BVerwG, Urteil vom 13. 3. 2003-4C4/02, BVerwGE 118, S. 33; BVerwG, Urteil vom 13. 3. 2003-4C3/02, NVwZ 2003, S. 1261; BVerwG, Beschluß vom 28. 11. 2005, DVBl 2006, S. 459)、これも基本的には同趣旨であろう。なお、学説も同様である。Ernst/Zinkahn/Bielenberg/Krautzberger, a.a.O.（Anm. 6）, Rdn. 125 zu §35（Söfker）.

17） Ernst/Zinkahn/Bielenberg/Krautzberger, a.a.O.（Anm.6）, Rdn. 124a zu §35（Söfker）; BVerwG, Urteil vom 17. 12. 2002, BVerwGE 117, S. 287（296）.

18） BT-Drs., 13/4978, S. 7; U. Battis/M. Krautzberger/R.-P. Löhr, Baugesetzbuch, 7. Aufl., 1999, Rdn. 1 zu §245b.

19） 上記の経緯につき、高橋寿一『地域資源の管理と都市法制』（日本評論社、2010年）112頁以下参照。

20）なお、ドイツでは取消訴訟の原告適格がわが国の場合よりも広範であることにつき、とりあえず、高橋・前掲（注19）220頁注（63）参照。また、互換的利害関係論については、山本隆司『行政法の主観法と法関係』（有斐閣、2000年）第4章参照。

21）規範統制訴訟については、高橋・前掲注19）193頁以下参照。

22）BVerwG, Urteil vom 26. 4. 2007, NVwZ 2007, S. 1081.

23）Ernst/Zinkahn/Bielenberg/Krautzberger, a.a.O.（Anm. 6）, Rdn. 123 zu §35（Söfker）.

24）近年のものとして、H. Loibl, Zur Zulässigkeit von Normenkontrollen von Privaten gegen Regional- und Flächennutzungspläne, UPR 2004, S. 419; H.-J.Koch/R. Hendler, Baurecht, Raumordnungs- und Landesplanungsrecht, 6. Aufl., 2015, S. 169ff（Hendler/J.Kerkmann）. 裁判例としてはたとえば、Thür OVG, Urteil vom 26. 3. 2014, Umdruck 22等、第8章2(2)で挙げたものがある。

25）Ernst/Zinkahn/Bielenberg/Krautzberger, a.a.O.（Anm. 6）, Rdn. 123 zu §35（Söfker）.

第8章　ドイツにおける風力発電設備の立地規制の展開

1. はじめに

ドイツでは、1996年の建設法典の改正によって、風力発電設備を外部地域に建設する場合、風力発電設備建築案を特例建築計画に含め従来よりも建設を容易にするとともに（同法35条1項6号［現5号］)、スプロール的なバラ建ちにならないようにするために新たに立地コントロールに関する規定を新設した(同法35条3項3文)。これによって、風力発電設備の建設を促進するとともに建設地を一定の地域に誘導することによって、環境や地域住民に対する悪影響を最小限度に抑制しようとした。

この改正法の意義・内容とそれに至るまでの経過については、前章ですでに検討したところであるが、1996年の上記の法改正によって一旦落ち着くかに見えた風力発電設備の建設の促進と立地コントロールの問題は、その後紆余曲折を経て、今日においても再生可能エネルギーの立地に関する最大の問題を形成している。この問題への対処の仕方には、後述するように今日でもなお対立する複数の道筋が示されており、わが国における同種の問題を考える上でも非常に興味深いものがある。以下、本章では、ドイツの1996年改正法以降の動向を分析・検討しよう。

2. 判例における運用

(1) 連邦行政裁判所の見解

1996年の建設法典の改正によって明確にされた、一方では風力発電設備の建設を促進し、他方ではその立地をコントロールするという課題の解決を図るために、連邦行政裁判所は、風力発電設備の立地に関して計画コンセプトを策定する際の手順につき次のような原則を立てた。

(a)堅いタブーゾーン（harte Tabuzone）

まず、自然保護地域やビオトープ保護地域等環境法上の指定がある地域や軍事保護地域、航空法上の建築禁止地域等、風力発電設備としての利用が客観的に（法律上ないしは事実上）不適切である地域を「堅いタブーゾーン」として建設候補地から除外する。

(b)柔らかいタブーゾーン（weiche Tabuzone）

次に、客観的には施設建設が不可能ないし困難ではないが、当該計画主体の将来の土地利用構想等の理由で風力発電設備の建設区域から除外すべき地域を、「柔らかいタブーゾーン」とする。

(c)潜在地域（Potenzialflächen）

計画主体の管轄エリアから、上記の堅いタブーゾーンと柔らかいタブーゾーンを控除した残りの土地を「潜在地域」とする。

優先地区や集中地区の選定に際しては、原則として潜在地域で選定する。選定に際しては、他の諸利益との比較衡量が行われ、当該土地（地区）に立地することが他の公益と対立するものであってはならない。したがって、衡量の結果、潜在地域には適地がないこともありうるが、この場合には市町村としてどうすればよいのか。

この点、連邦行政裁判所によれば、「市町村は、立法者の特例に関する決定（風力発電設備を特例建築計画としたことを指す…筆者注）を尊重しなければならず、風力エネルギーの利用のためには実質的な方法で（建設のための…筆者注）空間を創出しなければならない」（傍点筆者）とする。すなわち、適地の選定が市町村に対して義務づけられる。連邦行政裁判所は、1996年の建設法典改正で立法者が風力発電設備を特例建築計画に含めたこと（すなわち、原則として建設を許容すること）を重視しており、市町村にこのような義務を課したのである。そして、その結果以下の2点を導き出す[1)]。

第一に、潜在地域内に適地がない場合には、市町村は、柔らかいタブーゾーンの設定基準を見直したり、潜在地域からの選定の仕方を再審査したりする等して、風力発電のための建設用地を確保しなければならない。

第二に、1996年の改正では、優先地区や集中地区が定められた場合には、区域外での風力発電設備の建設が原則として禁止される旨の規定（建設法典35条3項3文）が設けられたが、この規定との関係は次のようになる。すなわち、原則として建設が禁止される地域は、連邦行政裁判所の上記の分類によれば、堅いタブーゾーンや柔らかいタブーゾーンまたは潜在地域の中で設備を建設することが望ましくない地域に属することになるが、当該地域がこれらのゾーンに属することの立証責任は優先地区や集中地区の指定を行う州の行政管区や市町村に課された。行政管区や市町村としては、〈優先地区や集中地区になぜ指定したのか〉を立証することはさほど困難ではない（風況、住宅地との距離等）。しかし、それ以外の地域を、なぜ建設を禁止する区域に属させるのかの立証は、実務上容易ではない。もちろん、自然保護地域等の指定がすでになされている堅いタブーゾーンについては立証は容易ではある。しかし、柔らかいタブーゾーンまたは潜在地域の中で設備を建設することが望ましくない地域については保全に資する地域指定がないにも拘らず、その地域を優先地区や集中地区の外に置いておくことの立証責任を計画主体が果たすことは容易ではない。連邦行政裁判所がこのような解釈をとる理由は、上述したように、1996年の建設法典改正で立法者が風力発電設備を特例建築計画に含めたのだから、それを制限する場合には制限する側（すなわち行政管区や市町村）が、制限する理由を詳細に立証しなければならないという点にある。したがって、計画策定主体も不十分な根拠で土地を優先地区等の外側に置いておくわけにはいかない。このようにして残った潜在地域内で、風力発電設備用地（優先地区や集中地域）が他の諸利益との比較衡量を経た上で選定されることになる。

(2)　下級審の動向

計画主体は、風力発電設備の立地を誘導するべく、上記の基準に従って、タブーゾーンや潜在地域を指定していった。しかし、上記の基準に基づく指定の仕方をめぐって、優先地区や集中地区の外側の地域で風力発電設備の設置を希望する事業者が、当該優先地区や集中地区の指定に際して衡量の瑕疵（申請地がなぜ地区外なのかに関する衡量の瑕疵）があることを理由として、許可申請の不許可処分の取消しを求めて訴訟を提起する事案が少なからずあったようである。上述の連邦行政裁判所の論理からすれば、このような訴訟が起きるのは十分に予想できるところである。

このような訴訟は、管見の限りでもかなりの数にのぼる。たとえば、近年の上級行政裁判所の判決だけを見ても、下記の通りである（カッコ内は訴訟の対象となった計画)。

・OVG Rh.-Pf., Urteil vom 16. 5. 2013, NuR 2013, S. 816.（Fプラン）[2]
・NdsOVG, Urteil vom 28. 8. 2013, NuR 2013, S. 808.（広域地方プログラム）
・NdsOVG, Urteil vom 28. 8. 2013, NuR 2013, S. 812.（広域地方プログラム）
・NdsOVG, Urteil vom 23. 1. 2014, NuR 2014, S. 872.（Fプラン）
・OVG NRW, Urteil vom 1. 7. 2013, NuR 2013, S. 831.（Fプラン）
・ThürOVG, Urteil vom 26. 3. 2014, Umdruck, S. 22.（広域地方プログラム）
・OVG Bln.-Bbg, Urteil vom 24. 2. 2011, NuR 2011, S. 794.（部分Fプラン）[3]
・NdsOVG, Urteil vom 17. 6. 2013, NuR 2013, S. 580.（広域地方プログラム）

特徴的な点は、これらの判決のほとんどで、州（行政管区）ないし市町村の策定した国土整備計画（具体的には広域地方計画（第9章2⑴参照）が主である）やFプラン（第5章2⑵参照）の優先地区や集中地区としての指定は、衡量の瑕疵があることを理由として無効とされ、原告が勝訴しているという事実である（最後の判決のみ原告敗訴)。このことは、風力発電設備については、建設法典35条3項3文に基づく州や市町村による立地コントロールがその想定通りには必ずしも機能しておらず、州（行政管区）や市町村が苦労している様子を窺わせる[4)5)]。

3. 立地コントロールの強化

上記のような司法判断の現状を前にして、州や自治体は、風力発電設備の立地について新たな対応を迫られることとなった。その結果、大きくは二つの方向性が見いだされる。

一つは、風力発電設備設置の空間的計画的コントロールを補完するために、州レヴェルで何らかの立法的対応を行うことである。

もう一つは、州レヴェルでの計画的コントロールを縮小し、市町村レヴェルでの対応に任せようとする方向である。

以下では、まず、前者の方向について検討しよう。

さて、州レヴェルにおいては、風力発電設備の建設に関する空間的コントロールを強化すべき旨の主張が徐々に広がっていった。その先頭に立ったのが、ザクセン州（以下、「Sa」と称することもある）とバイエルン州（以下、「Bay」と称することもある）である。

(1)　ザクセン州の提案

風力発電設備の立地コントロ―ルが思うように進まないことに最初に反応したのがザクセン州である。当州は、2013年3月に連邦参議院に法案を提出した。当州の問題意識は、1996年の建設法典改正によって風力発電設備の建設が急増したが、その立地をコントロールすべく州や市町村によって定められた広域地方計画やFプランが、取消訴訟や規範統制訴訟において行政裁判所によって無効とされる事例が相次ぎ、また裁判所の判断もたとえば堅いタブーゾーンと柔らかいタブーゾーンとの区別に関して統一されていない等不安定であるために、風力発電設備に関する立地コントロールのあり方を見直すべきという点にある。見直しの方向は、各州のエネルギー政策は以前よりも大きな進展を遂げ、その総量は連邦のエネルギー供給目標を上回るほどになったのだから、風力発電設備の設置についても州の判断を尊重せよ、というものである。そして、具体的には、風力発電設備の設置については州の判断によって特例建築計画から外すことを可能とするべく新たな規定を建設法典に設け、風力発電設備を建設する場合には、原則としてBプランを策定することができるようにすべきである旨の提案を行ったのである。

建設法典35条1項各号に掲げる特例建築計画から風力発電設備が外れることになれば、以後、Bプラン（第5章2(2)参照）を策定しない限り、外部地域の風力発電設備の建設は同法35条2項の〈公益の侵害の有無〉によって判断されることになるので、建設のためのハードルは極めて高くなり、実際上も非常に困難となる[6]。

住宅地開発等と異なって風力発電設備は土地の転用面積が小面積で済むために、従来からＢプランの策定は必要ではなく、建設法典35条で個別的に審査すれば足り、1996年以降は特例建築計画としてその建設が優遇されてきたのであるが、本法案は、それを野外の太陽光発電設備と同様に（本書第5章参照）、都市計画の基本的手法であるＢプラン上に位置づけることを要件として建設を認めることによって立地コントロールを図るものである。

(2)　バイエルン州／ザクセン州の提案

バイエルン州もそれから3か月後の2013年7月に連邦参議院に法案を提出した。この法案は、Saとの調整を経た上で提出されたものである。本法案の問題意識も基本的には先のザクセン州提案と共通しているが、本法案で特徴的な点は、風力発電設備が特例建築計画であることは変えないが、高さと関連づけた距離制限を州が独自に設けることができるようにした点にある。すなわち、近年では技術開発の進展によって、風力発電設備の大型化が進み、従来100m前後の高さであったものが近年では200mもの高さのものが主流になりつつあり、周辺の環境や地域住民に与える影響が大きく変わりつつある。「200m」というと、近年わが国で流行の50階建てのタワーマンションの2倍程度はあり、たとえば周辺住民への視覚的な圧迫感ひとつとっても相当なものがあると思われる。本法案では、(イ)特例建築計画としての許可要件の中に、発電設備の高さに応じた距離を住宅地との間に設けることを州が独自に定めることができること、および(ロ)Ｆプランにおいて風力発電設備の建築のための地区指定に際して、市町村が発電設備の高さに応じた距離を住宅地との間に設けることができることを州が独自に定められるようにすること、をその内容としている（建設法典246条8項および9項の新設）[7]。

本法案は、Sa法案とは異なり、風力発電設備を特例建築計画から外しておらず、したがって、事業者は、Ｂプランの策定を前提とすることなく風力発電設備を建設することができる。しかし、本法案では、住宅地との間の距離制限を定めることを州が独自に行えるようにした。州はこの制限を従来の規制を緩和する方向で使うことも可能であるが、もとより本法案の意図は、州の判断で距離制限を強化できるようにすることにある。法案理由書によれば、一例として、高さの10倍の距離を保つことを州法で求めることができることが挙げられており、これによれば、高さが200 mの設備の場合には、住宅地との間で最低でも2 kmもの間隔を空けることが要求されることになる[8)]。

(3)　連邦政府法案

ドイツでは再生可能エネルギー法（Erneuerbare-Energien-Gesetz（以下、「EEG」と称する））の固定価格買取制度によって太陽光、風力、バイオマスを中心とする再生可能エネルギー発電設備の建設が急速に普及し、それに伴うコストが最終需要者に転嫁された結果、最終需要者の電力料金の負担が急増した。連邦政府は、固定価格買取制度をより市場適合的な内容に改めるべく、2013年12月16日にCDU/CSU（キリスト教民主・社会同盟）およびSPD（社会民主党）との間で政策合意（連立合意（Koalitionsvertrag））をし、(i)この点に関するEEG改正を行うとともに、(ii)陸上風力に関しては、上記のバイエルン州／ザクセン州の提案の基本的趣旨に則して州が固有の規定を設けられるように建設法典を改正することを定めた。前者(i)については、マスコミ等で世界的に報道され、2014年4月にEEG改正法が制定されている（同年8月施行）。これに対して、後者(ii)の点については、マスコミにおいても極めて地味な扱いであったが、連邦政府は、2014年4月9日に「風力発電設備と許容される用途との間に設けられるべき距離の最低限度の基準に関する州解放条項の導入に関する法律案」（Entwurf eines Gesetzes zur Einführung einer Länderöffnungsklausel zur Vorgabe von Mindestabständen zwischen Windenergieanlagen und zulässigen Nutzungen）を連邦議会に提出した[9)]。

本法案は、近年の風力発電設備の大型化に伴い地域住民は、居住建物と風力発電設備との間の距離をその受容の際の重要な要素とすることがしばしばあり、また、設備設置の際の状況も州の地理的状況に応じて様々であることを考慮して、①特例建築計画として建築許可を与える際のその要件として、風力発電設備と特定の建築的用途との間に設けられるべき最低限の距離規制の遵守を定めることを州の権限とし、この権限は2015年12月31日まで[10)]に行使されなければならないこと、および②距離規制の内容やそれが現行Fプランや広域地方計画へ及ぼす影響の詳細についても、①の州法で定めることができる、としている（同法案249条3項）。

本法案は、バイエルン／ザクセン州法案のように、距離制限を風力発電設備の高さと関連づけておらずむしろこれよりも包括的な権限を州に与えており、これによって、かかる距離制限を行うか否か、行う場合にはどのような内容とするかの決定が州に委ねられたことになる[11]。

本法案は結局2014年7月15日に成立し、同年8月1日から施行されている[12]。

ところで、本法案に対する各党の態度については、大まかにいえば、緑の党等の左派政党は本法案に反対し、CDU/CSU等の保守政党は賛成するという分布である[13]。賛成派は、州が最低限の距離制限を導入できるようにすることに積極的であり、論拠としては、(イ)エネルギー転換に対する市民の受容力を高めること、(ロ)自治体の自治能力が高まることを挙げる。他方、反対派は、(イ)′距離制限を設ける州では風力発電設備の建設が抑制され、結局は原子力発電に依存せざるを得なくなってしまうこと、(ロ)′州への権限の付与は市町村の計画高権をむしろ制限ないし侵害することになること、を論拠とする。興味深いのは、いずれの側も連邦政府のエネルギー転換政策を高く評価し、地球温暖化の防止や地球環境の保全を第一義的目標としている点である。しかし、その実現手法の点では、前者は地域住民の利害との調整を重視するのに対して、後者は風力発電設備を含む再生可能エネルギー設備の設置をより一層促進することを重視しているということである。もちろん、法案反対派も地域住民の意向を無視するものではないであろうし、法案賛成派も原発の廃止を前提として再生可能エネルギーをその代替電源として位置づけこれを促進することを積極的に容認している。一方では政策目標を共有しながらも、他方でその実現手法をめぐって、まずは地域環境をより重視する賛成派と地球環境の保全を重視する反対派でこのように重点の置き方が異なるのは非常に興味深い。近年、環境保護をめぐるこのような二つの対立軸はグリーン・オン・グリーン（Green on Green）と称されることが多いが、ドイツでも、この場面でまさに類似の対立が表面化したわけである[14]。

本法に関する政党レヴェルでの上記の対立は、そのまま学説上の対立としても現れている。本法を批判する者は、本法によって州が風力発電設備用地の指定に消極的になって再生可能エネルギー促進にブレーキがかかることを危惧し、本法を自治体の計画高権を侵害するものとして批判する[15)]。これに対して、本法を支持する者は、(α)本法によっても風力発電設備が特例建築計画であることは変わらないこと、(β)州の導入した距離制限に反して風力発電設備を設置する場合には、建設法典35条2項で審査されることになるが、この場合でも市町村はこの設備をBプラン上で位置づけることによって設置が可能であること（したがって、本法が基礎自治体の計画高権を侵害するものである旨の批判は的外れであること）、(γ)距離制限に反する設備の場合には、Bプランに位置づける過程で市民（公衆）参加手続を経ることで地域の受容可能性はむしろ高まるのであって、本法はかかる可能性まで排除するものではないこと、(δ)市民が事業主体となって風力発電設備を建設する場合等は、Bプランの策定もスムースに進むはずであること、等の反論をしている[16)]。これらの見解は、政党レヴェルでの上記の対立を理解する上でも有用である。

Bプラン上で位置づけることは、一方では手続に時間がかかり設置までの期間が従来よりも長期になるであろうが、他方でBプラン手続において周到な市民参加手続が用意されていることからすれば、Bプランを策定することで住民・市民の間でのコンセンサスの醸成がよりされやすくなることもまた事実である。

(4)　バイエルン州法

連邦政府法案が成立して間もない段階で、バイエルン州は建設法典によって付与された上述した権限を早速行使して、州建築秩序法82条を下記のような規定に改めた。

「82条

(1)建設法典35条1項5号（風力発電設備を特例建築計画と位置づける規定…筆者注）は、風力エネルギーの研究、開発または利用に資する建築案について、当該建築案が、その高さの10倍以上の距離を住居用建物との間でとっている場合にのみ適用する、ただし、住居用建物は、Bプラン策定地区（建設法典30条）、連坦建築地区（同法34条）…（中略）…または同法35条6項に定める（外部地域）条例の中に建てられているものに限る。

⑵ 1項の高さとは、風力発電設備の中心に回転翼の半径を足したものをいう。距離とは、（風力発電設備の…筆者注）支持脚の中心から最も近い住居用建物までの距離をいう、ただし、住居用建物は、1項に定める地区内で適法に建設されたものまたは建設されるものでなければならない。

⑶ （略）

⑷ 1項および2項は次の場合には適用されない、

1. 2014年11月21日よりも前に、1項で定める種類の建物の建築案についてFプラン上で建設法典35条3項3文に定める目的での指定がなされているとき

2. （略）

3. （略）」

この規定は、ザクセン州と共同して提案された前述の法案の骨子を継承し、より詳細化したものである。この規定については、政府法案を支持する学説の前述したところ（(α)〜(δ)）が当てはまるが、下記の点を改めて指摘したい。

第一に、上記規定の1項は、従来の特例建築計画について、風力発電設備についてのみ高さの10倍の距離制限を設けることによって、その要件を厳しくしたものであるが、特例建築計画としての位置づけは維持している。

第二に、1項においてはさらに、高さの10倍の距離制限が適用される建物について、「Bプラン策定地区（建設法典30条）、連坦建築地区（同法34条）…（中略）…または同法35条6項に定める（外部地域）条例の中に建てられているもの」という限定が設けられている。実際の住宅のほとんどはこれらの区域内に建てられたものであるが、これらの区域外では本来例外的にしか建物を建てられず、そこでの建物は農業用建物等居住を目的としていない（同法35条1項各号参照）場合が多い。したがって、かかる建物には、距離制限の規定を適用しなくても建物居住者の不利益は実際上は存在しない。

第三に、上記の改正は外部地域で風力発電設備を建設する場合が念頭に置かれている。したがって、〈Fプラン上での地区指定→Bプラン上での地区指定〉というルートで風力発電設備用地を市町村が確保しようとする場合には、これ

らの指定を通じてきめの細かい配慮が可能となり、地域住民の居住環境の確保が図られるので、本規定は適用されない。

このような意味で、本改正は、基本的には前述のバイエルン州／ザクセン州法案の趣旨をより具体化し実効性を持たせる内容を有するものと評することができる[17]。

4. 分権化（Kommunalisierung）への動き
—バーデン・ビュルテンベルク州の場合

(1) バーデン・ビュルテンベルク州計画法改正法

以上のように風力発電設備の建設について立地コントロールを強化しようという州レヴェルでの動向がある一方で、それとは反対に、州の関与を縮小して市町村レヴェルでの立地コントロールに委ねようという動向もある。この動きは、とりわけ2011年の福島原発事故を契機にドイツが脱原発（Atomausstieg）に舵を切って以来、ドイツのいくつかの州で顕著に見られる。たとえば、ドイツ南部でバイエルン州の西隣に位置するバーデン・ビュルテンベルク州（以下、「BW」と称することもある）では、2011年の州議会選挙で緑の党等の左派連合が過半数をとり政権を担当することになって以降、その流れは益々強くなっていった。BWでは、従来水力発電とバイオマス発電が比較的大きな割合を占めてきたが、風力発電は太陽光発電と並んで今後もより一層の拡大の余地があるということで、州政府はそれらも含めて、2020年までに電力生産の10%以上を「地元産の風力」（heimische Windkraft）で賄うことを目標として立てた。これによると、そのためには風力発電設備が州内で今後さらに1,200基必要となる[18]。

再エネの一層の拡大という点では、BayやSa等のその他の州も問題意識を共通にしている。しかし、それを達成するための重点の置きどころを、BWでは、BayやSaとは異なって、〈風力発電の立地について、州レヴェルでの関与の余地を大幅に削減し、他方でその立地について市町村のコントロールに基本的には委ねる〉という方向を採用することにした。具体的には、州計画法（Landesplanungsgesetz）を2012年5月に改正し、下記の条項を新たに規定した。

「11条

⑺広域地方計画は、3項2文3号、5号、6号、10号、11号（再生可能エネルギーの立地に関する地域、とくに地域にとって重要な風力発電設備の立地に関する地域を指す…筆者注）および12号に基づく指定をするに際しては、優先地区（Vorranggebiet）、留保地区（Vorbehaltsgebiet）または排除地区（Ausschlußgebiet）の形式を用いて行うものとする；3項2文11号に基づいて指定される、地域にとって重要な風力発電設備の立地は、前段の場合とは異なって、これを優先地区としてのみ指定することができる。」（傍点筆者）

この改正については、多少補足的説明が必要であろう。広域地方計画において風力発電設備の立地が指定される場合には、風力発電設備用地としては優先地区が指定され、それに矛盾する用途の土地利用は排除される。ところで、バーデン・ヴュルテンベルク州では従来は、それに加えて優先地区の外側の地域については排除地区を同時に指定することによって、優先地区外での風力発電設備建設を禁止することに、より実効性を持たせてきた[19]。ところが、今回の改正法では、上記の11条7項1文に後段（傍点部分参照）を新たに付加することによって、風力発電設備については、優先地区としての指定しかすることができないことも認めることとした。すなわち、優先地区の外側を排除地区として指定することを禁止して、優先地区の外側でも市町村がFプラン（集中地区）を指定することを許容することによって、広域地方計画上の排除地区としての指定を解除する手続を経ることなく風力発電設備の建設が可能となるようにしたのである[20]。このような改正は、これまでのドイツ諸州の州計画法上での風力発電設備の立地に関する処理の仕方とは異なる。これまでは、適性地区（国土整備法8条7項）の指定を使ったり、優先地区としての指定に際して適性地区としての法的効果を重ねて持たせる指定を行うこと（同法8条7項2文）を通じて、一方で風力発電設備の設置を地区内に誘導し、他方で地区外での建設を厳しく抑制するのが各州の広域地方計画についての一般的なスタイルであった[21]。このように、風力発電設備の立地について従来までの州レヴェルでの計画的コントロールを緩めて市町村レベルでのコントロールに委ねる方向は、BWやラインラント・プファルツ州の州計画法で見られ始めており、「風力発電の立地コントロールの分権化（Kommunalisierung）」と称されている[22]。もっとも、かかる改正法も、Fプランの指定を使えば域内のどこでも風力発電設備用地を指定できると考えているわけではもちろんない。たとえば、法案理由書自体も、自然保護地域、動植物生息地域、鳥類保護地域等では設置が不可能であることを認めている[23]。本改正法の重要な点は、従来州法レベルで設置が排除されてきた地域において、市町村の計画で設置を認めることができるようになった点なのである。

これに加えて、さらに注意が必要な規定は、上記の州計画法の改正規定も含む一括法として議会に提出された「州計画法を改正する法案」第2条および第3条の下記の規定である。

> 第2条「地域において重要な風力発電設備の立地に関して、州計画法11条3項2文11号（上記参照…筆者注）に基づいてなされた…（中略）…法的拘束力を有する既存の指定は、…（中略）…これを廃止する。」
> 第3条第2項「第2条は、2013年1月1日にその効力を生ずる。」

一括法のこの規定はさらに強烈である。一括法成立時点（2012年5月）で現存する優先地区や排除地区等の地区指定は、2012年末日をもってその効力を失い、それ以降は、州レヴェルでの法的拘束力のある指定はなくなる、というものである。法案理由書によれば、この点について、〈広域地方計画上の既存の指定を廃止しなければ、陸上風力発電の急速な拡大という本改正法の目標は達せられないからである〉と説明しているが、これでは2013年1月1日以降は、州（行政管区）が改めて優先地区の指定をしない限り、州全土が州計画法上で何等の指定もない地域になってしまい、そこでは風力発電設備は建設法典上は特例建築計画として基本的にはどこにでも建設できることになってしまう（ただし、連邦イミッシオン防止法その他の法律のチェックは必要（第7章2参照））。また、行政管区が優先地区を新たに指定したとしても、前述したように地区外での建設を必ずしも排除できるわけではない（州計画法11条7項1文後段参照）。

そのこともあって、法案理由書は、州計画法改正法成立後（2012年5月22日）、上記の指定の失効時点（2012年12月31日）までの間に、市町村がそれに代わる計画を策定すべき、とするのである。換言すれば、本法は、市町村がＦプランや場合によってはＢプランを中心とする新たな計画を策定して立地をコントロールできるように、5月22日から12月末日までの猶予期間を市町村に与えたことを意味する[24)]。現在のところ、すでに指定を終えた市町村もあるが、多くは現在も策定中のようである[25)]。

⑵ 州計画法改正法に対する見解

⒜実務

それでは、従来は州法の優先地区・排除地区によって建設が抑制されていた風力発電設備の立地について、市町村の計画（Ｆプラン）策定を促す上述の動向は、実際上はいかなる意味を持つか。BW政府が、今回の改正を風力発電設備の建設を促進するため、としていることからすれば、市町村は建設を促進する方向で計画を策定するはずである、という予想をしているであろう。

しかし、本法に対しては、様々な団体から批判が出されている。たとえば、社団法人「黒い森」(Schwarzwaldverein）は、本改正法を次のように評している。

「エネルギー転換は支持される。…（中略）…（しかし、風力発電設備の立地に関する…筆者注）計画策定は、広域的レベル（すなわち広域地方計画が適切である）で行われなければならない。計画策定を市町村レヴェルで行うとすれば、それは実際的な解決にはならない。市町村レヴェルで計画を策定すれば、風況と経済性のみが立地の際の専らの判断基準となってしまうことが危惧される。」[26)]

また、職能団体の意見として、建築家会議（Architektenkammer）は、次のような意見を提出している。

「再生可能エネルギーの助成と利用は歓迎すべきことである。すべての種類の再生可能エネルギーが利用されなければならない。気候保護のための全体的な観察が必要である。

危険：改正法によって、風力発電に対して一方的な優位性が与えられる→景観への否定的形成、根拠づけられかつよく衡量された広域地方計画の喪失。

広域的な計画規準は、市町村の計画規準よりも適切である。優先地区、留保地区および排除地区という分類については意味のあるものと評価している。優先地区と排除地区の差異は、景観のさらなる発展のためには今後とも重要である。」[27]

上記のいずれも、(イ)エネルギー転換は推進すべきであること、しかし、(ロ)風力発電設備の立地についての計画主体としては、市町村よりも州の方が、広域的な利害調整を行える点でより適切であること、(ハ)市町村を風力発電設備の立地に関する計画主体とすることによって、風況や経済性のみが基準とされ景観が害されるおそれがあること、という点で問題意識を共有するものであろう。

(b)学説

このような「分権化」の流れについては、法学者の側からは批判が強い。たとえば、Spannowsky は、次のように論じている。これまでのドイツの国土計画法体系は、〈連邦—州—地方（行政管区）—市町村〉という多段階的計画体系（mehrstufige planerische Gesamtkonzepte）を採用してきており、ここでは、(イ)各計画主体は、各々の空間において実現されるべき各々の公益を考慮してきたし、(ロ)各計画主体は、法律によって自らに割り当てられた課題の解決にのみ専心すれば足りた。今回の BW の改正法は、風力発電設備について市町村がその立地について計画を通じてコントロールできるようにしているが、市町村は、自然や環境・景観等の広域にわたる横断的な調整を要する場面では、計画的な衡量を行える主体として適してはおらず、州や行政管区が行ってきたような国土整備計画上の広域的考慮をすることはできない[28]。Spannowsky の述べる多段階的計画体系の重要性を強調する者は少なくない[29]。

各計画主体は各々の計画を策定すべき対象（空間）と事項を法律によって配分されているのであって、各々が各計画空間の課題の解決・調整・発展のために計画を策定し、上位・下位の計画主体や隣接する空間の計画主体とも垂直的ないし水平的調整を相互に行うことを通じて、様々な利害が、多様なレヴェルでの公益との比較衡量を経た上で初めて実現可能なものとして、具体的に析出されてくるのである。このような計画体系の下では、広域的考慮を要する事項について、狭域を対象とする計画主体にコントロールの権限を付与することは望ましいことではないという学説は、国土計画法制に関する従来の理解に沿うものである。

5. むすびに代えて

1996年の建設法典改正は、風力発電設備の建設促進とその立地についての公的コントロールを可能とすることという二つの課題の両立を図るものとして成立したが、上に見たようにこの二つの課題の両立をめぐってなお議論は続いているというのが今日の状況である。事態はなお流動的ではあるものの、今日の段階ではとりあえず下記の点を指摘しておきたい。

第一に、風力発電設備については、転用面積がメガソーラー設備に比べると比較的小さいため、都市計画的規制のかからない特例建築計画として位置づけられたが、他方で、特例建築計画についても立地コントロールをすべく建設法典35条3項3文のようなゾーニング規制がなされた。かかる構造は、第7章4第三で述べたように、外部地域における（風力発電設備に限られない）建物の建設に際しての立地一般を市町村や州の計画的コントロールの下に置こうとする試みの一環を形成しており、連邦法制度の基礎的構造であり続けている。この意味では、1996年以降の〈建設促進〉と〈規制〉の双方を追求する姿勢にいささかの変更もない。

第二に、他方で、とりわけドイツで今後も有望とされる風力発電設備の場合には、この法的構造を前提としつつ、州によっては様々な対応をしており、地域環境の維持・保全を重視し建設にブレーキをかけ規制を強化する州（Bay）がある一方で、逆に建設を促進するべく規制を緩和した州（BW）もある。今日においても規制のあり方に関する議論と試みはなお続いているということができよう。この動きは、終章で指摘するように立地規制のあり方にも一定の影響を与えているものと思われ、今後の展開には引き続き注意していくことが必要である。

なお、今日では、発電設備本体の建設のみならず、送電線敷設の問題も大きな関心を集めている。発電設備を建設するためには、付近に送電線がなければならないが、その送電線は全国の送電網と整合的に接続されていなければならない。さらに発電設備の建設にはアクセス道路や変電施設、機材置き場等の関連施設用地が必要であって、これらの調達も不可欠である[30]。この送電線の問題は、次章の洋上風力発電設備の場合にも端的に現れてくる。次章では、ドイツにおける洋上風力発電設備の立地コントロールについて検討していこう。

1)　BVerwG, Urteil vom 17. 12. 2002, BVerwGE 117, S. 287 に始まり、BVerwG, Urteil vom 13. 12. 2012, BVerwGE 145, S. 231 等、この見解は、今日においても維持されている。

2)　なお、本件の当事者は、原告が市町村、被告が市町村連合である。

3)　なお、建設法典35条3項3文に基づいて指定されるFプランは、関連する地域のみを対象として定めれば足りる（同法5条2b項）。これは、2011年改正で新設された規定であって、このようなFプランを「部分Fプラン」（Teilflächennutzungsplan）と称している。Fプランは本来は市町村全域を対象として定めるものであるが、同法35条3項3文の目的を達成するために指定されるFプランは、集中地区とその他必要な地域のみを対象として指定すれば足りるとするものである。

4)　このような司法審査の現状に対しては、計画主体はもとより学界からも、風力発電設備の建設について立地コントロールが弱まることに対する批判が強い。たとえば、R. Hendler/J. Kerkmann, Harte und weiche Tabuzonen: Zur Miserie der planerischen Steuerung der Windenergienutzung, DVBl 2014, S. 1369ff.

5)　このように、建設法典35条3項3文に基づく州や市町村による立地コントロールに関しては司法審査が厳しいため、「十分な専門知識を備えた計画策定者でさえも（策定した計画が司法審査で無効と判断されて）失敗する」といわれるほどである。BR-Drs.（Bundesratsdrucksache), 206/13, S. 1.

6)　BR-Drs. a.a.O.（Anm. 5), S. 2–3.

7)　BR-Drs., 569/13, S.1ff.

8)　BR-Drs. a.a.O.（Anm. 7), S.3.

9)　BT-Drs.（Bundestagsdrucksache), 18/1310, S. 1ff.

10)　この期限経過後は、州は権限を行使できない。期限を設けた趣旨は、期限を設けないことによって自治体の計画策定実務が不安定になることを防止するためである（A. Scheidler, Die Windkraft-Länderöffnungsklausel im BauGB und ihre Umsetzung in Bayern, UPR 2014, S. 214ff（217））。

11)　法案名の「州解放条項」という名称は、そのような含意を有するものである。

12)　BGBl. 2014, I S. 954.

13)　Deutscher Bundestag, “Länderklausel” für Windräder kommt, http://

www.bundestag.de/presse/hib/2014_06/-/284968.

14) なお、本法案に対しては、「連邦風力エネルギー連盟」(Bundesverband Windenergie) は、風力発電の拡大を阻害するとして、強い反対を表明していた (Bundesverband Windenergie, Stellungnahme zum Entwurf eines Gesetzes zur Einführung einer Länderöffnungsklausel zur Vorgabe von Mindestabständen zwischen Windenergieanlagen und Wohnnutzungen, 2014, S. 1ff.)。

15) M. Raschke, Privilegierter Föderalismus—Länderöffnungsklausel im BauGB ?, NVwZ 2014, S. 414ff (416).

16) A. Scheidler, a.a.O. (Anm.10), S. 218.

17) ただし、本改正には今日でも実務家を中心に強い批判がある。たとえば、S. Helmes/R. Klöcker, Der bayerische Sonderweg: Rechtliche Aspekte der neuen "10-Regelung" für Windenergieanlagen, REE 2015, S. 81ff.

18) Windenergieerlass Baden-Württemberg, Gemeinsame Verwaltungsvorschrift des Ministeriums für Umwelt, Klima und Energiewirtschaft, des Ministeriums für Ländlichen Raum und Verbraucherschutz, des Ministeriums für Verkehr und Infrastruktur und des Ministeriums für Finanzen und Wirtschaft vom 9. 4. 2012, S. 5; Landtag von Baden-Württemberg, LT-Drs. (Landtagsdrucksache), 15/1368, S. 5. なお、BW の他にも、ラインラント・プファルツ州やザールラント州も同様の方針を打ち出しているが、本章では BW のみを取り上げることとする。

19) LT-Drs., a.a.O. (Anm.18), S. 7.

20) もとより、排除地区をあえて用いなくても、建設法典 35 条 3 項 3 文によれば、優先地区外での風力発電設備の建設は排除されるのであるから、この改正がどのような意味を持つのか疑問がないではない。おそらくは、この規定を設けることによって、優先地区の外側では F プランでの集中地区としての指定があれば、広域地方計画の指定 (排除地区) の修正手続を経ることなく、国土整備の目標 (第 7 章 3 (1)参照) からの乖離手続 (国土整備法 6 条 2 項参照) をとるだけで、風力発電設備の建設が可能となるということなのであろう。

21) 国土整備法上の適正地区や留保地区の概念については、本章でこれまで述べてきた優先地区も含めて第 9 章 3 (1)を参照されたい。

22) H. Schlarmann/S. Conrad, Windenergie in der Flächennutzungsplanung: Möglichkeiten und Grenzen nach der Änderung des Landesplanungsgesetzes in Baden-Württemberg, VBlBW 2013, S. 164ff (165).

23) LT-Drs., a.a.O. (Anm.18), S. 7.

24) LT-Drs., a.a.O. (Anm.18), S. 8. Schlarmann/Conrad は、本条項について、

BLプランの策定者（市町村）に対して、事実上新たな計画策定を強制するものであると評している（Schlarmann/Conrad, a.a.O.（Anm.22), S. 165)。

25）BW州にあるケール行政大学（Hochschule für öffentliche Verwaltung Kehl）で地方自治法を担当しているMichael Frey教授からの聴取りによる(2015年10月8日)。なお、Freyによれば、仮に特例建築計画としての建築許可申請が出されても、(イ)連邦イミッシオン防止法上の許可が出るまでには2年ほどかかること、(ロ)事業者は問題がこじれた場合のリスクを避ける傾向があること等の理由から、現在のところ、風力発電設備の濫立のような状況は生じていない、ということであった。

26）LT-Drs., a.a.O.（Anm.18), S. 39.

27）LT-Drs., a.a.O.（Anm.18), S. 45.

28）W. Spannowsky, Der Ausbau der erneuerbaren Energien in der Raumordnungs- und Bauleitplanung, in: T. Hebeler/R. Hendler/A. Proelß/P. Reiff, Energiewende in der Industriegesellschaft, 2013, S. 83ff（102–103).

29）S. Mitschang/T. Schwarz/M. Kluge, Ansätze zur Konfliktbewältigung bei der räumlichen Steuerung von Anlagen erneuerbarer Energien—dargestellt am Beispiel der Windenergie, UPR 2012, S. 401ff.

30）連邦政府は、次章で検討するように、北海やバルト海での洋上風力発電設備の建設を進めており、北ドイツで生産された電力を中部や南部に送るための南北を結ぶ大規模な送電線を、国内の西部と東部に各1本ずつ整備することを検討している。しかし、住民・市民の反対が根強いため、最近では、送電線を地下に埋設することを検討している。ただし、この案ではコストが増加することからなお問題は残っている（Die Energiewende wird immer teuer, Trierischer Volksfreund vom 8. Oktober 2015)。

第9章　洋上風力発電設備と海洋空間計画
——ドイツ法を素材として

1. 問題の所在

⑴　はじめに

近年、海の利用調整に関する報道を目にすることが多い。八方を海に囲まれているわが国では十分にありうることであるが、ドイツにおいては、北部諸州が北海とバルト海に面しているに過ぎないにも拘らず、海の利用・保全に関しては各方面の利用・保全をめぐる要求が輻輳しており、これらの要求をいかに調整するかが喫緊の課題となっている。

わが国においても、陸域に目を転じると、各種の利用・保全の諸要請相互間の法的調整については、従来は、公法では国土総合開発法（現在では国土形成計画法）、国土利用計画法、都市計画法、農業振興地域の整備に関する法律（農振法）等、私法では民法、借地借家法等、国土ないし土地の公法上および私法上の利用調整に関する諸立法によって、その解決が図られてきた。これに対して、海域については、今日では利用・保全に関する諸要請が強まってきたため、たとえば海洋基本計画（2013年4月26日）において海域の統合的管理と計画策定（第1部2⑸参照）が提唱されているにも拘らず[1]、法制度上の整備は未だ不十分であるといわざるを得ない。たとえば、公法上では、港湾法、海岸法、公有水面埋立法、公有財産法等があるが、その多くは沿岸域の、しかもその一部についてのみ適用されるに過ぎず、領海全体や排他的経済水域（以下、「EEZ」と称する）まで視野に入れた法制度は少ない。他方、私法レベルでは、海面下の土地所有権の成否や漁業権を中心にした議論は行われてきて、最高裁判例も存在する所ではあるが[2]、ここでも念頭に置かれているのは主として沿岸域であると同時に議論自体はさほど活発であったということはできない[3]。

これに対して、近年では自然・環境保全や余暇利用、経済的利用等の観点からの海の利用・保全の要請は高まってきており、既存の法制度や法理論のみでは十分な対処ができない事態が生じている[4)]。

わが国のかかる動向は、ヨーロッパでも顕著であって、近年のEUでは、海の利用調整を計画法論的な観点すなわち海洋空間計画（Maritime Spatial Plan, 以下、「MSP」と称する）の観点から捉えようとしている[5)]。EUで海の利用調整に大きな関心が寄せられている契機の一つは洋上風力発電である。とりわけ、従来から原子力発電に対して懐疑的な目を向けてきたドイツ・イギリス・北欧諸国等は、洋上風力発電を促進すべく、海の利用・保全に関する諸要請相互間の調整に関する法整備を進めているのである[6)]。

わが国でも今回の原発事故を契機とする代替エネルギー開発の必要性は、むしろEU以上に喫緊の課題であるともいえ、再生可能エネルギーの供給力を高め、原子力発電への依存度を逓減していくことは、今日不可避の課題であろう。この課題との関連でわが国でも洋上風力発電の促進に向けた議論や実験が目立ってきた[7)]。わが国の場合には建設・運営主体、買取価格の設定、送電との関係、コスト・パフォーマンス等々あまりにも多くの困難が横たわっており、その汎用化までには長い道のりを歩まねばならないが、八方を海に囲まれたわが国の場合、海の多面的な利用は今後その需要が高まることが予想され、洋上風力発電を含めた多様な利用要請をいかに法的に調整するかが問われていることは疑いない。

本章では、この問題を、洋上風力発電をめぐるドイツの近年の動向を素材としながら、主として海に関する他の利用主体との利用調整ないし位置の選定を中心とした法制度的側面を考察することによって、わが国の今後の同種の議論に対して幾ばくかの寄与をすることを試みるものである。なお、国連海洋法条約等国際法については筆者の能力との関係で検討の対象からは外しており、この点予めご海容頂きたい。

(2)　公物法論的アプローチと計画法論的アプローチ

わが国における海の利用・保全に関する法的考察は、従来は公物法理論からのアプローチが一般的であった[8)]。もとよりこれは、海を公物として捉えることによって海に対して国ないし公共団体が利用・保全を含む実効的な管理を行いうることを意図していた。

ところで、従来の公物法理論においては、公物管理をめぐって下記の二つの特徴を指摘することができるように思われる。

第一に、公物管理権の根拠をめぐる問題である。この問題については、従来から周知のように、当初の公所有権説と私所有権説との対立を経て、現在では(a)所有権にその根拠を求める見解と、(b)所有権とは別のものであって公物法によって公物管理権者に与えられる特殊な包括的権能とする見解（これが通説とされている）とが対立している[9]。さらに近年では、(c)公物が有する本来的公共性に原理的根拠を求める見解も提唱されている。(c)の見解は、従来の公物概念の外延を大幅に拡大し、都市空間全体を一つの公物（環境公物）として捉えることによって、私的所有権の支配に服する都市内の土地についても、自由使用・許可使用・特許使用という公物使用の法関係を用いることを通じて、都市空間の公的コントロールを可能としようとする試みであってもとより海の利用・保全にも応用可能な理論である[10]。

上記の内、(a)説は、公物であるためには国ないし公共団体にその所有権が帰属しなければならないので、1874（明治7）年11月7日の太政官布告120号（地所名称区別改定）[11] 等を根拠にして海を国有と考えるのに対して、(b)説と(c)説は、国公有・私有を問わず公物に対しては国ないし公共団体の管理権限が発生することになる。また、(b)説は、当該物についての公物法が存在する場合に公物管理権を基礎づけることができるのに対して、(a)説は個別の公物法がなくても国ないし公共団体が所有権を有していれば公物管理は可能となる。このことは、換言すれば、(b)説は、いわゆる法定外公共用物について管理権を根拠づけるのが難しいが[12]、(a)説では法定外公共用物についても所有権さえ有していれば管理権が生じることになる[13]。そして、(c)説では、「本来的公共性」を帯有する物はすべて公物性を取得するので法定外公共用物という概念そのものが不要となるであろう。

第二は、公物管理権の内容ないし外延をめぐる問題である。通常、ここでいう「管理」は、財産管理のみならず、公物管理（機能管理）をも含めて使われる。ただし、後者については、従来「公物管理」の外延が論者によって必ずしも一致していたとはいえない。たとえば、公物の補修・浚渫や障害の除去等が典型的な管理行為に当たることは異論を見ないが、その他にもたとえば人工公物の場合には建設まで含める見解、また、利用主体間の調整や公物の立地選定まで含める見解等、「公物管理」の外延は論者によって必ずしも一致しないように思われる。しかし他方で、これらの見解は、ほぼ共通して、自然公物・人工公物を含む公物の管理行政に際して、公物利用者である国民・市民に対する積極的な情報提供のみならず、これらの者を管理行政の意思決定に参加させ、さらには彼らに対して異議申立てをする権利を認めることを主張している[14]。そして、人工公物の場合には、国民・市民によるかかる関与は、その建設段階においても要求されることとなるし、さらには建設の際の立地の選定や当該土地をめぐる他の利用競合者との調整のプロセスにまで及ぶことになる[15]。近時、道路その他の公共施設建設に際して住民参加や環境アセスメント等が実施される状況は今日広く見られる所であるが、かかる動向は、公物法論の近年の動向からも正当化されることになる。

このように、今日では公物法論の見地からは多様な法律構成が説かれているのであるが、目をドイツ法に転じてみると事態は大きく異なる。結論的にいえば、少なくとも海の利用をめぐってわが国のように公物法論が説かれることはほとんどない。これは、いかなる事情に由来するのであろうか。

ドイツの公物法論においても、わが国と同様に、自有公物については公物管理権を認めることが容易であるし、他有公物についても公物管理法が定められていればここから公物管理権を基礎づけることができる[16]。実際、道路等の人工公物に関しては個別の公物管理法が存在し（連邦遠距離道路法等）、これを根拠として公物管理が行われている。しかし、公物法論はそれ以上の広がりを示すことはなく、とりわけ自然公物の中でも法定外公共用物については公物法論の観点からはその管理が議論されることは少ない。これは、おそらく一つには、公物については法定外公共用物も含めて、公物法の他に計画法によって、公物管理の一端が実質的に担われていることによるものと考えられる。すなわち、わが国でいうところの都市計画法その他都市建設関連法規を集成した法律である建設法典（Baugesetzbuch）によれば、Bプラン策定区域と既成市街地（「連坦建築地区」という）を除く国土は外部地域（Außenbereich）と称され、私有地も含めて建築行為が原則として禁止される（建築（開発）不自由の原則）。そして、要件を満たした場合にのみ建築・開発行為が個別的に許可される（同法35条）。具体的には、農業関係の施設や電気・ガス等のインフラ施設、外部地域でしか建設できないような迷惑施設等が挙げられており、風力発電の研究・開発・利用施設もここに挙げられている（建築が許可されやすいこれらの建築案を「特例建築計画」（privilegiertes Vorhaben）という）。列挙されていない建築案については公益を侵害しない場合にのみ個別的例外的に許可されるにとどまる。注意すべきは、許可を要する行為は建築行為に限られないことである。すなわち、建物の建築・改築・用途変更のみならず、「比較的規模の大きい」[17] 土盛りや土掘り行為（砂利の採取等もここに含まれる）、掘削行為（鉱山の掘削等）や貯蔵も含めた集積場としての土地利用についても同法35条に基づく許可が必要とされる。したがって、建物建築に限らず、区画形質の変更を伴う土地そのものの利用についても広い範囲にわたって公的コントロールが可能となる。上記の点を公物法論的にいえば、〈国土は公物ないしは公物的性質を有するものであるが故にこれらの利用については許可を得て初めて利用が可能となる（いわゆる許可利用）〉と説明されるのであろうが、本条の解説書を読んでも公物法論的な説明は一切ない。本条は、あくまでも国土整備計画ないし都市計画の文脈における土地の所有・利用に関わる用途制限ないし公用制限の問題として位置づけられている規定なのである[18]。したがって、上記の同法35条は、公物法論の上記の二つの特徴との関係でいえば、(イ)公物管理の内、利用調整に限ってではあるものの[19]、(ロ)公物か非公物かに関わりなく、また(ハ)公物についてはその所有権の帰属を問うことなく、実質的には公物管理の一端を担っているということができよう。

したがって、上記の理論が、仮に海にも適用されるとすれば、これは海の利用を公的にコントロールするための極めて有力な手段の一つとなるであろう。

ちなみに、近年のEUでは、海の利用調整を計画法論的な観点、具体的にはMSPの観点から捉えようとしていることは前述したが、MSPは、ドイツでは"maritime Raumordnung"（MRO）と称されている。Raumordnungという用語は、そもそもドイツで戦前に起源を持ち戦後に発展した空間整備計画（Raumordnungsplan, なお、わが国では「国土整備計画」という訳が定着しており、本書でもその訳語を用いている）に由来する。このことは、ドイツでは、MSP（MRO）が国土整備計画の延長線上で位置づけられていることを意味している。本章では、海域と国土整備計画との関係に関するドイツの動向を洋上風力発電設備を素材としながら分析・検討することによって、海の利用に関する制度的対応の一つのあり方を考えてみたい。

2. ドイツの国土整備計画法制

(1) 基本的構造

ドイツでは、後述するＦプランやＢプランなどの都市・土地利用計画が著名であるが、これらの計画の最上位に位置するのが国土整備計画である。国土整備計画は連邦レヴェルのそれと州レヴェルのそれとがあるが、実質的に重要なものは州レヴェルでの国土整備計画である。州レヴェルでの国土整備計画は州国土整備計画（Landesraumordnungsplan）ないし州発展計画（Landesentwicklungsplan）を頂点として、各行政管区毎に広域地方計画（Regionalplan）が策定される。そして、この下に位置するのが市町村が策定する建設管理計画（Bauleitplan（以下、「BLプラン」と称する）. 市町村全域を対象とするＦプラン（Flächennutzungsplan）と主として街区を単位として策定されるＢプラン（Bebauungsplan）から成る）である。国土整備計画を頂点とし市町村のＢプランに至る計画は、それぞれの計画主体が管轄区域全域にわたってあらゆる土地利用の諸要請を比較衡量しながら策定されていくので、総合計画（Gesamtplan）と称されている。

これに対して、道路や鉄道、送電網等の各種のインフラ整備等を目的として、当該施設の建設・整備のための計画も策定される。この系列の計画は上記の総合計画に対して部門計画（Fachplan）と称される。部門計画ももとより国土整備計画の中に位置づけられるが、特定の施設等の建設のみを対象とする点で総合計画とは別の系列に属する。部門計画については、州が主体となる場合が多く、また、その実施のための法律が個別に制定される。たとえば、連邦遠距離道路法、連邦鉄道法、エネルギー経済法、連邦イミッシオン防止法等である。これらの個別の法律によって施設建設の可否が判断されていくのであるが、その許容性の判断手法は、大きく分けると、(イ)計画に基づく比較衡量手続を通じて行う法制度と、(ロ)許可手続を通じて行う法制度とがある。(イ)は計画策定権者が各種の利害を総合的に衡量して当該施設建設の適否を判断していくのであるが（計画裁量)、(ロ)は法律に掲げる要件の充足性の有無が問われる。なお、(イ)は計画確定手続（Planfeststellungsverfahren）を伴うものが多い[20]。計画確定手続とは、当該施設建設に伴って必要となるその他の法律に基づく許認可の判断を一括して行う手続を指し、計画の迅速かつ効率的な実施のためには極めて有効な手続である（これによって各種の法律に基づく許認可が集中的に処理されるので、この手続から生じる効果を集中効（Konzentrationswirkung）という)。ただし、(ロ)の許可手続のルートでも、集中効が採用されている場合もある（例：連邦イミッシオン防止法13条、後述3(2)(b)も参照)。

以上が、ドイツの国土計画法制の極めて大雑把な概要である[21]。ドイツにおいて施設建設や何らかの事業が実施される場合には、それに関する根拠法は上記（総合計画と部門計画）のいずれかの系列ないしルートに位置づけられることになる。

本章で取り上げる洋上風力発電設備も同様である。本設備は部門計画の系列に属するが、その法制度上の位置づけは、ここ10年の間に後述のように飛躍的に発展した。その方向性とは、洋上風力発電設備を国土整備計画法制の中に明確に位置づけていこうというものである。重要な点は、かかる方向が具体的にいかなる意味を有するものであるかであるが、この点を検討するためには国土整備計画法の展開過程を鳥瞰しておく必要がある。

(2) 国土整備計画の詳細性・実効性の確保

(a)はじめに[22]

ドイツの国土整備法制については、ナチス期にヒトラーが飛行場や連邦高速道路網の国土全域での敷設等を内容として国土整備計画法制を策定したのが始まりである。国土全体にわたる空間整備計画の策定という視点は戦後の西ドイツにも継承され、州レヴェルではすでに1950年前後から、州毎に国土整備計画が策定されていた。

連邦レヴェルでは、1965年に国土整備法（Raumordnungsgesetz）が成立し運用されてきたが、今日の同法と比較すると内容的にはかなり簡素である。しかし、簡素ではあるものの、(イ)開発のみならず保全をも意図しており、(ロ)国土を全体として捉え、地域間や産業間で不均衡が生じないようなバランスのとれた国土の発展を志向していたことは注目に値する。ドイツでは地域間の発展の不均衡が少ないとしばしばいわれるが、このことに本法の寄与する所は少なからざるものがある。

国土整備法が大きく改正されたのは、1989年になってからである。改正の中心は、国土整備手続（Raumordnungsverhfahren）の導入である（6a条）[23]。国土整備手続とは、大規模施設（たとえば、原発施設、廃棄物処理施設、排水施設、大型商業施設等の政令で定められているもの）の建設事業が国土整備計画に合致しているか否かを審査する手続であって、(イ)地域にとって重要な（raumbedeutsam）計画・措置と国土整備の諸要請との適合性、および(ロ)これらの諸計画・諸措置間の整合性・実現可能性の確保、さらには(ハ)環境適合性が審査される（以下、(ハ)の審査を「環境影響評価」と称する）。従来からかかる手続を規定していた州もあったが、1989年改正法はこの手続を連邦全土で実施することを各州に義務づけた。これによって施設設置に際して本法の有する意義が格段に高まったといわれている[24]。後述するように領海内で洋上風力発電施設を建設する場合の多くはこの手続に服することになる。

(b) 1997年改正

1997年国土整備法の改正は30年ぶりの大改正であった。改正の内容は一言でいえば、(イ)上位計画の計画としての法的拘束力を強化し、(ロ)計画策定手続への関係者の参加可能性を拡大することである。(イ)は、従来計画法制としての位置づけが必ずしも明確ではなかった国土整備計画（州国土整備計画、州発展計画、広域地方計画等）に対して上位計画としての一定の法的拘束力を付与するとともに、部門計画を総合計画としての国土整備計画の中に位置づけることを意味し、(ロ)は、かかる計画策定手続に際して関係者（とりわけ計画の拘束力が及ぶ者）の参加可能性を拡大することである。(イ)と(ロ)は、いわばコインの表裏の関係にある。すなわち、法的拘束力を及ぼすためには当該法的拘束を受ける当事者その他の利害関係者を手続に参加させることが必要であり、他方、手続に参加させるからこそ策定された計画の法的拘束力を参加者に対して及ぼすことが正当化されるのである。

具体的には、以下の通りである。

(i)公的諸機関にその遵守を義務づける国土整備計画上の指定である「目標」(Ziel)が、計画確定手続その他許認可手続を通して一定の私人に対しても法的拘束力を有するようにした(国土整備法4条1項、3項)。ある区域が「目標」として指定されると、他の行政機関および一定の私人による尊重義務が生じ(同法4条1項、建設法典1条4項)、市町村はかかる指定に反するBLプランを策定することができない。

(ii)「目標」策定プロセスにおける私人の参加可能性が承認された(国土整備法7条5項)。

(iii)部門計画の総合計画における位置づけを明確化することによって、計画(間)の整合性・実現可能性が実効的に確保された(同法7条3項)。

(iv)国土整備計画の「目標」に矛盾する事業を禁止した(同法12条)。

(v)計画実現手法を導入した(同法13条)。

これらの改正点を総合的に見た場合、国土整備計画に対してBLプランのような法的特徴を付与していくことが本改正の基本的方向性であるといえるであろう。たとえば、法的拘束力の付与以外にも、(iv)は、Bプランの指定に反した建築を禁ずるために形質変更を禁止したり建築許可を保留したりする建設法典14条以下の規定を想起させるし[25]、(v)は、法的強制力を有しないソフトな手法であるが、建設法典175条以下の建築命令等の都市建設命令を想起させる[26]。要するに計画としての拘束力および実現可能性を高めていこうという方向であって、後述する2004年改正法ではかかる方向性がより一層強められている。

(c) 2004年改正

国土整備法については、上位計画としての拘束力と実効性の強化・向上を内容とした1997年法を前提として、新たに、環境評価手続(前述の環境影響評価手続とは別の手続であるが内容的には類似)が国土整備計画の各段階で導入され、また、計画策定における第三者の参加手続も大幅に拡充された。

(i)環境評価手続の国土整備計画への導入

州レヴェルおよびその下位の行政管区レヴェルでの計画(州(発展)計画、

広域地方計画）の策定・変更に際して、環境評価の実施と環境報告書の作成が義務づけられた。環境報告書は、国土整備計画に添付される理由書の独立した一部とされる。他の計画との重複審査を回避するための規定も新設されている（国土整備法7条5項）。

(ii)計画策定における第三者の参加手続の拡充

官庁のみならず市民（公衆）にも早期かつ効率的に意見表明の機会を付与することが義務づけられた。これは、国土整備計画素案、理由書、環境報告書のすべてについて実施される（国土整備法7条6項）。

なお、(ii)の第三者参加手続において提出された意見は比較衡量手続において考慮され（国土整備法7条7項）、その結果決定された国土整備計画は理由書とともに意見提出者も含めた関係者に通知される（同法同条9項）。

このように、国土整備計画レヴェルにおいては、とりわけ1990年代後半以降上位計画としての拘束力の強化、上位計画策定手続への第三者の参加可能性の拡大、という基本的傾向を看取することができる。そして、かかる動向を背景としながら、国土整備計画法制は、2004年改正以降、陸域のみならず海域にもその適用範囲を拡大するようになってくる。

3. 領海における利用・保全調整

(1) 領海への国土整備計画法制の適用

本章の問題意識との関係で重要な国土整備法（連邦、州の双方を含む）と建設法典は、海域にも適用されるのであろうか。

結論的には、領海についてはこれらの法制度はそのまま適用される。領海はドイツの主権が及ぶ領土の一部であって、連邦と並んで州もまた海域を含む各州の領域に対して管轄権を有し、各州は各々国土整備計画を策定する権限を有する（国土整備法8条1項参照）。また、建設法典も連邦法であるので、基本的には属地的支配権の及ぶ全国土にわたって適用される。もっとも、建設法典については、各市町村の区域は半潮水位線（Mitteltidehochwasserlinie）までとされているので、海域は、特定の市町村に編入された場合等一定の場合を除いて原則的には沿岸市町村の区域には含まれず、市町村は海域については、前述の

Ｆプランや Ｂプランを策定して開発・建築行為をコントロールする権限を有しない[27]。

他方、建設法典は、前述したように外部地域については特例建築計画を中心に例外的に建築が許容されるに過ぎないものの（同法35条)、建築が許可される場合には単体規制を中心とする州の建築秩序法（Bauordnungsrecht）が適用され、法定の基準を満たしさえすれば許可がおりるため、外部地域における建築行為の立地選定を計画的にコントロールする機能は必ずしも十分ではなかった。そこで、1996年に建設法典35条が改正され、35条1項2号ないし6号に掲げる施設（風力発電設備もここに含まれる（6号［現行法5号］）の建設は、それが、(イ)Ｆプランの指定、または(ロ)国土整備計画上の「目標」として一定の区域で許容されている場合には、当該区域外での建設は公益に対立するものとして許されないこととされた（同法同条3項3文)。この改正によって、外部地域において許容される設備の立地を計画的にコントロールすることが可能となった（詳細は第7章3(1)参照)。国土整備法には、特定の施設を一定の地域に集中ないし誘導させるための地区指定の手法としては「優先地区」(Vorrang-gebiet)、「留保地区」(Vorbehaltsgebiet)、「適性地区」(Eignungsgebiet）の三種がある（同法8条7項1文)。優先地区は、当該地区内での許容された用途に合致しない用途は排除されるが、許容された用途を地区外で排除することはできない。これに対して、適性地区は、地区外での同種の利用が排除される[28]。他方、留保地区については、これが指定されても諸利益の衡量に際して留保地区内で指定された用途には特別の比重が置かれるに過ぎず（同法8条7項1文2号)、留保地区内外での想定せざる土地利用を排除することができない。したがって、留保地区は、立地コントロールという点では他の二つに比べると法的拘束力が弱い。それ故、上記(ロ)の点では優先地区と適性地区のみが、建設法典35条3項3文の「国土整備計画上の目標」になることができる。そして、建設法典のこの規定が適用されると、優先地区や適性地区の指定は一般の私人に対しても法的拘束力を生ずる[29]。ただし、優先地区と適性地区の上記の性格の差異は同法35条3項3文においてもそのまま存続するため、ゾーニングによる特定の用途の誘導という点で最も効果のある、指定地区外についての排除効（注28）参照）を有する地区の典型は適性地区ということになる[30]。

(2) 洋上風力発電設備の建設

洋上風力発電設備を建設する場合にも、上記の法制度が適用される。連邦政府は、2001年9月3日の閣議決定（Beschluß der Ministerkonferenz）において、風力発電設備の洋上への建設を促進するために、12海里ゾーンすなわち領海に国土整備計画の適用を拡張すべき旨の要請を北ドイツ諸州に対して行うことを決定した[31]。国土整備法を領海に適用することは制度上は以前より可能であったが、この閣議決定を契機として、北ドイツ諸州は領海をも対象として国土整備計画を積極的に策定するようになった。

そこで領海で風力発電設備を建設する場合、具体的には下記の点が問題となる。

(a)国土整備計画法制との関係

(i)まず、既存の州国土整備計画（ないし州発展計画）および広域地方計画上の諸指定との整合性がチェックされる。すなわち、大規模施設の国土整備計画法上の立地の適否や事業の範囲・時期等は、前述の国土整備手続によって審査される。そこでの実施主体は、上級州計画庁（行政管区）であって、事業者の申請または職権によって手続が開始される。その際、関係行政機関（連邦、州、関係自治体、広域地方会議等）へ通知がなされ参加の機会（縦覧、聴聞、意見陳述）が付与される。国土整備手続においては公衆（Öffentlichkeit）参加は義務的ではないが（国土整備法15条3項3文）、それを定める州も多い（ヘッセン州、バーデン・ビュルテンベルク州、シュレスビッヒ・ホルシュタイン州等）。審査によって、適合性評価がなされ、手続が終了する。ただし、この結果は他の行政機関の計画策定や事業の許認可手続に際して「考慮」されるにとどまり、私人への拘束力はない。また、この評価が独立の訴訟の対象となることもない。

ただし、実際には国土整備手続は、洋上風力発電設備を含む大規模施設建設の立地の選定にとって大きな意味を有し、ここでの決定がその後の許可手続や計画手続の際に事実上の前提となることも多い。

(ii)他方、州国土整備計画（および広域地方計画）において、すでに洋上風力発電設備のための地区指定（優先地区、適性地区）がなされている場合には、当該事業案が当該地区内で計画されている限り、国土整備手続は立地に関しては(i)の場合ほど厳格に審査される必要性は少なくなり、審査は、省略されるか、またはなされるとしても実際上は事業の具体的内容・範囲・時期等が中心となろう。そして、前述の建設法典の規定（35条3項3文）によって、指定された地区内でのみ建築をすることが許容され、地区外での設備建設は排除されるとともに（この点につき注30）参照)、かかる効果は一般私人にも及ぶことになる。すなわち、領海においては、市町村の管轄権が及ばずBLプランの策定を通じて市町村は立地コントロールをすることができないが、外部地域における上記の計画的手法を用いることによって、州が計画主体となって位置コントロールをすることができるのである。したがって、建設法典35条に対して主として陸域を念頭に従来から期待されてきたスプロール開発の防止機能（同法同条4項参照）が、海域とりわけ領海域においても実現されることになる。

(b)連邦イミッシオン防止法との関係

次に、風力発電設備については、陸上洋上を問わず、騒音の発生その他環境への悪影響を及ぼすおそれがあるため、発電設備本体については、連邦イミッシオン防止法に基づく施設の建設許可が必要である（同法4条)。ちなみに、通常の手続については第7章2(2)(e)で述べたところを参照されたい。

なお、本法の許可には集中効が付与されており、一定の例外はあるものの、当該設備建設に関わる他の行政法上の許認可や同意等が本法の許可に包含・代替されることになる（同法13条)。したがって、前述の州建築秩序法上の建築許可手続もここで集中して行われることになる。

(c)送電線の敷設手続

ドイツでは、歴史的経緯等から、発電設備本体と送電線の建設はそれぞれ別の法律に服せしめられている。送電線については、一方では国土整備計画法上の国土整備手続が適用され、この点では発電設備本体と同様の審査に服することになる。ところが、送電線については、これに加えて、従来から部門計画系列に属する「エネルギー経済法」(Energiewirtschaftsgesetz) において計画確定手続によって送電線の敷設が決定されることとされてきた。洋上風力発電の場合には、送電線は海底ケーブルの敷設という形態をとり、エネルギー経済法では43条1文3号で、「領海における海底ケーブル」が明示されている。

計画確定手続は、前述のように関係する許認可を一つの手続ですべて行ってしまうことにより（集中効）、当該事業計画の実現可能性を見通しのよいものとし計画の迅速な実現を図ろうとするものである点に一つの大きな特徴があるが、他方で、関係機関ないし公衆参加の機会が保障されていることも注目すべき特徴である。計画確定手続は、連邦遠距離道路法，連邦鉄道法、エネルギー経済法等の各個別の法律の中で規定が置かれているが、行政手続法の中にも第5部「特別手続」の第2章として計画確定手続が規定されている（72条ないし78条)。手続の流れを概要のみ述べれば、「基本計画に基づく事業案の提出→事業主体による計画確定手続申請→関係行政機関の意見聴取→事業計画案等の縦覧→異議申出→聴聞期日の指定→聴聞（討議）→聴聞行政庁の意見提出→計画確定庁による計画確定裁決→工事開始」という流れである。

(d)利用権原との関係

ところで、上記のように領海内での様々な海洋利用に関する諸要請間の調整ができ、洋上風力発電設備が建設可能となった場合、発電所本体と送電線はいずれも海底の当該部分を独占的に利用することになるために、海底の利用権原に関する法的調整が必要となる。

ドイツでは、1806年の償却令以降、海や河川の所有権は、個々のラントまたは私人に帰属していた。かかる状況は、1871年のドイツ帝国の成立や1900年の民法典（BGB）の施行によっても変わることがなかった。しかし、海の利用とりわけ船舶の航行に関する政治的経済的ニーズが高まると、海や河川をライヒ（国）の管轄下に置く必要性が急速に高まった。そこで、1919年のワイマール憲法は、一般交通の用に供する水路はライヒが所有し管理を引き受けなければならないと規定して（同法97条1項)、それまでの権利関係を大きく転換した。この原則は、1921年7月21日のライヒと関係ラントとの国家条約（水路国家条約法（Wasserstraßenstaatsvertragsgesetz（Reichsgesetz vom 29. Juli 1921)））においても確認され、戦後は連邦の憲法にあたる基本法において「連邦は、従来のライヒ水路の所有者である」（同法89条1項）という規定として引き継がれ今日に至っている。ところで、本条にいう「水路」の外延はかなり広い。海水路については、(イ)船舶の航行可能性を考慮して、既存の航路のみならず領海全体を含むとともに、(ロ)海面や海上だけではなく、海水（Wassersäule）や海底（Gewässerbett）も含むとされる。上記(イ)については学説上異論もあるが、連邦水路法（Bundeswasserstraßengesetz（WaStrG）vom 2. April 1968）では明文が設けられているし（同法1条2項）、判例上も連邦裁判所（BGH）および連邦行政裁判所（BVerwG）での判断はすでに固まっている[32]。このように現在のドイツでは、領海内の海の所有権は連邦に帰属するので、洋上風力発電設備を建設する場合、建設主体は、前述の国土整備法、連邦イミッシオン防止法、エネルギー経済法等に定める諸手続（なお、連邦自然保護法との関係も重要であるが、この点は別稿で論じたい）をふまえると共に発電所本体および送電線の海底敷設部分に関する利用権原[33]を連邦から取得しなければならない。したがって具体的には、一方では公物である海底を発電ないしケーブル事業者に独占的に利用させるためには、連邦水路法31条に基づいて水路の特別使用に伴う許可を水路・航路局（Wasser-und Schifffahrtsamt）から受けなければならず[34]、他方では事業者は、連邦との間で海底の当該部分の利用に関して制限的人役権（eine beschränkte persönliche Dienstbarkeit）（BGB1090条）の設定契約を締結することによって利用権原を取得することが多いようである[35]。

4. EEZにおける利用・保全調整

⑴　適用法律と管轄主体

1996年に批准された「海洋法に関する国際連合条約」（国連海洋法条約）によって、EEZ（排他的経済水域（ausschließliche Wirtschaftszone、ドイツではAWZと略称している））について、沿岸国に一定の主権的権利ないし施設の設置・利用に関する管轄権が認められたことによって、この水域についても洋上風力発電設備を建設することができるようになった。連邦政府は、EEZについては連邦法が及ぶこととし、この水域についても国土整備法が適用されるように本法の改正を2004年に行った。そして、本法上でのEEZの管轄権については、州ではなく連邦のみがこれを有することとしたのである。その理由は、(イ)EEZに存在する資源の秩序だった利用のためには、法的経済的に統一的枠組みが必要であること、(ロ)州の管轄とするとEEZでは州毎に異なる法律が適用されることになり、取引の安全や合理的な競争秩序が不安定になること、(ハ)

連邦法としての本法は、従来から陸域での多様な主体の様々な利害の調整に際して実績を挙げてきており、本法をEEZにも適用するのが望ましいこと、(ニ)従来からEEZには設備の建設、運営および重要な変更に際して連邦の行政庁の許可を得ることを要件とする海洋施設令（Seeanlagenverordnung）が適用され、連邦が管轄してきたこと[36]、(ホ)EEZでは州相互間の調整や他国との調整も必要であり、これは連邦に委ねることが適切であること等である[37]。

これらの諸理由のうち、(ハ)は国土整備法を適用すべき理由を述べており、それ以外は連邦がEEZについて管轄権を有することの適切性に関する根拠である。本書ではさしあたり、(ハ)の論拠に注目しておきたい。すなわち、国土整備法は陸域においては有効に機能してきたと連邦政府には認識されており、陸域での国土空間計画の有用性の認識ないし成功体験があるからこそ、これを海洋上での空間計画にも応用することに踏み切ったのである。かかる構造を有する計画法体系をEEZにも適用するとしたことのEEZにおける利用調整上の意味には非常に大きいものがあると評すべきであろう。もっとも、建設法典は領海の外に位置するEEZには適用されないため、前述した同法35条3項3文の規定によって施設の位置コントロールをすることはできない。したがって、EEZでは後述のようにこの点が問題化してくることになる。

(2) 国土整備法（2004年）と海洋施設令

EEZについては、2004年の国土整備法改正法に基づいて連邦が管轄権を有することとされ「ドイツの排他的経済水域における国土整備」という条文が18a条として新設されたが、本条によって具体的に連邦はいかなる権限を有することとされたのであろうか。

(i) 連邦交通・建築・住宅省（Bundesministerium für Verkehr, Bau- und Wohnungswesen, 以下、「BMVBW」と称する）は、EEZの経済的科学的利用、航行の安全・容易および海洋環境の保護について、「目標」と「原則」を定める（国土整備法18a条1項1文）。

(ii)州の国土整備計画に関する手続はほぼ準用される（国土整備法18a条1項2文）。したがって、たとえば、優先地区、留保地区、適性地区（前述3(1)参照）の各地区を指定することができ、環境評価手続の実施、関係行政機関や公衆の参加、国土整備計画の理由書の添付・公告の実施、国土整備計画の実施が環境に及ぼす影響についてのモニタリングの実施等が義務づけられる。これによって、連邦政府の計画策定については州の計画の策定に関する前述した重要な規定（2(2)(b)および(c)）のかなりの部分が準用されることとなった。ただし、国土整備手続（15条）については準用されておらず、連邦政府はこれを実施する義務はない。

(iii)(ii)の手続については、具体的には権限官庁である「連邦船舶航行水路機構」(Bundesanstalt für Seeschiff und Hydrographie, 以下、「BSH」と称する）が実施する。BMVBWは、隣接する州間の利害の調整を行う（国土整備法18a条2項）。

(iv) EEZに国土整備法が適用されることになると、それまでEEZに適用されてきた海洋施設令との関係の調整が必要となる。海洋施設令においては洋上風力施設のための「特別適性地区」(besonderes Eignungsgebiet）を指定することができるので（同令3a条1項）、国土整備法で優先地区、留保地区、適性地区が指定された場合における双方の関係が問題となる。特別適性地区は、自然保護官庁等の関係官庁との協議や公衆参加手続を経て、設備の建設許可の拒否事由が存在せず、かつ、連邦自然保護法57条（EEZにおいて保護地区の指定を可能とする規定）に基づく保護地区が指定されていない場合に指定され、地区指定がなされると、その後の建設許可手続において施設の位置選定に関しては専門家鑑定意見があったのと同様の効力を有する（同令同条2項）。すなわち、これによって位置選定の適切性に関する申請事業者の立証の負担が緩和され、許可手続が迅速化されるのである。他方で、国土整備法上の三つの地区指定については、EEZでは適性地区を指定することができない。なぜならば、適性地区とは、2004年の時点では「建設法典35条によって都市建設上審査され、計画空間内の他の場所ではその建設が排除される、空間上重要な特定の事業にとって適切である地区」と定義されており（国土整備法7条4項3号、傍点は筆者）、適性地区は建設法典が適用されない地域においては指定することができないからである。また、留保地区は、前述のように位置のコントロール手法としては有効な手法とはいえない。それ故、国土整備法の三つの地区の内、実際に使われうるのは主として優先地区ということになる。そこで、海洋施設令の特別適性地区と国土整備法の優先地区との関係が問題となるのであるが、この点、2004年の国土整備法では、「国土整備の目標として洋上風力発電設備のための優先地区が定められた場合には、この地区指定は、海洋施設令に基づく施設の許可手続においては、位置の選定に関しては専門家鑑定意見があったのと同様の効力を有する」という規定が新設され（同法18a条3項1文）、海洋施設令の特別適性地区と同様な位置づけがなされた。しかし、これでは地区外部はもとより地区内部においても異種の建築物を排除し得ない可能性がある。国土整備法上の優先地区に関する規範的効力は、本規定によって脆弱化されたといえよう[38]。

(3)　2008年国土整備法改正法

以上のように、EEZに対しては2004年以降国土整備法が適用され、そこでは連邦が管轄権を有することになった。その際、州レヴェルで適用することが想定されていた各種の規定が、連邦がEEZで国土整備計画を策定する際にも準用されたものの、他方で、海洋施設令との関係で、むしろ国土整備法の有する利用規制としての本来の効果が減殺されており、またEEZには国土整備手続も適用されない等国土整備計画法制から見るとなお不十分な計画法であったと評することができる。2008年改正法における注意すべき変更点は下記の通りである。

(i)上記の国土整備法18a条は、2008年に改正され同法17条3項へ移された。そこでは、従来の同法18a条3項が削除されており、上記(2)(iv)に掲げた問題点が解消した。そして、優先地区は、同時に適性地区として効果を有するように指定する手法が認められたため（同法8条7項2文）、これによって、EEZでも地区外での排除効を伴う優先地区の指定が可能となり、特定の利用を空間的にコントロールすることが可能となった[39]。

(ii)また、EEZに対する連邦の計画的規制が強化された点も重要である。たとえば、建設法典や国土整備法で拡充されてきた計画保全規定（国土整備法では12条）が、連邦による国土整備計画の場合にも準用されるようになり（同法20条）[40]、国土整備計画の「目標」とは異なる国土整備計画を策定する場合には一定の要件に服させるという従来州に適用されていた規定（同法6条）が連邦の国土整備計画にも準用されたり（同法21条）、また、国土整備計画の「目標」の実現を不可能にしたり著しく困難にする事業の実施や決定を一定期間禁止する規定（同法14条）が連邦国土整備計画にも準用される旨の規定（同法22条）等が新設された。かかる動向は、従来連邦レヴェルでの国土整備計画については空間計画としての計画法的整備が必ずしも十分ではなかった状況に鑑みて、州計画レヴェルでの適用を想定して作られた国土整備法の諸規定を連邦レヴェルの国土整備計画にも及ぼしていこうとする潮流である。これによって、連邦、州、市町村の各レヴェルを包摂する国土整備計画体系を陸域のみならず海域にも及ぼし、双方を含む国土空間全体を総合的に秩序立てて整備する計画を作り上げようとしたのである。もっとも、前述した国土整備手続をEEZで実施することまではなお認められていない。

(4)　利用権原との関係

EEZについても、領海について述べたのと同様に海底の利用権原が問題となる。結論的には、EEZ（大陸棚も同様）については、その海底部分は私的所有権の対象とはならないと解されている[41]。したがって、洋上風力発電設備を建設する場合、発電会社は海底についての所有権や人役権等の私法上の権原をそもそも取得することができないし取得する必要もない。なお、ケーブル敷設に関しては、他方で連邦鉱山法（Bundesberggesetz）によって、BSHその他の州官庁の許可を取得しなければならない（同法133条）。

5.　ニーダー・ザクセン州の例

(1)　非法定計画の存在—IKZMとROKK

4(1)で触れた2001年9月3日の連邦政府の閣議決定を受けて、ニーダー・ザクセン州（以下、「NS」と称する）は、洋上風力発電設備の建設促進は、構造的に脆弱な沿岸地域を経済的に発展させる大きなチャンスとなると考え、2003年5月に州国土整備法の改正作業に着手した[42]。その結果、2007年に州国土整備法（NROG）が改正され、翌2008年にニーダー・ザクセン州国土整備プログラム（LROP）が改正された[43]。この改正によって、領海も含めた沿岸域での国土整備計画の策定について詳細な規定が設けられることとなった(NROG2条1文4号、LROP1.4章参照)。

もっとも、この動向に先んじて連邦レヴェルでの次の動向があったことも重要である。すなわち、EUは、1990年代末から、沿岸地域(Küstenzone)に対して高まっている各種の需要や利用圧力を調整し、沿岸地域を陸域と一体的統合的に管理するための手法の開発を検討し始めた。かかる検討結果は、2002年3月に欧州議会・委員会による「ヨーロッパにおける沿岸地域の統合的管理のための戦略の実施に関する提言」[44]として公表された。ドイツ政府は、この提言を実施するには国内で法的社会的に整備・受容されてきた国土整備計画法制を利用することが最善と判断して、上記のEUの提言を「統合的沿岸管理政策」(integriertes Küstenzonenmanagement, 以下、「IKZM」と称する)として従来の国土整備政策の中に整合的に取り入れようとした。かかる方向性は、海域にも国土整備法制を積極的に適用する前述の動向にも繋がることになる[45]。

他方でニーダー・ザクセン州は、州全域の海域のみを対象として「ニーダー・ザクセン州の沿海(Küstenmeer)に関する国土整備コンセプト」(Raumordnungskonzept für das niedersächsische Küstenmeer(ROKK))を策定した。ROKKは、当州の沿海域を包括的に対象とする国土整備コンセプトである。形式的には、国土整備プログラム(LROP)の下位に位置するが、LROPや広域地方計画を策定・変更する際の重要な基礎資料となる。ただし、ROKKには法的拘束力はない。

(2) 洋上風力発電設備の位置づけ

それでは、ROKKのたとえば2005年版(以下、「ROKK 2005」と称する)において、洋上風力発電は、どのように扱われているであろうか。

「C3 エネルギー、とくに風力エネルギー」の項を見てみよう[46]。ここには風力発電の現状と将来の方向性が述べられており、洋上風力発電パーク(Offshorewindpark(OWP))は、現在、領海内に2か所、EEZ内に4か所、それぞれ建設されている。ただ、領海内では他の用途との利用調整が難しく適当な建設場所を確保することはもはや困難な状況にあり、領海内での新たな建設は試験的なパイロット事業にのみ限定し、OWP は中長期的には EEZ に集中させる方針である。

立地コントロールについては、ROKK 2005 では、洋上風力発電設備の適地は、国土整備法上の適性地区の指定（領海の場合)、または地区外での排除効を伴う優先地区の指定（EEZ の場合）を通じて行うことが明記されている[47]。2004 年（および 2008 年）国土整備法改正法、海洋施設令の特別適性地区に関わって前述した特徴ないし問題点に対する州レヴェルでの対応として非常に興味深い。

6. むすびに代えて

本章を閉じるにあたって、とくに次の二つの点を改めて指摘しておきたい。

第一に、領海および EEZ を含む海域での近年の多様な利用要求を相互に調整するための手法として EU で重視されている海洋空間計画は、ドイツでは国土整備法（および領海では建設法典）を媒介として具体化されていることが明らかとなった。そして、その動向を簡潔に表現すれば、(イ)領海に関する計画主体を州として、州レヴェルで適用することが予定されている国土整備計画手法（州発展計画、広域地方計画等）を領海にも積極的に適用し、それを建設法典 35 条によって補完すること、および(ロ) EEZ に関する計画主体を連邦とし、その際従来連邦レヴェルでの国土整備計画については空間計画としてのコントロール手法が必ずしも十分ではなかった状況に鑑みて、州計画での適用を想定して作られた諸規定を連邦レヴェルの国土整備計画にも及ぼしていこうとする潮流である。すでに 2 (2)で述べたように、従来陸域での主たる適用が想定されていた国土整備計画法制自体が、1990 年代以降とりわけ 1997 年改正の際に、建設法典の BL プランについて徐々に整備されてきた手法を自らの内に積極的に取り込んでおり[48]、このように再編された国土整備法が、領海そして EEZ へとその適用範囲を拡大してきたのである。建設法典における BL プランを中心とする計画的コントロール手法は歴史的には都市自治体のイニシアティブで徐々に整備・充実されてきたものであって、いわば「下から」の計画法制である（それを連邦法として採用したのが 1960 年の連邦建設法（建設法典の前身）であった)。かようにして発展してきた計画法的なコントロール手法が1990年代後半に国土整備法制にとり入れられ、2000年以降は領海とEEZを包含する海域にも「水平的に」その適用範囲を拡大してきている事実は非常に興味深い。ただし、海域への適用に関しては本文で述べたように法制度の展開自体まだ日が浅く、その評価はなお日を待たなければならない。

第二に、公物法との関係についても付言しておきたい。ドイツにおける洋上風力発電設備の建設については、公物法の果たす意義は決して大きいとはいえない。前述したように、領海内の海底の該当部分を事業者が使用する場合にこそ連邦水路法に基づく許可が必要とされるものの、位置の選定等の利用調整は、公物法ではなくそれに先行する国土整備法や連邦イミッシオン防止法等に基づく設備建設に関わる手続の中で決定されていった。かかる構造は、わが国の理論や実務が海洋空間の利用については主として公物法に基づく処理を志向しているのとは対照的であり、また公物管理規定の充実を求めるわが国の近年の傾向とも異なる。わが国で公物法論的アプローチが主流であるのは、おそらくはわが国における都市・空間計画法が必ずしも十分な展開を遂げておらず、陸域において必ずしも良好な成果を挙げてこなかった法制度を海域に適用したとしても満足な結果を得られそうもないという(残念ながら悲観的な)展望を実務のみならず学界でも共有していたことにその原因の一端があるのではなかろうか。しかし、計画法論的アプローチによって海洋空間をコントロールする可能性はなお追及するに値すると思われる。たとえば、計画法論的アプローチでは、公物法論におけるように公物所有権の帰属主体は問題とはならず、公物の外延を確定する必要もない。また、各種の利害調整手続についてもたとえば計画確定手続等の優れた手法を編み出しており、この手法に依拠して海洋空間をコントロールする可能性は改めて検討に値すると考える。

1)　この点に関する近時の論稿として、来生新「海洋の総合的管理の各論的展開に向けて」日本海洋政策学会誌2号(2012年)4頁以下参照。
2)　たとえば、阿部泰隆「海面下に土地所有権は成立するか」ジュリスト476号(1971年)130頁、新田敏「いわゆる海面下の土地所有権について」法学研究51巻7号(1978年)1頁、幾代通「海面と土地所有権」同『不動産物権変動と登

記』（一粒社、1986年）199頁等参照。最高裁判例として、最判昭和52年12月12日判時878号65頁、最判昭和61年12月16日民集40巻7号1236頁等参照。

3)　ただし、漁業法は領海外にも適用されるし、その他領海外にも適用される国内法は決して少なくはないが（海難審判法、海洋水産資源開発促進法、鉱業法等)、他の利用主体との調整に関する規定はほとんど含まれていない。

4)　この点を比較的早期に指摘したものとして、横山信二「海洋公物管理論」松山大学論集2巻2号（1990年）53-61頁参照。

5)　Z.B. Fahrplan für die maritime Raumordnung: Ausarbeitung gemeinsamer Grundsätze in der EU, KOM 2008, 791; Maritime Spacial Planning in the EU—Achievements and Future Development, KOM 2010, 771.

6)　なお、イギリスの状況については、近年、洞沢秀雄「洋上風力発電所の立地・開発をめぐる法」札幌学院法学31巻2号（2015年）1頁以下で詳細な検討がなされている。

7)　たとえば、日経新聞2011年11月27日参照。

8)　たとえば、磯部力「公物としての海域と海域利用権の性質」新海洋法条約の締結に伴う国内法の研究2号（1983年）157頁、来生新「海の管理」雄川一郎／塩野宏／園部逸夫編『現代行政法体系9』（有斐閣、1984年）342頁、横山・前掲注4）53頁、同「海の利用関係」松山大学論集5巻3号（1993年）43頁、梅田和男「沿岸域および海域にかかる管理法制について」成田頼明／西谷剛編『海と川をめぐる法律問題』（河中自治振興財団、1996年）29頁、橋本博之「海洋管理の法理」碓井光明／小早川光郎／水野忠恒／中里実『公法学の法と政策（下)』（有斐閣、2000年）672頁、三浦大介「公物管理と財産管理」高知論叢（社会科学）69号（2000年）71頁等。

9)　たとえば、(a)説をとるものとして塩野宏『行政組織法の諸問題』（有斐閣、1991年）318頁、(b)説をとるものとして田中二郎『新版行政法中巻（全訂第2版)』有斐閣、1976年）317頁、原龍之助『公物営造物法（新版)』（有斐閣、1984年）219頁。なお、これらの学説の分布状況については、来生・前掲注8）344頁以下、寶金敏明『里道・水路・海浜—法定外公共用物の所有と管理』（ぎょうせい、1996年）63頁以下が詳しい。

10)　磯部力「公物管理から環境管理へ」松田保彦／山田卓生／久留島隆／碓井光明編『国際化時代の行政と法』（良書普及会、1993年）27頁以下、同・前掲注8）157頁以下参照。

11)　ここでは、「山岳丘陵林藪原野河海湖沼沢溝渠堤塘道路田畑屋敷等其他民有地ニアラサルモノ」は第三種官有地に編入された。

12)　ただし、この説の中には法定外公共用物については「慣行」を根拠として管理権を基礎づける見解もある。田中・前掲注9）317頁参照。

13） ただし、(a)説に立つ場合は所有権を根拠とするのであるから、所有者としての当該物への支配・管理権を主張すれば足り、あえて公物であることを強調する必要はないように思われる。

14） たとえば、磯部・前掲注8）163頁、田村悦一「公物法総説」雄川／塩野／園部・前掲注8）255–256頁。

15） 田村・前掲注14）255頁。

16） ドイツ公物法の現状を分析する邦語文献として、大橋洋一「公物法の日独比較研究・序論(1)〜(4)」自治研究70巻11号69頁〜71巻2号29頁（1994、1995年）参照。

17）「比較的規模の大きい」とは、当該行為が土地法上重要な意味を有する場合を指すが、特定の数値があるわけではなく、当該地域の具体的諸事情によって異なりうる（U. Battis/M. Krautzberger/R.-P. Löhr, Baugesetzbuch, 9. Aufl., 2005, Rdn. 22 zu §29）。

18） この観点から海の管理を行うべきことを強調するものとして、多賀谷一照「沿岸域の法理への視角」千葉大学法学論集12巻3号（1998年）42頁以下参照。また、海について公物法による処理に慎重なものとして、成田頼明「国内法から見た領海」新海洋法条約の締結に伴う国内法の研究2号（1983年）155頁、櫻井敬子「公物理論の発展可能性とその限界」自治研究80巻7号（2004年）24頁等がある。

19） したがって、たとえば海底の清掃、浚渫、異物の除去等の通常の管理行為については、計画法論的アプローチによる対応には限界がある。その意味で、本書は計画法論的アプローチでのみ海の管理を十全にできる旨を主張するものでは全くない。

20） ドイツの計画確定手続については、わが国では早くから多くの研究者が注目してきた。たとえば、その初期のものとして、成田頼明「西ドイツの計画確定手続について」時の法令1024・1025号（1979年）66頁以下参照。

21） 上記のドイツの計画法制については、高橋寿一「ドイツにおける計画・収用法制と「第三者」」『大規模施設の立地計画・収用に関する法制度』（日本エネルギー法研究所、2003年）242頁以下参照。

22） 以下の記述については、高橋寿一『地域資源の管理と都市法制』（日本評論社、2010年）98–99頁、112–114頁、122頁等参照。

23） 国土整備手続については、山田洋『大規模施設設置手続の法構造』（信山社、1995年）240頁以下に詳しい。

24） もっとも、本文(ハ)の環境影響評価に関する規定は、国土整備法の1993年改正で削除され、再び州の任意とされた。

25）立法担当者の指摘するところである。Bundestagsdrucksache（BT-Drs.), 13/6392, S. 40–41.

26）なお、ノルトライン・ヴェストファーレン州の国土整備法21条では、州行政庁が州国土整備ないし州発展計画の策定命令を発することができる旨定められている。

27）W. Erbguth, Planungs- und genehmigungsrechtliche Aspekte der Aufstellung von Offshore-Windenergieanlagen, DVBl 1995, S. 1270; Hübner, Offshore-Windenergieanlagen, ZUR 2000, S. 139; A. Zimmermann, Rechtliche Probleme bei der Errichtung seegeschützter Windenergieanlagen, DÖV 2003, S. 133（136); G. Wustlich, Das Recht der Windenergie im Wandel, ZUR 2007, S. 122（123). また、成田頼明「ドイツにおける洋上風力発電と海の利用をめぐる法制度（中)」自治研究79巻7号（2003年）4頁。

28）Battis/Krautzberger/Löhr, a.a.O.（Anm.17), Rdn. 78 zu §35; W. Bielenberg /P. Runkel/W. Spannowsky, Raumordnungs- und Landesplanungsrecht des Bundes und der Länder, 2004, Rdn.103ff. zu K§7; W. Ernst/W. Zinkahn/Bielenberg, BauGB, 2006, Rdn. 123ff. zu §35. ちなみに、計画で許容されている以外の土地利用を排除する効果を排除効（Ausschlußwirkung）という。優先地区については地区外での同種の土地利用に関する排除効の存否、また、適性地区については地区内の異種の土地利用に関する排除効の存否については見解が分かれている。判例は、前者の優先地区について、地区の指定が地区外についても排除効を有するためには、優先地区を定める国土整備計画（州発展計画ないし広域地方計画）が、計画対象区域全域について明晰な（schlüssig）計画コンセプトを有していることが必要であるとする（BVerwG, Urteil vom 13. 3. 2003–4C4/02, BVerwGE 118, S. 33; BVerwG, Urteil vom 13. 3. 2003–4C3/02, NVwZ 2003, S. 1261; BVerwG, Beschluss vom 28. 11. 2005, DVBl 2006, S. 459)。平たくいえば、優先地区指定に際して、当該国土整備計画が地区外についても同種の建築物の建設を排除する意図を有していたか否かによるということである。土地利用計画において用途指定を伴う地区指定をしても当該指定が当該地区内での効果のみを前提としている限り、地区外の地域は「白地」（weiße Flächen）であって、かかる土地利用計画には同種の用途を排除する効果を持たせることはできない。他方、用途指定を伴う地区指定が、地区外での同種の用途を禁止する趣旨をも同時に有する場合には、地区外の地域は「白地」ではなく、当該土地利用計画によって同種の用途が排除された「計画された土地」（beplannte Flächen）なのである。

なお、上記の地区指定を、洋上風力発電との関係で解説するものとして、H.-J. Koch/ T. Wiesenthal, Windenergienutzung in der AWZ, ZUR 2003, S.

350ff（354）; Wustlich, a.a.O.（Anm. 27), S. 122ff（123).

29）これに対して、国土整備法上のみの指定（一定の地域の「目標」や「原則」としての指定）の場合には効力が及ぶ私人の範囲が限定される（国土整備法4条1項）。

30）もっとも、1997年の国土整備法改正以降、空間上重要な用途に関する優先地区の指定に際しては、同時に適性地区の効果をも有するように指定できるようになったため（2008年改正法以前は7条4項2文、2008年改正法8条7項2文）、これによって、陸域および領海のいずれにおいても地区外での排除効を伴う優先地区の指定が可能となり、特定の利用を空間的にコントロールすることが可能となった。

31）Beschluß der Ministerkonferenz "Raumordnerische Positionen zur Offshore-Windenergie-Nutzung vom 3. September 2001", in：Bielenberg/Runkel/Spannowsky, a.a.O.（Anm. 28), S. 137 zu B 320.

32）学説として、H.v. Mangolt/F. Klein/C. Starck, GG, Rz. 20 zu 89; W. Wurmnest, Windige Geschäfte? Zur Bestellung von Sicherungsrechten an Offshore-Windkraftanlagen, RabelsZ 72（2008), S.236ff（251). また、(イ)に関しては、連邦裁判所の判例として、たとえば、BGH, Urteil vom 25. 6. 1958, BGHZ 28, S. 34ff; BGH, Urteil vom 24. 2. 1967, BGHZ 47, S. 117ff; BGH, Urteil vom 24. 11. 1967, BGHZ 49, S. 69ff; BGH, Urteil vom 9. 7. 1987, BGHZ 102, S. 1ff; BGH, Urteil vom 22. 6. 1989, BGHZ 108, S. 110ff. 連邦行政裁判所の判例として、BVerwG, Urteil vom 30. 12. 1990, BVerwGE 87, S. 169ff.。さらに、本文の(ロ)についても、連邦裁判所の判断は確定している。BGH, a.a.O.（25. 6. 1958), S. 37; BGH, a.a.O.（24. 11. 1967), S. 71. ただし、海水については、「物」とは言えないので、民法上の所有権は成立しないとする者も多い（Staudinger, Kommentar zum Bürgerlichen Gesetzbuch mit Einführungs- und Nebengesetzen, Buch I, Allgemeiner Teil, 2004, Rz. 48 zu §§90–113; Palandt, Kommentar zum BGB, 2008, Rz. 1 zu §90）。

33）この場合、基本法89条によって所有権は連邦に帰属するとされているため、連邦は海底敷部分の所有権を譲渡することはできない。

34）H.-U. Erichsen/W. Martens, Allgemeines Verwaltungsrecht, 8. Aufl., 1988, S. 494–495（Salzwedel).

35）たとえば、ニーダー・ザクセン州の領海内に近年建設された洋上風力発電パーク "Nordergründe" の送電線敷設に関する計画確定手続の際に提出された事業者（TenneT）の説明資料による（TenneT, Planfeststellungsunterlagen nach §43 Energiewirtschaftsgesetz（EnWG), Erläuterungsbericht, S. 57）。

36）本令は、1994年のEEZの設定に伴って、同水域における設備の建設・運営等を規制するために 1997 年に制定された、海事法（Seeaufgabengesetz）9 条 1 項に基づく法規命令である。本令については、成田・前掲注 27）10 頁以下参照。

37） BT-Drs., 15/2250, S. 71–72.

38） K. Maier, Zur Steuerung von Offshore-Windenergieanlagen in der Ausschließlichen Wirtschaftszone（AWZ）, UPR 2004, S. 103ff（108）.

39） W. Söfker, Zum Entwurf eines Gesetzes zur Neufassung des Raumordnungsgesetzes（GeROG）, UPR 2008, S. 161ff（168）. この規定（8 条 7 項 2 文）は、すでに 1997 年の国土整備法改正以降 7 条 4 項 2 文として設けられていた規定であるが（前掲注 30）参照）、2008 年改正法の下での新たな条文では、その適用が建設法典の適用区域に限定されず EEZ にも適用しうるように改められた。

40） 計画保全規定については、高橋・前掲注 22）第 7 章参照。

41） G. Vitzthum, Handbuch des Seerechts, Rz. 216 zum Kap. 3（Lagoni/Ploelß）; Wurmnest, a.a.O.（Anm. 32）, S. 252.

42） Niedersächsische Ministerium für dem ländlichen Raum, Ernährung, Landwirtschaft und Verbraucherschutz—Regierungsvertretung Oldenburg—, Raumordnungskonzept für das niedersächsische Küstenmeer, 2005, S. 29.

43） 前者について、Niedersächsische Raumordnungsgesetz（NROG）in der Fassung vom 7. Juni 2007（Nds. GVBl. S. 223）、後者につき、Raumordnungsprogramm Niedersachsen（LROP）in der Fassung vom 8. Mai 2008（Nds. GVBl. S. 26）参照。

44） Empfehlung des Europäischen Parlaments und des Rates vom 30. Mai 2002 zur Umsetzung einer Strategie für ein integriertes Management der Küstengebiete in Europa（ABl. Nr. L148 vom 6. 6. 2002, S. 24）.

45） 他方で、IKZM は沿岸陸域をも対象とする点で、海域のみを対象とする MSP の概念とは目的・範囲とも必ずしも同一ではない。

46） Niedersächsische Ministerium für dem ländlichen Raum, Ernährung, Landwirtschaft und Verbraucherschutz, a.a.O.（Anm. 42）, S. 29ff.

47） Niedersächsische Ministerium für dem ländlichen Raum, Ernährung, Landwirtschaft und Verbraucherschutz, a.a.O.（Anm. 42）, S. 31–32.

48） この点については、高橋・前掲注 21）251 頁以下参照。

第3編

環境・自治体・市民と再生可能エネルギー

第10章　地域資源の管理と環境保全
——再生可能エネルギー資源の利用もふまえて

1. はじめに

本章は、日本不動産学会編集委員会から依頼されて執筆した論稿である。依頼された際のテーマは、「地域資源の管理と環境保全」であった。そこで、このテーマと再生可能エネルギーを関連づけながら論じようとしたのが本章である。「地域資源の管理」については、近年論じられることが多いが、そもそも「地域資源」の概念が必ずしも明確ではないし、「環境」という用語も多義的である。以下ではまず概念の多少の整理をすることから始めよう。

(1)　地域資源の管理

「地域資源」という場合、一般には、土地や水、景観、生態系等を思い浮かべる。それではこれらの要素に共通する性質は何か。

まず、「資源」とは、経済学辞典によると、「自然によって与えられる有用物で、なんらかの人間労働が加えられることによって、生産力の一要素となり得るもの」と定義されている[1)]。これを多少いいかえれば、〈自然に存在するものであるがそのままの形では人間の生産や生活の用に直接供することができないが、これに労働を加えることによってそれらの用に供することができるようになるもの〉ということになろう。上記の例の中では、たとえば土地は正にこの定義を満たすし、景観や生態系についても雑草や外来種動植物を駆除することによって、人間の生産や生活にとって意味や価値を有するものとなる。

次に、「地域」であるが、これは、資源の中でも当該資源が地域性を有するものに限定する趣旨で使われている。地域性を有するとは、地域性をもって存在している資源相互間に有機的な連鎖性・関連性があるということである。すなわち、地域資源は地域固有の生態系の中に組み込まれ、相互に密接な関連性を有しており、それらが全体として有機的な一体性を形作っているのである。したがって、当該地域でしか産出されない資源はもちろんのこと、他地域でも入手が可能ではあるが移転が困難な資源もここに含まれるであろう。それ故、石油や天然ガスは資源ではあるが移転（流通）が可能であるので地域資源ではない。

「地域資源」という概念は、論者によって様々であって現在の所は一般的な定義はないといってよいが、この概念について詳細に検討した永田恵十郎は、地域資源の特徴として、(イ)非移転性（地域性)、(ロ)有機的連鎖性、(ハ)非市場性、を挙げている。(イ)と(ロ)についてはすでに触れており、(ハ)も地域資源が移転・流通が困難であることから導かれる[2)]。なお、地域資源は、(α)非生物的資源（水、土壌、大気等)、(β)生物的資源（動物、植物、生態系等)、(γ)美的資源（景観等）に分類することができる。あくまでも人間が働きかける自然の一部であるので、人間や文化等の人的資源は本章でいう地域資源の概念には当面含めないで考えておきたい。

次に、地域資源の「管理」についてである。この点は、本章では、「管理」を保全・利用・改変・潰廃等を図る行為としておきたい。

なお、地域資源の管理の「主体」であるが、地域性ないし有機的連鎖性を有する地域資源の本来的性質上、地域資源の管理は基本的には周辺地域への配慮を伴うことなしに行うことはできないであろう。たとえば、農地の場合、耕作者は単独の農業者ではあっても、農地は水利用を不可欠とし、水利用は地域全体の利用状況をふまえながら決定せざるを得ず、さらには森林の保水機能とも関係してくる。したがって、地域資源の管理は、通常は、当該地域資源所有者の単独の意思で決められるべきものではなく、地域住民や入会団体等の人的集合体が関与する中で決定されることが望ましい。

(2)　環境

「環境」も非常に多義的な概念である。本章では環境法の対象となる「環境」を念頭に置くことにする。環境法の対象となる「環境」については、大気、水、土地（土壌)、森林、原野、野生動植物、景観、生態系、歴史的・文化的遺産等が教科書で挙げられることが多い[3)]。また、近年ではこれに加えてオゾン層や海洋等の地球規模での環境要素も含まれる。これらの内、人的要素に関わるものやグローバルなレヴェルに関するものを除けば、「環境」と「地域資源」は重なる部分が多いということができよう。これらからすれば、「環境」を構成する諸要素の内、〈労働を加えることによって人間の生産や生活の用に供することができるようになる地域性を有するもの〉が「地域資源」となる。本章で念頭に置いている「地域資源」の多くは、「環境」を構成する要素でもあるが、両者は必ずしも重なり合うものではない。

(3)　課題の設定

本章では、地域資源管理と環境保全の問題を次の観点から検討したい。すなわち、環境を、地域ないしは周辺地域（それを越える場合も含む）を念頭に置いた環境と、国境を超えた地球規模での環境に分け、それぞれが地域資源管理とどのように関わるか、という視角である。前述したように「環境」の外延は非常に広く、とりわけ地域資源管理との関係を考えた場合、いかなる「環境」を想定するかによって論じ方が異なってくるからである。本章では便宜上、「環境」を2つに分け、前者（地域ないしは周辺地域を主として念頭においた環境）を「地域環境」、後者（国境を超えたグローバルなレベルでの環境）を「地球環境」と各々称することにする。もとより、両者は画然と区別しうるものではなく、前者の保全が後者に繋がることはいうまでもない。その意味ではこの区別は本章での便宜的な区別にとどまるが、地域資源管理との関係を分析する際の視座の一つになりうると思われる。以下、地域資源管理との関係について、第2節では地域環境との関係を、第3節では地球環境との関係を順次論じていきたい。

2.　地域資源の管理と地域環境保全

(1)　人間と自然・環境

前述したように、本章でいう地域資源の管理は、人間が自然に対して労働を加えることによって、その一部を人間の生産や生活に有用ならしめる行為を含む。すなわち、地域資源の管理は人間の用に供するために自然の一部を何らかの形で利用・改変することを前提としており、ここにはすでに人間と自然・環境の間にある種の矛盾する関係が内包されていると捉えることもできる。ここからは、〈地域資源を管理することこそが目的なのであって、自然・環境の保護は結果として生ずるに過ぎない〉という見方が一方では可能である。この〈自然・環境とは、人間の支配・利用の客体に過ぎず、人間生存のために自然・環境を保護するのだ〉という論理は、「人間中心主義」として、アメリカ等では19世紀に盛んに主張された。これに対して、自然はあるがままをただ〈保存〉（preservation）すべきなのだという議論が20世紀初頭前後からなされるようになった。これは人間にとっての価値がどうであれ自然には守るべき本質的価値があるから保存すべきであるという論理である[4)]。しかし、今日ではこのいずれも人間と自然を二項対立する存在として捉えている点で正しくないと評価されている。われわれは、何らかの形で自然から糧を得なければ生きていくことができず（いわゆる生業の営み）、他方で、人間はこのような形で自然と関わりながら長い年月を生きてきた。かかる生業の営みは、土地を開墾したり動植物を採取・捕捉したりすることで、部分的には生態系等の自然・環境を破壊してきたという一面は持つけれども、かかる生業の営みを通じて、継続的・安定的ないしは持続可能な形で自然や環境が保全されてきたという一面もまた事実なのである。そして、かかる自然と人間との長年にわたる関わりから〈文化〉と呼ばれるものもわが国のみならず世界の各地で形成されてきた。前述した二つの考え方は、人間と自然を二項対立・二者択一の関係にあるものとして捉えているが、人間と自然との関係性を全体的総体的に捉えることによって、その〈かかわりの全体性〉の中から自然・環境保護のあり方を考えようとする見解が近年わが国でも環境倫理学、環境社会学および法社会学等においては、有力に主張されている[5)]。

近年、地域資源を維持・利用・改変する担い手が減少したり、地域外の者が単なる投資目的で地域資源を取得して、当該地域資源が管理されないまま放置される事態が増加している[6)]。この場合は地域資源が潰廃される訳ではなく、自然の状態で存続するのであるから、環境保全という見地から見て問題がないようにも思えるが、上記の議論からのみならず、実際上も地域資源の放置が環境保全や周辺の土地利用に悪影響を与えるという点からも望ましくない。たとえば、森林は間伐等の適切な管理を怠り長期間放置されることによって、草木が生い茂り森林の内部に日光が届かなくなる。また、CO_2の吸収機能が低下したり、水循環機能に支障をきたし、さらに、森林の生物多様性が失われるおそれもある。農地についても遊休地化することによって、草木が繁茂して周辺の農地へ日照妨害や病害虫の発生等の被害を生じさせることになる。したがって、放置は自然や環境の保全にむしろ対立するのであって、適切な管理は環境保全には不可欠である。

(2)　地域環境保全のための地域資源管理

地域資源の管理が環境の持続的保全を可能とするという上記の論理において主として想定されている環境は、主として当該地域ないしはその周辺地域の環境である。すなわち、地域資源が不適切に管理されるということは、たとえば、地域の森林が過剰に伐採されたり、土壌が流出したり、河川が汚染されたりすることを意味し、環境が侵害される。それ故、地域資源を適切に管理することは地域の環境を持続的に保全することになる。このような思想は農業・農地についてはその例をいくつも観察することができる。

わが国でもその萌芽は中山間地域等直接支払制度（2000年）や戸別所得補償制度（2010年）に見ることができるが、ヨーロッパにおいては、地域住民による地域資源の管理が環境保全に繋がるという見解は1960年代にはすでに主張されており、EUレヴェルの政策上では、1975年に条件不利地域対策（LFA）が実施されるようになった。これは、自然的地理的条件の点でハンディキャップを負っている地域の農業経営に対して所得補償措置を講じることによって、離農すなわち地域資源の管理主体の減少を抑止し、地域の自然環境・景観や地域社会を保全することを目的としたものである[7]。

とりわけ、1980年代後半以降は、〈環境を保全するために地域資源を管理する〉という方向性がEUでは明確な政策とされた。たとえば、1960年代以降のドイツでは、大規模化・近代化した農業経営が多量の肥料や農薬等を使用したために窒素、燐等の有害物質による河川・地下水・土壌・大気等の汚染が憂慮される事態になり、1980年代後半以降、詳細な肥料規制、農薬規制が出され、土地、水、動植物等の従来の利用・飼養方法に一定の規制が課されるに至った。これは、地域環境を保全するために地域資源の管理の仕方に対して一定の規制を加えるものであるということができる[8)]。

さらに、1990年代以降は、環境適合的農業・有機農業が政策面でも注目を集めるようになった。ここでは、上述の肥料規制・農薬規制が従来の農業生産方法に対する外在的制約であったのに対して、農業生産のあり方そのものを根本的に見直すことを通じて環境を保全することが図られる。すなわち、地域社会における諸資源の管理方法を内在的に見直し本来の農業生産機能を十全に発揮させることを通じて、地域の自然や環境を維持・保全し、さらには安全な食料の消費者への供給をも実現しようとする方向性が出てくることになる[9)]。

3. 地域資源の管理と地球環境保全
—再生可能エネルギー利用と地域資源の管理

(1) 近年の動向

近年、再生可能エネルギー資源の利活用の流れが急である。再生可能エネルギー（以下、「再エネ」と称することもある）は、太陽光、風力、水力、地熱、バイオマスの5種類のものをその典型とする。これらはいずれも、1で述べた地域資源に相当する。これまで再エネの開発・利用に熱心に取り組んできたのはEU諸国であるが、その契機となったのは、温室効果ガスの増加に伴う地球温暖化問題であった。地球温暖化がわれわれの将来世代に対して破滅的な影響を与える可能性が指摘され、この問題への取組みが喫緊の課題とされたのである。温室効果ガスの排出を削減するためには、排出の原因の一つである化石燃料に代替し、かつリスクの高い原子力に依存しないエネルギー資源の開発が必要となる。再エネ資源の利用促進はこのような文脈から出てきた要請である。

なお、ここでは、以下の二つの点が特徴的である。一つは、ここで保全の目的とされる「環境」は、2で述べた「環境」とは異なり、地球環境というグローバルな環境が意図されている。今一つは、ここで地球環境にとって現在脅威となっている大きな問題は主として温暖化とオゾン層破壊であるが、温室効果ガスやフロン等の原因物質は、いずれも主として都市から排出されており、基本的には都市問題と関連が深いということである。他方で再エネの利活用が叫ばれている場は主として農山漁村であることに鑑みると、ここでの「地域資源の管理と環境保全」の関係は、2 とは異なって、地域自らが主たる原因を創出していないにも拘らず、地球環境を保全するために、地域資源の積極的な利活用が望まれている状態であるということができよう。地球環境保全が農山漁村にとっても極めて重要な問題であることはいうまでもないことであるが、「環境」を侵害した主たる原因が都市的諸活動にあることからすれば、再エネ利用とは、農山漁村からすれば地域資源に関するいわば外からの利用要請なのである。

(2)　わが国の場合

わが国でも、2011 年 8 月に、太陽光、風力、水力、地熱、バイオマスの再エネによって発電された電力を、電力会社に、一定期間、一定の価格で買い取ることを義務づける「電気事業者による再生可能エネルギー電気の調達に関する特別措置法」がようやく成立した（施行は 2012 年 7 月）。この法律によって、電気事業者は、電力買取りに必要な接続や契約の締結に応じる義務を負う。買取価格・買取期間は、再エネの種別・設置形態・規模等に応じて、関係大臣（農林水産大臣、国土交通大臣、環境大臣、消費者担当大臣）に協議した上で、新しく設置される中立的な第三者委員会の意見に基づき経済産業大臣が告示するが、すでに告示された価格は、発電事業者にとっては採算ラインに乗る水準のようであって、再エネの利用促進が期待されている。地域資源である再エネを利活用することになれば、地域の土地、風、水、光、生物資源等を利活用することによって、やり方次第ではエネルギー供給を通じて地域の雇用と所得を創出することが期待でき、地球環境保全を達成する過程で同時に地域社会に資する形で地域資源を適切かつ有効に管理することが可能となるであろう。

しかし、他方で様々な発電事業者が農山漁村に無秩序に参入してくることになれば、地域資源の濫費と地域社会の疲弊・衰退をもたらしかねない。そのため、政府は、2012 年 2 月に「農山漁村における再生可能エネルギー電気の発電の促進に関する法律案」（以下、「本法案」と称する）を第 180 国会に提出した[10]。以下、本法案について検討しよう。

⑶　農山漁村における再生可能エネルギー電気の発電の促進に関する法律案

農山漁村への再エネ発電事業の導入にとって重要な点は、設備設置に関する立地選定の問題と周辺の地域資源の利用者（既存の土地・海水面等の利用者）との利害調整をいかに行うかという問題であろう。前者の問題については、太陽光と陸上風力については農業振興地域の整備に関する法律（農振法）・農地法・森林法等が、洋上風力については港湾法・海岸法・漁港漁場整備法等が、水力については河川法等、地熱については温泉法・自然公園法等が、それぞれの立地の選定について一定の規制を設けている。後者の問題については、設備設置に際して、太陽光発電と陸上風力発電であればたとえば農林業的土地利用との調整が不可欠であるし、洋上風力発電であればたとえば漁業との調整が要求される。また、水力発電は水利権者等との調整、地熱発電については地元の温泉業者等との利害調整が容易ではない。これらの問題について、本法案はいかなる規定を用意しているのであろうか。

本法案の内容は、次の2点が中心となっている。一つは、立地規制の問題であり、今一つは、発電設備整備事業者による土地利用権原の取得の問題である。この両者によって、これら二つの問題への一定の対応がなされているので、以下多少詳細に見ていこう。

⒜立地規制

まず、主務大臣が農山漁村における農林漁業の健全な発展と調和のとれた再生可能エネルギー電気の発電に関する基本方針を策定し（本法案3条）、それに基づき、市町村は基本計画を策定することができる（同法案4条）。基本計画においては、たとえば、発電設備についての整備促進区域・種類・規模、施設整備と併せて農林業上の効率的総合的な利用の確保を図る区域とそこで実施する施策、農林地所有権移転等促進事業に関する事項（後述）が定められる。基本計画の策定は市町村の任意であるが、発電設備の整備を行おうとする者は、市町村に対して基本計画の作成についての提案をすることができる（同法案4条6項）。この規定は、都市計画法の都市計画提案制度（同法21条の2）に似た規定であるが、市町村が作成の必要がないと判断した場合には、その旨と理由について提案者へ通知する義務がなく単なる努力規定にとどまる（本法案4条7

項）点で、都市計画提案制度とは大きく異なる。

なお、市町村が基本計画を作成する際には、作成・実施についての協議を行うための組織として協議会を設けることができる（設立は任意）。協議会は、市町村の他、発電設備整備希望者、農林漁業関係者・団体、関係住民、学識経験者等によって構成され、協議会の構成員は協議の結果を尊重しなければならない（本法案6条）。利害関係者の利害はここで総合的に総括され、基本計画の内容についての利害関係者の尊重義務が生じるのである。

かくして作成された基本計画を前提として、発電設備の整備を行おうとする者は設備整備計画を作成し、基本計画を作成した市町村の認定を申請することができる。設備整備計画では、設備整備の内容・期間、施設用の土地・水域の所在・面積等、農林漁業の健全な発展に資する取組内容、これらに要する資金の額や調達方法等が記載される。市町村は、申請された設備整備計画について、基本計画への適合性、実現可能性を審査し、設備整備行為に係る諸法律（農地法、森林法、漁港漁場整備法、海岸法、自然公園法、温泉法）における許可権者の同意を得た上で、当該計画を認定する（本法案7条）。特徴的な点は、(イ)同意を得る主体は設備整備希望者ではなく市町村であること、(ロ)認定された場合には、その後認定設備整備者によってなされる個々の法律についての許可申請に対して許可が付与されたものとみなされることである（同法案9条から15条。手続の「ワンストップ化」と称される）。

(b)発電設備整備事業者による土地利用権原の取得

このように設備整備計画が認定された場合、次に、認定設備整備者は、設備用地や周辺地域の農林業の利用の確保に必要な用地を確保するために土地利用権原を取得しなければならないが、かかる権原の取得は、基本計画策定市町村が作成する所有権移転等促進計画によって行われることになる。この着想は、農業経営基盤強化促進法の農用地利用集積計画（同法18条ないし20条）に倣ったものであり、最終的にはこの計画が公告されることによって、所有権移転等の効果が生じる（本法案17条および18条）。この計画には、関係する土地の詳細、権利の移転に関する当事者の詳細、移転される権利が所有権の場合には対価・支払方法、移転される権利が地上権・賃借権・使用借権の場合には内容・期間・地代（地上権の場合）または借賃（賃借権の場合）等が記載される。

また、この計画は、基本計画や既存の農業振興地域整備計画・都市計画への適合性、関係する地権者全員が同意していること、計画の内容が周辺地域の農林地の農業上の利用の確保に資する内容であること、農用地としての利用のための移転の場合には農地法3条2項により1項の許可をすることができない場合に該当しないこと等を要件とし、農業委員会の決定を経て策定される（同法案16条)。策定後、所有権移転等促進計画は公告され、それによって権利移転等の実体法上の効果が発生する。

本法案の概要は以上の通りである。以下では本章との関係で、とりあえず次の点を指摘しておきたい。

第一に、近年の再エネ発電促進の動向は、上述のように地球温暖化を抑止することを第一義的な目的とする。もとより、地球環境の保全が結果的には地域環境の保全に繋がるのであるが、他方で、本法案の運用の仕方次第では再エネ発電は進んでもそれによって地域資源が疲弊・濫費・潰廃されたり、私的独占の対象となるおそれが少なからず存在するように思われる。すなわち、地球環境を保全するために、地域資源でもある地域環境の管理が不十分になるのではないか、という危惧である。本法案では、たとえば、協議会のあり方や基本計画の策定の仕方、ワンストップ化の運用の仕方等がとりあえずは気になる所である。

第二に、第一の点とも関わるが、本法案では諸種の再エネ資源を一括して対象としているが、個々の再エネ資源は、その自然的性質がそれぞれかなり異なるものであって、このことは、個々の発電設備に対する法規制のあり方についても大きな影響を与えざるを得ない。たとえば、太陽光や陸上風力については、本法案の適用がある程度イメージできるのに対して、洋上風力は、陸上とは発電設備をめぐる状況が物理的にも法的にも大きく異なる。とりわけわが国の海の利用・管理に関する法制度がなお未整備である状況に鑑みればそのことは十分に首肯できよう[11]。また、バイオマス発電についても、近年その伸びが急速なドイツの場合、その原料の多くにトウモロコシや甜菜等の農作物が利用されている。ところが、電力の買取価格が高いため、農家の中には食料としての農作物ではなくバイオマス作物の生産に特化している者も少なからずいる。このことは、(イ)食料資源としての農作物生産に一定の影響を与えるおそれがあるし、(ロ)耕種作物が特化・単一化してしまい、地域の輪作構造が崩れ、(ハ)本章2で述べた、すでに克服したはずの地域環境問題（土壌流出、水質汚染、景観侵害、ビオトープの孤立化等）が再び現れ始め、さらには(ニ)農地の賃料や農地価格の高騰を招くおそれがある。現にドイツでは、(ロ)、(ハ)、(ニ)の問題が近年社会問題化しつつある[12)]。

このように、再エネ発電は、これまでの地域の資源管理のあり方に大きな変化をもたらすおそれがあり、このことが地域の環境保全に与える影響にもなお予測し得ないものがあるといえよう。

4. むすびに代えて

本章は、地域資源の管理と環境保全の関係について、〈地域環境と地球環境〉という視角から、問題の一面を切り取って若干の考察を加えたものに過ぎない。

目をドイツに転じると、本文でも述べたように1980年代後半以降一貫して、〈自然・環境を保全するために地域資源をいかに管理すべきか〉という課題が明確に意識され、政策レヴェルでも検討されてきた。そこでは、大きな潮流として、地域環境であれ地球環境であれ環境を保全するに際しては、農林漁業の発展を阻害することなく地域資源の利用を通じて農山漁村を活性化することが留意されてきたといってよい[13)]。再エネ利用についていえば、ドイツでは再エネ発電の40％は市民・農民所有の発電設備からのものであるといわれている[14)]。信じがたい数字であるが、地域住民が共同出資して自らのイニシアティブの下に地域に発電設備を建設し、発電・売電事業を通じて、自らの所得を補完している例が多数報告されているところである[15)]。かかる動向を可能にした背景としては、再生可能エネルギー法による固定価格買取制度の導入という制度的要因はもとより大きいものの、地域住民が主体的に参加して地域振興を図るその姿には注目すべきものがあり、この点については、次章（本書第11章）で改めて考えてみたい。

地域環境のみならず地球環境をも保全することが、地球が持続的に存続・発展するためには避けて通ることができない。ただし、そのための地域資源の利活用が、外部からの参入者が単に地域資源を独占的排他的に利用・濫用することに終わることなく、地域住民にとってプラスの効果をもたらすよう、わが国でも本法案を始めとする地域資源の新たな利活用の動向には十分な注意が払われなければならない。

1）大阪市立大学経済研究所編『経済学辞典（第3版）』（岩波書店、1992年）470頁（石井素介）。

2）永田恵十郎『地域資源の国民的利用』（農山漁村文化協会、1988年）86頁以下参照。なお、向井清史は、地域資源の特徴として、①非移転性、②非労働生産物であること、③ある地域資源の利用は周囲の地域資源の利用に影響を及ぼさざるを得ないことを挙げ、それ故地域資源は市場メカニズムの下では濫費される危険があることを指摘している。向井の特徴を前述した永田の特徴と比較すると、①＝(イ)、③≒(ロ)であることは明らかである。また②についても、地域資源は労働生産物そのものではないので、一般の商品所有権と同様な市場は成立しない。すなわち、地域資源はこの意味で非市場的存在であって、永田のいう(ハ)と結果的にはほぼ同義となろう。したがって、向井の挙げる諸特徴は、永田のそれと基本的には同義であると言ってよい。向井清史「参加と交流による地域資源の保全と創造」今村奈良臣／向井清史／千賀裕太郎／佐藤常雄『地域資源の保全と創造』（農山漁村文化協会、1995年）74頁以下参照。

3）阿部泰隆／淡路剛久編『環境法　第3版補訂版』（有斐閣、2006年）29頁。

4）アメリカにおける自然保護の経緯については、鬼頭秀一『自然保護を問い直す』（ちくま新書、1996年）第1章に詳しい。

5）本文に述べた諸点については、環境倫理学の立場から鬼頭・前掲注4）第2章および森岡正博「人間・自然」（鬼頭秀一／福永真弓『環境倫理学』東京大学出版会、2009年）25頁以下に詳しい。環境社会学ではたとえば嘉田由紀子『環境社会学』（岩波書店、2002年）、法社会学では、楜沢能生「「農地改革」による戦後農地法制の転換」農業法研究44号（2009年）50頁等を参照。

6）近年、わが国の森林が外国人や外国資本によって大規模に取得される例が増えている。かかる事態が地域資源の管理に支障をきたし始めていることについて、東京財団政策提言『失われる国土～グローバル時代にふさわしい「土地・水・森」の制度改革を～』（2012年、東京財団）に詳しい。

7）高橋寿一『農地転用論』（東京大学出版会、2001年）112頁以下参照。

8）ドイツの肥料・農薬規制につき、高橋・前掲注7）118頁以下参照。

9）ドイツの動向につき、高橋寿一「ドイツの「農政転換」（Agrarwende）―「食の安全」、「農業」、「環境」をめぐる覚書―」清水暁ほか編『現代民法学の理論と課題』（第一法規、2002年）711頁以下参照。

10）第1章で検討した「農林漁業の健全な発展と調和のとれた再生可能エネルギー電気の発電の促進に関する法律」（2013年11月成立、2014年5月施行）の前に国会に提出された法案である。本法案の紹介につき、石川武彦「再生エネルギー発電を通じた農山漁村活性化策」立法と調査328号（2012年）65頁以下、江口直明「被災地における太陽光発電PPPプロジェクト」銀行法務21　746号（2012年）34頁以下参照。なお、本法案は結局廃案となり、自民党政権下で新たな法案が提出され成立したが、内容的には類似している点が多い。新法については、本書第1章4で詳細に検討している。

11）高橋寿一「海の利用・保全と法」横浜国際経済法学20巻3号（2012年）1頁以下（本書第9章所収）参照。

12）(ロ)につき、P. Kreins, Bioenergie und Landnutzungsänderungen, BLG Landentwicklung Aktuell 2011, S. 55; (ハ)につき、U. Grabski-Kieron, Energiewende—Herausforderungen für die integrierte Landentwicklung, BLG Landentwicklung Aktuell 2012, S. 20; (ニ)につき、P. Weingarten, Auswirkungen der Energiewende auf Landwirtschaft und Infrastruktur, BLG Landentwicklung Aktuell 2012, S. 30.

13）再エネ資源の利活用以外の点につき、高橋・前掲注7）112頁以下、同『地域資源の管理と都市法制』（日本評論社、2010年）第6章を参照。

14）Stadt Trier, Energiewende wird nicht zu stoppen, Rathaus-Zeitung vom 24. 4. 2012. なお、連邦環境・自然保護・原子力安全省政務次官は、50％を上回るという。U. Heinen-Esser, Ländliche Räume sind ein stärker Partner im Gemeinschaftsprojekt Energiewende, BLG Landentwicklung Aktuell 2102, S. 9.

15）たとえば、和田武『飛躍するドイツの再生可能エネルギー』（世界思想社、2008年）54頁以下、村田武／渡邉信夫編『脱原発・再生可能エネルギーとふるさと再生』（筑波書房、2012年）62頁以下参照。

第11章 「価値創出」、「市民参加」、「再公有化」

1. はじめに

再生可能エネルギーによる地域振興が語られることが多い。時あたかも、地方創生をめぐって、わが国では学界はもとより、政府や財界でも今後のわが国の経済成長のあり方と密接に関わるものとして、その具体的内容や将来の方向性に関して実に様々な議論がなされている。再生可能エネルギーによる地域振興は、この地方創生の流れの中で議論されることが多い。たとえば、2013年11月に成立し、2014年5月に施行された「農林漁業の健全な発展と調和のとれた再生可能エネルギー電気の発電の促進に関する法律」は、農山漁村における再生可能エネルギー電気の発電を促進することを通じて、農山漁村の活性化を図ろうとするものである（第1章4参照）。

ところで、かかる動向は、再生可能エネルギーの先進国であるドイツではすでに2000年前後には意識されていた。地域振興のためには何よりも地域経済の振興が重要である。そこで、ドイツでは、再生可能エネルギーによって地域に経済効果を生み出すことで「地域における価値創出」（Wertschöpfung in der Region）を図るべく、この価値創出が現在ドイツ各地で市民を巻き込みながら広範に展開しつつある[1)]。

以下では、この「価値創出」を切り口としながら、それと同時に主張されている「市民参加」や「再公有化」について、近年のドイツの動向について論じていきたい。

2.「価値創出」と「地域振興」

まず、「価値創出」という用語については、その含意するところもまた決して新しくはない、という点である。

価値創出によって意図されている経済効果とは具体的には何であろうか。たとえば、ドイツの「エコロジー研究所」が2010年に公表した『再生可能エネルギーによる自治体の価値創出』という報告書[2]によれば、それは、(イ)再生可能エネルギー事業者の利益、(ロ)その事業に関連して働く労働者の収入、(ハ)事業が立地する自治体の税収（営業税、所得税の自治体への還元分）、である。(ロ)については、単に当該事業所で雇用される者の労賃のみならず、発電設備の製造・保守・管理に伴って当該地域に生じる雇用効果や地元企業の受注増等が含まれる。また、これら以外にも、たとえば、事業用地の賃貸・売却による賃料収入や売却益収入（これらは賃貸人や売主にのみ帰属）、事業体が協同組合組織のような場合には出資への配当金等を挙げることができよう。これらを総じて、「地域における価値創出」と称している[3]。

ところで、価値創出が上述のような内容のものであるとすれば、それは、必ずしも再生可能エネルギーによらないと実現できないものばかりではないことに気づく。たとえば、農村に立地された工場は、事業体が仮に東京に本社を置く大企業であったとしても、上記の(ロ)で示された価値は少なくとも生み出すし、さらに、工場用地の賃料や売却益についても地域の地権者に帰属する。また、宅地開発の場合も、土地の賃料や売却益の他にたとえば住宅の建築に際して地域に一定の雇用効果を生み出すであろうし、事業体によっては地元の原材料（木材等）を使用するかもしれない。このように、地域での価値創出は何も再生可能エネルギー設備に依拠しなければできないものでは全くなく、むしろ、ドイツでも日本でも1960年代以降の農山村での工場・住宅等の都市開発に伴って多かれ少なかれ政策上志向され、また、効果のほどはともかくも現実に観察された現象なのである。

また、創出された価値が、農山漁村の特定の人々にのみ帰属するのではなく、できるだけ広範囲の地域住民の所得の向上に裨益する場合とは、従来は正に農林漁業を中心とする一次産業においてであった。農村では、地域住民が農業に従事し農産物を販売することを通じて、生計を立てるのに困らない程度の所得と農業という就業の場所が確保されていた。従来は農業の地域に及ぼす経済効果は、農業を生業とする、地域に居住するほぼすべての人々にあまねく行きわたっていたのであろう。その意味では、従来は、農業（林業、漁業）こそが最も重要な価値創出手法であった。

しかし、産業構造が高度化するにつれて、農業の国内産業に占める比重は大きく後退・縮小し、今日では農業がなお地域経済を支える主要な産業であることに変わりはないものの、従来のような地域への経済効果を生み出すことができなくなった。今日の農山漁村が、「地方創生」をいかに実現するかで呻吟している現状は、農林漁業だけではもはや地域経済が回っていかないことの裏返しでもある。

それでは、再生可能エネルギーによる「地域における価値創出」は、これらとはどのような関係に立つものであろうか。これは、〈誰が再生可能エネルギー事業の主体となるか〉という問題や〈固定価格買取制度のような価格保証制度が存在するか〉という問題と密接に関連するであろう。すなわち、大づかみで言えば、事業主体が、当該再生可能エネルギー（以下、「再エネ」と称することもある）設備が立地される地域とは全く別の地域（都市）に本社を置く企業であれば、事業収入は専ら当該企業に帰属し、立地地域全体に対する経済効果は限定されたものとなろう。しかし、今日のドイツのように市民や農業者が事業主体となるのであれば、事業の経済効果の及ぶ範囲は格段に広がる。ここでは、単に土地を提供する土地所有者のみが利益を享受するのではない。たとえば、市民・農業者が協同組合を設立してそこに出資することを通じて、出資に対する配当という形で、彼らは経済的な利益を手にすることができるのである。ドイツの場合、出資は誰でもでき、一口当たりせいぜい 500 ユーロ（6 万円前後）程度であるので、普通の市民や農民でも出資者になれる。現在の所、固定価格買取制度の後押しもあり、配当利回りは 4〜5% に達しており、再生可能エネルギー事業が地域住民の所得向上に一定の寄与をしている[4]。近年のドイツで再生可能エネルギー事業による価値創出が強調される含意はこの点にあるのであって、国民的関心事となっているのも十分に首肯できるところである。

したがって、価値創出は、一方ではこれまでの国土・地域政策の延長線上で捉えることのできる政策であり突如として現れた新しい事象ではないものの、他方では地域全体に及ぼす経済効果という点では、これまでの都市開発を中心とする農山村の振興策とは明らかに異なる側面をも有しており、検討に値する素材であるということができよう。

3. 分散型再生可能エネルギーと市民参加

(1) 再生可能エネルギーの地方分散

さて、今日における地域振興のための価値創出においては、以上のような意味で再生可能エネルギー事業が重要な選択肢の一つであるとすれば、このことは必然的に再生可能エネルギーの立地については地方に分散していることを要請する。なぜならば、特定の地域に集中して立地する場合には、再エネ事業から生じる利益が特定の地域に集中してしまい、国土全体に及ぶ地域経済の底上げには繋がらないからである。

そして、再生可能エネルギー設備を分散して立地することは、エネルギーの地産地消を促進することにもなるであろう。このことは、これまで述べてきた地域への経済効果の還元という点のみならず、以下の三つの点からも望ましい。

第一は、大規模送電線を使って、電気を地域を超えて長距離輸送する必要性が減少するために、いわゆる送電ロスが減り、エネルギーの効率的利用ないし省エネルギーに資する。

第二に、上記の点とも関わるが、送電網の整備の負担が軽減されるであろう。ドイツでは、送電網の整備のための鉄塔の設置や送電線の敷設については、自然・環境保護に関する社会的法的ハードルが非常に高いため、完成までに長い時間がかかり、また訴訟も頻発している。このことは、事業者の事業に関する予測可能性を損ない、事業者にとって無視しえないリスクとなる。

第三に、地震等の大規模災害が生じた場合にも、再生可能エネルギー設備が分散して立地していれば、集中型の立地と比較して、ある地域が機能不全に陥った場合の他地域への影響は相対的に軽減されるであろう。

(2) 市民参加

そして、分散型エネルギー構造が上述した地域での価値創出に繋がるためには、上記のように市民や農業者、地元の企業等が協同組合の設立等を通じて、自らがなしうる役割を分担しながら信頼を基礎として相互に協力していく体制ができていることが必要となろう。この協同作業は、地域住民の社会的連帯を強め、地域社会の維持・存続にとってもプラスの効果をもたらすであろう。すなわち、〈市民参加〉や〈透明性の確保〉が、再生可能エネルギー設備の設置に際してもとりわけ求められることになる。

それでは、住民や市民は、再エネ事業に対して常に協力的であろうか。下記の図5を見てみよう。

この図は、近隣に風力発電設備が建設されることになったとした場合の付近住民の受け止め方を調査したものである。これによると、「とてもよい」と「よい」が併せて54%である一方で、「悪い」と「あまりよくない」も併せて43%に達している。

近年のわが国においても、メガソーラー、風力発電設備、地熱発電設備の建設等に際して、地域住民・市民の反対運動がしばしば見られるところである（本書第2章参照）。これらの反対運動では、景観の侵害、土砂流出の危険性の増大、低周波音、バードストライク、温泉経営への影響等、総じて、住民・市民の健康・財産・生活や地域の自然・環境が侵害されることが危惧されている。わが国のこれらの反対運動で共通している点は、対立の構図が、〈資本（および場合によって行政）vs 地域住民の生活・環境利益〉という構造になっていることである。この構図は、戦後の高度成長期以降における利害対立の構造と基本的には同じであって、それが今日においてもなお繰り返されている。異なる

図5　近隣に風力発電設備が建設される場合の住民の意見

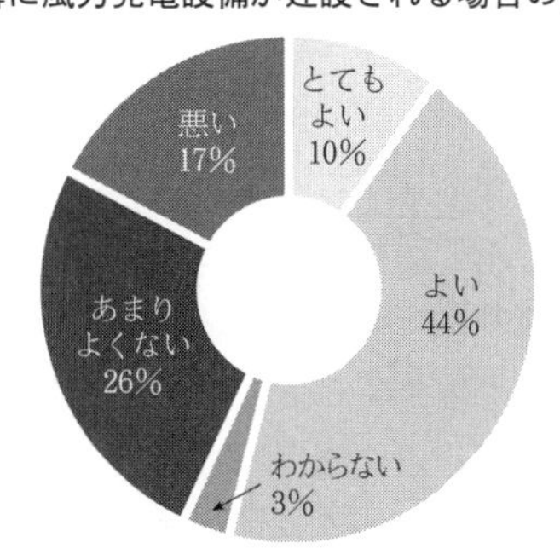

（資料） Deutscher Sparkassen- und Giroverband（DSGV）/ Verband kommunaler Unternehmen（VKU）, Gemeinsam für die kommunale Energiewende, 2012, S. 13.

点は、ここでは、資本（ないし行政）は、（少なくも表向きには）再生可能エネルギーによるエネルギー供給の増大・地球環境の保護の必要性を説き、地域住民は、地域の自然・環境の維持・保全を説くという、いずれのサイドも環境保護の見地からの利害主張をしているという点であろう。いわゆる「グリーン・オン・グリーン」の問題である[5)]。

ところで、〈市民参加〉や〈透明性の確保〉は、これまではとりわけ都市計画や公共事業計画等国や公共団体による行政計画の策定に際して強く要請されてきた[6)]。これに対して、上記で述べた再生可能エネルギー事業における〈市民参加〉や〈透明性の確保〉は、立地選定、計画立案、事業運営、事業利益の配分等の事業実施の各プロセスにおいて要請される。地域に価値創出をもたらすような事業をいかに計画・実施・運営して行くかがここでは問われているのであって、ここでは市民は、単なる参加ではなく、より主体的・積極的に関わることになる。この場合、積極的に関与するか否かは専ら市民の意思に委ねられることになるが、再生可能エネルギー事業への参加の形態には、計画策定過程への人的参加の他にも、経済的意味での参加もあり得る[7)]。すなわち、事業主体への出資、その他ファンドへの出資、証券（地域の金融機関が発行する事業費捻出のための証券であって、ドイツでは環境貯蓄証券（Umweltsparbrief）とか気候貯蓄証券（Klimasparbrief）とか称される）[8)] の購入等を通じて、経済的な支援を行うものである。固定価格買取制度が機能している今日では、前述の通り経済的参加に伴う利回りも年4〜5% に達しており、計画策定そのものへの参加以外にもこのような参加手法が用意されることによって、参加のインセンティブはむしろ行政計画の場合以上にあるといえるであろう[9)]。

このようにドイツの市民参加型再エネ設備の場合には、(イ)再エネ設備の立地計画の策定、事業計画立案等の過程に際して、早期の情報提供、透明性の確保、意見提出等の関与の機会の確保等を通じて、市民参加を徹底していること、および(ロ)経済的参加の手法も用意することを通じて市民に経済的インセンティブを付与していることが注目される。市民や農業者が、一方では自らの生活利益を守りながら、他方では再生可能エネルギー事業を自らいかに進めていくか、という構図の下では、市民・農業者の関心は、両者の要請の対立を激化させる途よりも、むしろ相矛盾するこれらの要請をいかに調整し解消するかという方向に向かっていくであろう。現に、上記の(イ)の機会が確保されていればいるほど、(ロ)も機能しているといわれている。(イ)を丁寧に実施することが(ロ)の資金援助に繋がり、このことが再エネ設備事業への参加を促進するという構造は極めて興味深い。このことを換言すれば、ドイツでは、単に配当等の経済的利益を得られることにのみ再エネ設備建設への関心が集中しているのではなく、むしろ、〈設備の立地に具体的積極的に関わることによって再エネ設備自体にも一定の意義を見出したからこそ出資をしたのだ〉とも考えることができよう。このように考えるならば、配当の受領は、出資の少なくとも唯一の目的ではなく、結果に過ぎない、ということもできるかもしれない[10]。

これに対して、わが国の場合には、上記(イ)の点でも、(ロ)の点でも、法制度と実務の両面においてほとんど手当てができておらず、〈資本（ないし行政）vs 地域住民の生活・環境利益〉という構図が変わることなく続いている状態である。

このように近年のドイツでは、地域における価値創出はエネルギーの地方分散化を必要とし、分散型エネルギー構造は、立地計画策定に際してもまた経済的な意味でも市民参加を促し、市民の関与を高めることが、再生可能エネルギー事業を促進し、そのことを通じて地域に価値が創出されると同時に再生可能エネルギーの生産が拡大する、という循環が社会的に徐々に浸透し始めている[11]。

4. 再公有化について

(1) 都市公社（Stadtwerke）の存在

ドイツの電力システムでは、発電事業と小売事業は自由化されているため、すでに度々述べてきたように市民や農業者が主体となった発電設備が数多く設置されているが、送電および配電事業については、近年、再公有化（Rekommunalisierung）の動きが顕著である。ドイツでは19世紀後半以降エネルギー供給については、Stadtwerkeと称される公社（以下、「都市公社」と称する）が市町村や都市毎に設立され、電力、ガス、熱を中心とするエネルギー供給[12]の主体となってきた。ところが、1980年代以降事業の運営に伴う自治体の財政上の負担が顕著になり始め、また当時、公営企業の民営化の世界的潮流が強まったこともあって、1990年代以降、自治体は、都市公社のエネルギー供給事業を民間の電力会社に売却して、自らの職務を近隣公共交通や廃棄物収集、清掃等の都市インフラの維持を中心とした業務に限定するようになった。ところが、民営化後もエネルギー料金は当初想定されていた程下がらず、他方で、地球温暖化への対処や再生可能エネルギー利用の必要性が強く認識されるにつれて、電気、ガス、熱、水等の供給は市民の生存配慮（Daseins-vorsorge）に関わる事象なので、エネルギー供給事業についてはやはり都市公社等の公営企業が経営すべきであるという流れが強まった[13]。かかる流れをエネルギー分野における再公有化と称している。ここでの再公有化の外延はかなり広範であって、エネルギーの送配電網の経営を中心とするものの、自治体によっては再エネ生産まで含む。都市公社等は、それぞれの状況や希望に応じてこれらの一部ないし全部の公有化を行うことになる[14]。

再公有化する場合、事業主体としては、(イ)都市公社が単独で主体となる場合の他に、(ロ)共同型の場合がある。(ロ)は、都市公社が既存の自然エネルギー会社と提携することによって事業を引き受ける場合である[15]。

(2) 近年の動向

ところで、エネルギー事業は電線、ガス管、水道管等の導管の敷設が不可欠であって、ドイツではこれらを道路の地下に埋設している場合が多い。したがって、エネルギー供給事業の民営化の際には、市町村と事業者との間で導管敷設のための自治体内の道路の利用契約（コンセッション付与契約）が締結される。エネルギー経済法（Energiewirtschaftsgesetz）[16] によれば、この契約は、最高20年と定められていて、20年経過後は、契約が更新されない場合には、事業者は送電設備を新事業者に対して、経済的に適切な対価と引換えに譲渡しなければならない（同法46条2項）。

1990年代の民営化以降、自治体から民間事業者に付与されたコンセッションの満了時期がここ数年間に限っても2,000件以上に達するため[17]、現在、各自治体は、期間満了後のコンセッションを誰に付与すべきかという問題に直面している。このような状況の中で、自治体が、従来民間事業者に付与されていたコンセッションの返還を受け、再び都市公社等を中心とした公営事業として配電・配ガス・配熱事業を行うことが意図されているのである。もっとも、事業者から返還されるとしても、その後の事業の譲受人については、自治体が任意に選定できるわけではなく、公募して公正かつ透明な手続を経た上で選定しなければならない旨の判決が近年連邦裁判所で出されており[18]、都市公社等への譲渡は、自治体が返還を受けたからといって必ずしも実現するわけではない。

このような動きは、ドイツ各地で見られるところであるが、ベルリン、ハンブルク、シュトゥットガルトのような大都市ではとりわけ顕著であって、前二者では、再公有化の是非を問う住民投票（Volksentscheid）が2013年に実施された。9月22日にハンブルク市で実施された住民投票では賛成票が51％を占め、市が再公有化のための準備を行うこととなった。他方、同年11月2日にベルリン市で実施された住民投票においては、市民グループが唱導し、市民主体のエネルギー会社を設立しここが受け皿となることを主張したが、0.9％、票数にして21,000票の賛成票が足りずに再公有化は否決された[19]。

再公有化が決定されたハンブルク市の場合でも賛成票は過半数をわずかに上回る程度であったし、ベルリン市ではぎりぎりであったとしても否決されたことからもわかるように、再公有化の動きについては、市民の間でも推進路線に必ずしも意見が集約されているわけではない。

(3) 再公有化の意義

それでは、再公有化を進めることについて、ドイツの市町村や住民・市民が望ましいと考える理由はどこにあるのであろうか。

(a)住民・市民にとっての意義

まず、やや古い数字であるが、再公有化の際に受け手となる可能性が最も高い都市公社に関して行われた世論調査によれば、「大きな信頼を置いている」と回答した市民は43％に達している[20]。市民は、どのような点で都市公社に信頼を置いているのであろうか。ドイツ貯蓄銀行・振替連盟（Deutscher Sparkasse-und Giroverband（DSGV））／公企業連盟（Verband kommunaler Unternehmen（VKU））の小冊子によると、都市公社は、住民・市民と日常的に直接接触していることが大きいという[21]。具体的には、事業について、できるだけ早期の情報提供と透明性の確保に心掛けており、このことが市民の信頼を得ている理由であるという。確かに、住民・市民と距離が近いということは、都市公社側からの情報提供のみならず、住民・市民の側からも都市公社に対して情報提供を求めたり、事業に際して参加の申し出をしたりする機会が、日常的な接触の中で常時生まれていることを意味しており、住民・市民にとっては、大手電力会社よりも遥かに信頼を置ける存在であろうことは十分に推測できる。逆にいえば、市民は民間電力会社に対してしばしば不信感を抱くことがあり、この点は、ドイツではたとえば、シェーナウで市民が大手電力会社KWR（Kraftübertragungswerk Rheinfelden AG）から送電線を買い取ろうとした際、KWRが市民の情報提供の求めに応じず、交渉のテーブルにすら着こうとしなかった事実等に典型的に窺われるし[22]、わが国の場合にも福島原発事故後の東京電力の今日に至るまでの対応（情報をできるだけ公開しないようにする姿勢）[23] を見れば、このような姿勢が住民・市民にいかに大きな不安を与えるものであるかがよくわかる[24]。

(b)市町村にとっての意義

また、自治体自身も再公有化を望む場合が多い。その理由は以下の通りである。

第一に、ドイツでは市民の生活基盤となるインフラは、市町村自らが整備すべきであるとする考え方が伝統的に強い。それ故に都市公社が19世紀から発展してきたわけだが、1990年代に民営化の波を受けた以降も、電力、ガス、上下水道、廃棄物処理等人々の生活に不可欠なインフラ設備については市民の生存配慮に属するものとして、供給についての確実性や信頼性を確保するために公営化が望ましいとする[25]。

第二に、再公有化することが、地域における価値創出を促進・強化するという点である。すなわち、発電事業や送電事業を都市公社が経営することは、事業から生じる利益が当該自治体自身の収入になることを意味する。このことは、たとえば民間資本が発電・送電事業を行う場合には、収入の最大部分を占める売電収入がそのまま当該企業に帰属してしまうことと比較すれば明らかであろう。かくして、〈再公有化は、地域における価値創出の環の一つである〉[26] と評されている。

第三に、再生可能エネルギー設備を立地するに際しては、都市計画法制度上の位置づけを不可欠とするので、都市計画について計画高権を有している市町村にとって、再エネ設備の事業主体が都市公社である場合は、民間資本が立地する場合と比較して計画を策定しやすいという点である。たとえば、第7章でも詳述した行政管区や市町村が優先地区や集中地区の指定を行うに際しては、計画策定主体としては、利害関係者が民間資本であるよりも都市公社である方が計画への理解を遥かに求めやすいであろう[27]。

(4) 政党・連邦政府レベルでの反応

近年の潮流である再公有化は、このような意義を有するのであるが、注意すべきは、このような流れについては、住民・市民や自治体が中心となっており、必ずしもドイツのすべての組織において肯定的に評価されているわけではない、という点である。その端的な例としては、前述した住民投票において、ベルリン市の場合には市議会の多数を占めるSPD（社会民主党）とCDU（キリスト教民主同盟）は、再公有化によって財政上の負担が巨額になることを理由として、住民投票で反対票を投ずるように市民に求めていた。ベルリン市の場合、再公有化の動きのイニシアティブをとったのは、「社会的エネルギー政策」（soziale Energiepolitik）を唱える市民グループであった。他方、ハンブルク市の場合にも、市長と市議会で多数派を構成するSPDは、やはり財政上の理由で再私有化に反対していたし、地元の経済団体も再私有化批判のキャンペーンを張っていた[28]。

さらには、連邦政府自身も再公有化に必ずしも賛成しているわけではない。たとえば、2011年9月に連邦政府が連邦議会に提出した「エネルギー経済法62条1項に定める独占委員会の特別鑑定意見（エネルギー2011――光と影のある競争展開）」と題する報告書を読むと、その中に「再公有化」という独立の項目が設けられており、そこでは、再公有化は競争を阻害し、効率性を損なうものであるとして、発電、送電、販売の各レヴェルにおける再公有化のデメリットが論じられている。1980年代以降の様々な分野での民営化政策が競争促進を目的の一つとしており、かかる目的はEUレヴェルでは今日でもなお追求されている以上、連邦政府としても再公有化政策へと舵を切ることには、なおためらいがあるのであろう[29]。

4. むすびに代えて

以上、ドイツでの再生可能エネルギーをめぐる議論の状況を描出するために、「価値創出」、「市民参加」、「再公有化」をキーワードとして検討してきた。これらは、今日も現在進行形で動いているので、確定的なことを指摘することはできないが、とりあえず以下の諸点を指摘しておきたい。

第一に、再生可能エネルギー設備の建設から維持管理や運営に至るまでの過程が、地域における価値創出につながると、ドイツでは考えられ始めており、その方向での様々な試みがドイツ各地で展開していることである。事業主体が民間資本の場合には、地域における価値創出の効果は大きく減殺されることが、すでにいくつかの研究で明らかにされており、再生可能エネルギー設備の立地が、単に地球温暖化防止や気候変動等地球環境を維持・改善するにとどまらず、建設・維持・運営の仕方次第では、地域で価値を創出する契機になりうるものであることが徐々に認識されているといってよい。

第二に、他方で、これらの動向を立地コントロールという観点から見た場合には、一つの重要な示唆が得られるように思われる。すなわち、「価値創出」、「市民参加」、「再公有化」さらには「分散型再生可能エネルギー」が一連の環の中で主張されており、再生可能エネルギー事業に住民・市民が前述したような多様なチャンネルを通じて関与することによって、設備建設に対しての住民・市民の受容可能性が高まるのではないか、という点である。この多様なチャンネルは、従来提唱されてきた「計画策定段階での参加」にとどまらない。立地選定、計画立案、事業運営、事業利益の配分等の事業実施の各プロセスにおいて、また、人的のみならず経済的な意味においても、多様な参加の形態が考えられる。これらの多様なチャンネルを用意し住民・市民が各自の関心に応じて適宜参加していくことを通じて、再エネ発電設備の建設と地域住民・市民の利害との調整を進めることができるのではないか。ドイツにおける「価値創出—市民参加—再公有化」の議論は、まだスタートしたばかりであって、この点の論証にはいましばらく時間がかかるであろうが、適切な立地コントロールを制度上仕組む場合の一つの重要な論点を形成しているものと思われる。

第三に、結論的には、これらを統合して推進すべきと主張しているのは、今日でも地域住民・市民イニシアティブや自然・環境保護団体を中心としたレヴェルにとどまっているようである。連邦政府や政党の中には、「市民参加」には異論を示さないものの、「再公有化」にはなお根強い反対意見がある。また、「価値創出」についても、理念として反対する者はいないが、これを分散型エネルギー構造の全国土での実現という課題と直結させることには必ずしも全面的に肯定的であるわけではない。たとえば、連邦政府は、これからの再生可能エネルギー源として、洋上風力発電を重要視しているが（本書第9章参照）、洋上風力発電は、現実には資金力のある大資本しか関与できず、むしろエネルギー生産の集中化を結果的にもたらすものである。また、北海やバルト海の北ドイツ沿岸で生産された電力をドイツ中部や南部に送るための大規模な送電網の建設も必要となる[30)]。

1) いずれも、法学者の手によるものではないが、近年の興味深い論稿として、諸富徹「再生可能エネルギーで地域を再生する」世界2013年10月号152頁以下参照。なお、同編著『再生可能エネルギーと地域再生』（日本評論社、2015年）は、再生可能エネルギーと地域振興との関係を分析する論稿を収録している。また、ドイツの事例紹介としては、和田武『飛躍するドイツの再生可能エネルギー』（世界思想社、2008年）第3章以下、村田武『ドイツ農業とエネルギー転換』（筑波書房、2013年）第1章〜第3章、寺西俊一／石田信隆／山下英俊編著『ドイツに学ぶ地域からのエネルギー転換』（家の光協会、2013年）第1章、吉田文和『ドイツの挑戦』（日本評論社、2015年）第III部等参照。
2) Institut für Ökologische Wirtschaftsforschung (IÖW), Kommunale Wertschöpfung durch Erneuerbare Energien, 2010, S. 28ff. なお、本報告書については、寺西／石田／山下・前掲注1）171頁以下で言及されている。
3) ドイツ環境・自然保護連盟／ドイツ自然保護連盟の報告書『バーデン・ビュルテンベルク州における風力発電の拡大』は、「価値創出」を本文のように広くとらえている。Bund für Umwelt und Naturschutz Deutschland (Bund) / Naturschutzbund Deutschland (NABU), Ausbau der Windenergie in Baden-Württemberg, 2013, S. 4ff.
4) このような地域経済への寄与は、創出された価値の大半が特定の開発事業者にのみ帰属するのではなく、その創出された価値が、事業を通じて市民、農業者、地元の企業等に広く均霑されていくという点においては、都市開発の場合よりもむしろ地域への経済効果は高いものと思われる。ちなみに、前掲注2）で挙げた報告書『再生可能エネルギーによる自治体の価値創出』を元に、山下英俊が、2,000 kW のメガソーラー事業が生み出す価値創出額のうち立地地域に帰属する割合について行った試算によると、事業計画から設備設置、操業と維持管理のすべてを地元住民が出資した会社が行ったとすると、20年間で生まれる価値創出総額の8割が立地地域のものとなるのに対して、同じ事業を地域外の企業が行い、維持管理のみを地元に委託したとすると、立地地域にもたらされる価値創出額は土地の賃料を含めても2割に留まるという。寺西／石田／山下・前掲注1）174頁参照。

5）この「グリーン・オン・グリーン」の問題で、ドイツで特徴的な点は、自然・環境保護団体の多くが、再生可能エネルギー設備の建設促進の立場に立っている点である。その主張の論拠は、地球温暖化・気候変動の防止であって、これが彼らの最重要課題である。その結果、設備の周辺で生じる自然・環境へのある程度の悪影響は致し方ないこととなる。たとえば、前掲注3）で挙げた報告書では、風力発電設備の拡大を景観保護に優先させるべきとする。その理由としては、以下の点が挙げられている。(イ)風力発電設備を建設すれば、これを建設しない場合に必要となるであろう火力発電所等の建設が削減・回避でき、CO_2削減に効果がある、(ロ)景観侵害の点では風力発電設備よりも火力発電所の方が重大であるのだから、風力発電所建設に伴い生じる景観侵害は致し方ない、(ハ)火力発電所の場合には石炭採掘が必要となり、一旦採掘されてしまえば採掘場の景観を元通りに復元することは不可能であるのに対して、風力発電所の場合には、耐用年数経過後は設備を撤去してしまえば、景観は元通りに回復するので、景観侵害の程度が小さい。また、第7章で検討した建設法典35条3項3文に基づく優先地区や集中地区については、地区外での建設を積極的に促進すべきと主張する（Bund/NABU, a.a.O.（Anm. 3), S. 7–8)。いずれも、興味深い指摘である。自然・環境保護団体にとっては、少なくとも景観という地域環境よりは地球温暖化防止やオゾン層破壊の防止という地球規模のいわば「大きな」環境問題（本書第10章3を参照）により大きな関心があることがよくわかる。

6）行政計画においては、筆者はこれまでも、住民・市民ができる限り早期の段階で参加できるようにすることが結局は計画の安定的な実現に資する旨の指摘をしてきたが（たとえば、高橋寿一『地域資源の管理と都市法制』（日本評論社、2010年）第4章など)、再生可能エネルギー事業においてもこのことは当てはまる。

7）Bund/NABU, a. a. O.（Anm. 3), S. 11–12.

8) Deutscher Sparkassen- und Giroverband (DSGV)/Verband kommunaler Unternehmen (VKU), Gemeinsam für die kommunale Energiewende, 2012, S. 11.

9) 行政計画の場合には、市民参加を促すために排除効の制度を設けて司法審査へのアクセスを制限すること等を通じて、一方では市民参加へのインセンティブを付与しながら、他方で計画の安定性を図ろうとしてきた（この点については、高橋・前掲注 6）第 7 章参照)。

10) もっとも、図 5 で示したように、「悪い」と「よくない」も併せて 43% に達している事実にも注意すべきである。とりわけ、送電線の敷設については地域住民や市民から強く批判され、事業の進捗に支障を来している。送電線の場合には、発電設備とは異なって土地所有者や地域住民等の関係者には何の恩恵も及ばず、一方的に被害を被るだけなので、従来型の市民参加では限界がある。そこで、近年のドイツでは、市民参加のあり方をめぐって、様々な議論がなされ、住民・市民の受容可能性をいかに高めるかが盛んに論じられている。たとえば、住民投票制度の拡充、本文で述べた経済的参加、損失補償等が提案されている。損失補償については、Hendler が積極的に主張しており、送電線の敷設も法令の基準を満たして行われている限り、基本法 14 条 2 項の所有権の社会的拘束の範囲内にあるというのが従来からの判例であるが、従来の収用法制の外側でも新たな損失補償制度を検討しないと、送電線の敷設ないしエネルギー転換は進まない、というものである（トリア大学第 30 回コロキウム「地方自治体の環境保護」(2014 年 9 月）における討論での Hendler の発言。T. Hebeler (hrsg), Kommunaler Umweltschutz, 2015, S. 149–150.)。ここでは、市民の受容可能性をいかに高めるか、という受容可能性の問題が議論の焦点となっている。市民の受容可能性を高めることももとより市民参加の重要な目的ではあるが、両者（市民参加の促進と受容可能性の向上）は、必ずしも完全に重なるものではないように思われる。

なお、損失補償には触れていないが、再エネ設備建設に際しての市民参加のあり方についての提言として、Vgl. O. Renn/W.Köck/P-J.Schweizer/J.Bovet/C.Benighaus/O.Scheel/R.Schrötter, Öffentlichkeitsbeteiligung bei Vorhaben der Energiewende, ZUR 2014, S. 281ff.

上述の問題に関する近年の議論の状況については、近時の文献も含めて下記の論文が詳しい。K. Ritgen, Bürgerbeteiligung bei Netzinfrastrukturmaßnahmen auf kommunaler Ebene, in: Hebeler, a.a.O. S. 132ff.

また、受容可能性の観点から再生可能エネルギーをドイツの状況にも触れながら論じるものとして、丸山康司『再生可能エネルギーの社会化』(有斐閣、2014 年）第 3 章以下参照。

11) K. J. Beckermann/L. Gailing/M. Hülz/H. Kemming/M. Leibenath/J.

Libbe/A. Stefansky, Räumliche Implikationen der Energiewende, 2013, S. 8. なお、今や世界的に知られるようになった、ドイツ南部のシェーナウ（Schönau）での市民運動はその一つの例である。この運動の詳細は、田口理穂『市民が作った電力会社』（大月書店、2012年）参照。シェーナウの市民グループは、結局大手電力会社の送電線を買い取って、現在では送電と再生可能エネルギーの生産まで大規模に行っている。もっとも、ドイツでもこのような循環はまだ始まったばかりである。2012年段階では、「まだスタート段階（Startphase）であって、連邦レヴェルでは信頼のおける安定した工程表（Fahrplan）ができているわけではない」と評されており（DSGV/VKU, a.a.O.（Anm. 8), S. 12.)、この循環を社会的制度的に定着させることはなお今後の課題である。

12）ここで「供給」（Versorgung）というのは、発電事業ではなく、どこかで生産されたエネルギーを市町村が市民に供給することをいう。すなわち、具体的には送電ないしは配電事業を指す。

13）ドイツでのこの潮流については、N. Sonder, Wirtschaftliche Betätigung von Kommunen im Wandel, LKV 2013, S. 202ff. なお、ドイツの再公有化を論じた近年の邦文文献として、中山琢夫「地域分散型再生可能エネルギー促進のための自治体の役割」諸富編著・前掲注1）171頁以下参照。

14）R. Brinktrine, Kommunales Energierecht, in: Hebeler, a.a.O.（Anm. 10), S. 76.

15）田口・前掲注11）186頁以下、F. Fellenberg/J. Rubel/U. Melíß, Auslaufende Konzessionen—die Kommulalisierung als Alternative ?, Energiewirtschaftliche Tagesfragen, 2012, Jg. 62, S. 104ff.

16）Gesetz über die Elektrizität- und Gasversorgung（Energiewirtschaftsgesetz）vom 7. 7. 2005（BGBl. I S. 1970 und 3612).

17）Verband kommunaler Unternehmen（VKU), Konzessionsverträge, 2012, S. 13.

18）BGH, Urteil vom 17.12. 2013, ZNER 2014, S. 168ff. 連邦裁判所は、このような公募方式を取ることが、基本法28条に定める地方自治体の自治権の保障を侵害するものではないと判示した。ただし、この判決に対しては、再公有化を推進する研究者の間からは疑念が出されている。たとえば、A. Kafka, Rekommunalisierung als Motor im Bereich des kommunalen Energierechts, in: Hebeler, a.a.O.（Anm. 10), S. 103ff.

19）Hamburger Handelsblatt vom 23. September 2013 und vom 3. November 2013.

20）VKU, a. a. O.（Anm. 17), S. 17.

21）DSGV/VKU, a.a.O.（Anm. 8), S. 10 und 13.

22) 田口・前掲注11) 45頁、187頁参照。田口によれば、ドイツの住民は、民間電力会社が、自分たちや自治体のいうことに耳を傾けない点に不満を持っていると指摘している。

23) この点は、福島第一原子力発電所で、放射能汚染水が港湾外に流失していた事実を東京電力はほぼ1年前から把握しながら、住民・市民に公表してこなかった報道（日本経済新聞2015年2月24日等）を見れば明らかである。

24) 住民・市民や環境NPOにとっては、民間事業者よりも自治体の方が多様なコラボレーションが可能になることを指摘するものとして、長谷川公一「21世紀の地域分散型エネルギー政策」月刊自治研39巻8号（1997年）39頁参照。

25) DSGV/VKU, a.a.O. (Anm. 8), S. 10. なお、自治体の再公有化と生存配慮原則との関係を法的に検討する近年の文献として、下記の文献がある。M. Waller, "Neue Energie" für die kommunale Selbstverwaltung: kommunale Daseinsvorsorge und (Re-) Kommunalisierung im Zeichen der Energiewende, 2013, S.19ff.

26) VKU, a. a. O. (Anm.17), S. 14 ; Sondergutachten der Monopolkommission gemäß §62 Absatz 1 des Energiewirtschaftsgesetzes, Bundestagdrucksache (BT-Drs.), 17/7181, S.24.

27) VKU, a. a. O. (Anm. 17), S. 14.

28) たとえば、ハンブルク市商業会議所（Handelskammer）の意見「電力網購入に「否」を」(http://www.hk24.de/blob/hhihk24/servicemarken/presse/downloads/1141244/365e30c0f7623965a5f7333af3d4a022/Hamburger_Erklaerung--1--data.pdf.) を参照。もっとも、市当局は、住民投票の結果を受けて、ハンブルク市自らが買い取る方向で検討している。

29) また、連邦エネルギーネット局（Bundesnetzagentur）や連邦カルテル庁（Bundeskartellamt）も否定的な見解を述べている。Vgl. Kafka, a. a. O. (Anm. 18), S. 95ff.

30) この点については、本書第8章注30）参照。

第 12 章　ドイツにおける再生可能エネルギー設備用地の公的・共同的調達

1. はじめに

以上の叙述で明らかなように、ドイツでは、地域における価値創出を実現するために、再生可能エネルギー設備を地域に分散して立地し、建設や運営について市民や市町村が積極的に加わる、という形態が増加している。ただし、市民や市町村の関与の仕方には、様々なバリエーションがあって、実態を知れば知るほど、様々な手法がありうることに驚く。

本章では、このような風力発電設備の建設にとって、最初の重要な段階である用地調達の基本的手法について、法制度の観点から紹介・検討する。以下、大きく二つの類型について検討する。一つは、市町村がリーダーシップをとって、市民を積極的に参加させることを通じて、風力発電設備用地を調達する手法であり、今一つは、市民（土地所有者）が共同しながら、風力発電設備用地を調達する方法である。

いずれの手法とも、再生可能エネルギー（以下、「再エネ」と称することもある）設備の建設・運営によって生じる利益を地域外の企業や個人には帰属させず地域に還元するという目標を実現するためには有効な手法であると思われる。また、いずれの場合にも、設備建設に対する住民・市民の反応は、地域外の資本がいきなり再エネ設備の建設に着手する場合と比べて遥かに柔軟である。ましてや、本章で述べる手法を用いて市町村や住民・市民が事業主体にもなれば、住民・市民が用地調達、設備の建設・運営まで受動的であれ能動的であれ関与することになるので、設備建設に対する住民・市民の受容可能性は遥かに高まることとなる。

以下では、前者の類型を「市町村関与型」、後者の類型を「市民（土地所有者）共同型」ととりあえず称することとして、順に検討していこう。

2. 市町村関与型土地調達

(1) 背景

第7章で述べたように、1996年の建設法典改正によって、風力発電設備は特例建築計画に含められ建築許可が得やすくなる一方で（同法35条1項6号[現5号]）、広域地方計画（第9章2(1)参照）やFプラン（第5章2(2)参照）の優先地区や集中地区の指定を通じて風力発電設備の立地を地区内に限って認める改正がなされた（同法35条3項3文）。これによって、一方では環境・景観への侵害（ドイツでは風力発電設備が濫立する状況をアスパラガスの成長にたとえて、「アスパラガス化」（Verspargelung）と称している）を回避し、他方では風力発電設備の建設をこれらの地区内で積極的に促進することが意図された。第8章でも検討したように、近年では、バーデン・ビュルテンベルク州やラインラント・プファルツ州等で風力発電設備のための地区指定に際して市町村レヴェルでのイニシアティブを重視しようとする動きも見られるところであって、市町村が風力発電設備に関する地区指定に際して大きな役割を担わされ始めている。

ところで、1996年の上記の法改正からすでに20年が経過した今日においては、ドイツ国内のほぼすべての地域で、風力発電設備用地として広域地方計画上の優先地区ないしはFプランでの集中地区の指定がなされたといわれている[1)]。したがって、優先地区または集中地区以外は、特例建築計画である風力発電設備といえども原則として建設することはできない。そこで、たとえば、広域地方計画上ですでに優先地区が指定されている場合において、その後市町村が優先地区外で風力発電設備の建設を促進するためには、新たに別にFプランを策定し、その中で集中地区を定めることになる[2)]。

ところで、市町村がFプラン上で集中地区を指定した場合でも、単なる地区指定を行うだけであれば、地区指定後は事業者が風力発電設備用地を確保するために用地をめぐって激しい競争を繰り広げることになり、そこでは最高の土地価格ないし賃料を提供した事業者のみが設備を建設することになる。これでは、必ずしも適地に風力発電設備が建設されるとは限らないし、また、風力発電設備を市町村や市民自らの手で建設・運営するチャンスは中々めぐってこない。

そこで、市町村は、適地の確保および市町村や市民を建設主体とすることを目的として、様々な試みを行っている。

以下では、市町村主導型のそのような試みのいくつかを紹介・検討しよう。

(2) Bプラン上での具体的指定

広域地方計画ですでに優先地区が定められていても、市町村はそれを具体化するために優先地区内にFプランとそれに基づいてさらにBプラン（第5章2(2)参照）によって建設計画の立地をより具体化・詳細化することができる。そこで、市町村自らが風力発電設備を建設し運営しようとする場合や市民主体の風力発電設備を建設しようとする場合には、もし、Fプランの策定後にBプランを策定しBプラン上で当該用地が市民風力発電所用地であることを指定できれば市町村は建設に至るまでの過程でイニシアティブをとることができる。

市町村は、Bプラン上では土地の建築上の用途等計26項目にわたる指定をすることができるが、建築上の用途としては、建設法典に根拠を置いて制定された建築利用令で純粋住居地区や商業地区等の10種類の用途が挙げられている（同令1条2項）。その一つとして、特別地区（Sondergebiet）があり（同令10条および11条）、ここで、たとえば「保養地区」、「病院地区」、「港湾地区」等の地区指定がなされる（同令11条2項）。再エネ設備についてもBプラン上で指定される場合には、特別地区としての指定が使われることが多く、野外での太陽光発電設備（メガソーラー）の設置は基本的にはこの地区指定を原則とする場合が多い（本書第5章参照）。風力発電設備については、広域地方計画で優先地区としてまたはFプランで集中地区として地区指定された場合には、法制度上はBプランの指定を待たずに、建築許可を得ることができる（建設法典35条3項3文）。しかし、優先地区にしても集中地区にしても計画図の縮尺が1／2万から1／1万程度であって明確な則地的指定はなお容易ではない。そこで、市町村によっては、Fプラン策定後さらにBプランを策定することによって、立地のより明確な指定をするところもある。「特別地区」はその際の建築上の用途を表す地区指定として活用されるわけである。

そこで、もし市町村が当該用地を市民が事業主体となる風力発電設備用地としたいと考える場合、Bプラン上での特別地区の指定の際にその旨の指定（たとえば「市民風力発電所建設予定地区」としての指定）をする場合がある。かかる限定的な指定が可能であるならば、当地区内の用地は、一般の企業が取得できなくなり（正確には制度上は取得は可能であるが取得しても建築許可を得るのが難しいため実際上取得しない）、市民や市民を構成員とした協同組合、市町村等、取得可能者が限定されることになる。このような用途指定の方法は、市民風力発電所の建設促進を希望する市町村にとっては非常に都合のよい手法であって、現に風力発電設備が数多く立地する北ドイツの市町村は、この手法をしばしば用いてきた[3)]。

しかし、近年このような手法の利用が建設法典上許されるか否かが裁判所で争われ、2013年4月にSchleswig上級行政裁判所は、このような指定（具体的には「市民風力発電パーク“Oldenswort有限合資会社（GmbH & Co KG)”」という指定）は建設法典の許容するところではないとして当該Bプランを無効と判断した[4)]。本件は、指定地区内に土地を所有する原告（正確には原告の所属する会社）が風力発電設備の建設を求めたが、連邦イミッシオン防止法上の建築許可申請を拒否されたため、許可権者である州を相手取ってその取消しを求めた事案である。判決はその理由の中で、Bプランで指定できる項目を列挙した建設法典9条1項では、「風力発電設備」という用途の指定であればこれを特別地区の中で行うことは可能ではあるが、本件のように事業者を特定した形で用途指定をすることまでをも都市建設上の要請として正当化することはできず、同法9条の許容範囲を逸脱している、とした。同法9条1項では、たとえば、「スポーツ施設や遊戯施設等の公共的需要に供される用地」（同条同項5号）や「特別の利用目的を有する用地」（同条同項9号）を指定することはできるが、「市民風力発電パーク」としての指定は、同法9条に列挙されているいずれの項目にも該当しない。同法9条の列挙が例示列挙ではなく、限定列挙であることをも踏まえれば、本件の指定の仕方が同法9条の解釈を明らかに越えるものであることは明確である。この点、前著で検討した、いわゆる「地域住民モデル」（Einheimischermodell）とBプラン上での指定との関係が問題とされた判決でも、連邦裁判所が、市町村によるBプラン上での「地域住民のための住宅用地」としての指定を無効としたのと同様である[5)]。もとより、2011年にドイツが脱原発を掲げて以降再エネ発電設備の建設を促進する旨の論調が主流となる中で、本件のような指定も建設法典が許容する所である旨の学説も存在する[6)]。しかし、これまでの判例・学説の流れを見る限り、Bプラン上でのここまでの限定的な指定は無理なように思われる[7)]。

本判決は、最上級審の判断ではないため本件の最終的な行方はまだ定かではないものの、建設法典9条をめぐるこれまでの判例・学説の流れの中に位置づける限り、本判決の判断が覆る可能性は高くはないものと思われる。

(3)　都市建設契約の利用

(a)内容および意義

それでは、市町村は風力発電設備用地を市町村または市民の手に確保するために他の手段を用いることはできないであろうか。ドイツではこの問題には主として法律実務家が関わっており、研究者が論じる場面はあまり見かけない。わが国の再エネ利用の法律関係に関しても弁護士がかなり熱心に取り組んでいるのに対して研究者が追いついていない状況と同様な傾向がドイツでも見られ興味深い。

結論を先取りしていえば、市町村は、都市建設契約（städtebaulicher Vertrag）を土地所有者と結ぶことによって、風力発電設備用地を取得ないしは賃借することがある。このような場面で用いられる契約は、立地保全契約（Standortsicherungsvertrag）と称されている[8)]。これにもいくつかのパターンがあるが、大筋を予め述べれば次のようになる。

市町村は、Fプラン上での集中地区の指定によって、風力発電設備の建設をその指定地域に誘導するのであるが、Fプランで地区指定される前の、土地（いわゆる建築期待地（Bauerwartungsland））価格の安い段階で、市町村は、当該地域内の土地を予め取得しておく。取得した土地については、Fプラン上で風力発電のための集中地区として指定し、この土地上に自ら風力発電設備を建設・運営したり、市民が出資して設立した協同組合等の事業主体に対して売却ないし賃貸してもよい（通常は賃貸である）。地域と無関係の民間企業が参入する余地は、ここではほとんどなくなる。

集中地区に指定されれば、当該土地価格は、売電収入を前提とした価格へと上昇する。土地価格の上昇分（開発利益）は、市町村が予め土地を購入しておくことで、市町村に帰属することになる。また、市民出資の団体が設置・運営の主体となれば団体は売電収入を得られるし、建設作業や維持管理作業の受託を通じて地元企業が潤い、雇用者の確保にもつながり、風力発電設備を建設したことに伴って生じた価値は外部の資本には流出せずに地域内に還流することになる。

ところで、集中地区に指定される地域内の土地所有者は、開発利益の一部しか含んでいない建築期待地価格で自己の土地を市町村に売却するのであるが、なぜ土地所有者は売却するのであろうか。集中地区に指定されてから売却すれば開発利益の大部分を取得することができたのである。この点は、前著でも宅地開発を素材としてすでに検討したように、集中地区に指定するか否かについては市町村にその判断の権限と義務が帰属しているため（建設法典1条3項）、土地所有者としては、集中地区に指定されるために、市町村による購入の呼びかけに応じることになるのである。もし断れば、市町村は、当該地域を集中地区として指定することを諦め、別の候補地で立地保全契約を締結することになろう。このような契約は、建設法典11条で都市建設契約として認められている。11条は下記の通りである。

「11条　都市建設契約

(1)市町村は都市建設契約を締結することができる。以下に掲げるものは、これをとくに都市建設契約の対象とすることができる：

1. 契約の相手方がその費用で都市建設上の諸措置を準備しまたは実施すること；土地の諸関係の新たな整備、土地改良（Bodensanierung）およびその他の準備的措置ならびに都市建設に関する諸計画の策定はこれに属する；法律上定められている計画策定手続に対する市町村の責任は変更されない；

2. BLプランによって追求された諸目標を促進および確保すること、とくに、土地を利用すること（期限又は条件付きであってもよい）、1a条3項に定める調整措置を実施すること、住居の確保上特別の問題を有する住民グループおよび地域に定住している住民に関する住宅需要を充足すること；

3. 費用およびその他の支出を負担させること、ただし、それらの費用および支出は、都市建設上の諸措置のために市町村の下に生ずるか生じたものであり、かつ、計画された建築案の前提または結果でなければならない；土地を用意することもこれに属する。

4. 都市建設上の計画および措置によって追求されている目標および目的に則して、再生可能エネルギーもしくは熱電併給システムから生じる電気、暖気または寒気を分散もしくは集中方式によって生産、配分、利用または貯蔵するための施設および設備を建設ならびに利用すること；

5. 都市建設上の計画および措置によって追求されている目標および目的に則した、建物のエネルギー効率の基準

⑵合意された給付は全体の状況からみて適切でなければならない。契約の相手方によってもたらされる給付の合意は、この者がかかる合意がなくても反対給付に関する請求権を有する場合には、許されないものとする。

⑶⑷（省略）」

（下線部筆者。なお、下線部は2011年の法改正で付加されたものである）

すでに前著で本規定について紹介・検討した通り[9]、地域住民に優先的に宅地を供給するためにＢプラン策定予定地区内の土地を予め市町村が買い取る契約を結ぶことが南ドイツを中心として行われているが（いわゆる「地域住民モデル」）、かかる買取契約は、建設法典11条1項2号にその根拠を置いている。他方、再エネ設備の建設に関する立地保全契約は、同条1項4号に根拠を置き、風力発電設備を建設するための用地を確保するために市町村が都市建設契約を土地所有者と締結することが認められている。なお、再エネ設備の建設に関する同条の下線部分は、2011年の福島での原発事故を受けて、建設法典が急遽改正され、再生可能エネルギー設備の建設・利用を促進するために新たに設けられたものである。急遽導入されたこの規定が、立地保全契約として実務上早速利用されているわけである。

ただし、契約の相手方すなわち事業参加者に対してかかる給付を求めるについては、建設法典11条2項に定めるような二つの要件を満たさなければならない。その要件とは、㈠同法同条2項1文の「給付が適切であること」すなわ

ち「比例原則」であり、(ロ)同法同条2項2文の「本来対価関係にない給付と反対給付を連結させてはならない」という「連結禁止原則」である。これらの原則は、すでに行政手続法において定められ（同法56条1項参照)、かつこれまでの学説・判例においても論及されたきた[10)]。たとえば立地保全契約を連結禁止原則との関連でいえば、当該ＦプランやＢプランの策定は、土地所有者の市町村との契約締結への同意の有無によって決められてはならず、都市計画的観点から客観的に不可欠なＦプラン（Ｂプラン）の策定の結果として行われなければならない。

もっとも、地域住民モデルの場合と大きく相違する点もある。すなわち、地域住民モデルの場合には、土地所有者が市町村との契約締結に応じなければ、Ｆプランが策定されず、したがって、当地域での宅地開発はできなくなるのであるが、風力発電設備については、特例建築計画として規定されているため、市町村がＦプランを策定しなかったとしても、土地所有者は理論的には風力発電設備を設置することができる。したがって、風力発電設備設置の場合には、地域住民モデルの場合とは異なって、Ｆプランの策定は土地所有者にとって市町村との間の立地保全契約締結の誘因とはなりにくい。したがって、風力発電設備の場合において土地所有者が契約締結に応じるインセンティブが生ずる局面は、主として下記の二つの場合となろう。

第一は、本章冒頭でもすでに述べたように、州レヴェルの広域地方計画で優先地区としての指定がなされた区域がすでに存在する場合である。前述したように今日のドイツではこのような状態が一般的である。この局面ではそれ以外の区域での建設が禁止されているため、市町村が既存の優先地区の外側に新たに風力発電設備設置のためのＦプランを指定しようとする場合には、土地所有者が契約締結に応じるインセンティブが生じることになる。

第二に、州レヴェルの広域地方計画で優先地区が未だ存在せず、またＦプラン上で集中地区も定められていない場合には、特例建築計画である風力発電設備は、濫立のおそれがあるが、すでに述べたように（第7章3(1)(c)参照）建設法典は、1996年、2004年および2013年の法改正によって、外部地域において特例建築計画の建築許可が申請された場合であっても、市町村が建設法典35条3項3文の法的効果を生じさせるべくＦプランを策定・変更・補完する決定を行った場合[11]には、建築許可官庁は、市町村の申立があるときは建築許可を最大2年間保留することを認めている（同法15条項1文）。したがって、この2年間は、いわば「建築不自由」の状態になっているため、市町村がこの間に、Fプランの策定等に先立って土地所有者との間で立地保全契約を締結することができる。

風力発電設備の場合において土地所有者が契約締結に応じるインセンティブが生ずる局面として考えられるのは、主としてこれらの二つであろう。地域住民モデルの場合よりは都市建設契約が使われる局面は限定されるものの、上記の局面では十分に機能するものと思われる。

(b)種類

ところで、この契約にはいくつかの種類がある。上記で挙げた例を「中間取得型」とすれば、それ以外にも、たとえば、「補完取得型」とでも呼ぶ類型がある。これは、(i)市町村はFプランによる集中地区として指定の前に当該土地所有者との間で立地保全契約を締結し、将来の建築用地が市町村によって購入されうる旨が示される。(ii)市町村が本契約における買取請求権を行使する場合とは、(イ)土地所有者が市町村の定める類型に属する事業者以外の者へ当該土地を売却する場合、または(ロ)当該土地所有者による先の類型の者への売却がなされなかった場合、に限られる。(iii)この買取請求権は仮登記によって保全される。

この類型の特徴は、集中地区の指定以前に締結される立地保全契約の中心を、土地所有者が市町村の定める類型に属する事業者（協同組合等）に土地を売却する点におき、土地所有者がこの契約上の義務に反した場合にのみ市町村が買取請求権を行使して土地を取得する旨を規定していることにある。この意味で市町村による取得は補完的である。また、土地所有者が土地を事業者に売却することが主たる内容になるので市町村が開発利益を取得する場合は例外的となる。この類型では、立地保全契約は集中地区の指定前になされるものの、土地所有者による事業者への売却は地区指定後でも構わない。したがって、土地所有者としては、通常は、地区指定を受けて土地が建築可能地となってから売却するであろう。市町村が買取請求権を行使する場合、すでに建築可能地となってから行使するときは、市町村も建築可能地としての対価を土地所有者に支払うことになる。したがって、この類型では、地価上昇益の大部分は土地所有者に帰属し、市町村には還元されず、開発利益の公的吸収という点ではこの類型は不十分である。もっとも、先に触れた地域住民モデルの中の「ヴァイルハイマーモデル」（Weilheimermodell）においては、市町村が買取請求権を行使して土地を取得する場合の価格を取引価格の70％に制限しており、「補完取得型」でも法的構成の仕方によっては上記の点を克服することは不可能ではない[12)13)]。

その他、実務では、「中間取得型」の亜種として、集中地区の指定前に市町村が建築期待地価格水準で土地所有者から土地を取得するが、後に地区指定がなされた段階で地価上昇益の一部を市町村が土地所有者に追加的に支払うという「追加払い型」とでも称するような類型もある。

したがって、立地保全契約としては、「中間取得型」と「補完取得型」の二つの種類を軸にしてその各々にその亜種として、「追加払い型」と「地区指定後取得型」（これについて注12）参照）が存在することになる。

「中間取得型」と「補完取得型」との相違は、まず、第一に、前者の場合には、地区指定の前の早い時期に市町村が土地所有者から取得するのに対して、後者の場合には、土地所有者による売却が行われなかったり、市町村の定める類型の事業者以外の事業者に売却された場合にのみ市町村は取得をする。したがって、第二に、集中地区の指定に伴い生じる地価上昇分を市町村が取得できるか否かという点に関しては、すでに述べたように前者ではそれが可能であるが、後者では市町村の取得のタイミングによっては困難となる。それ故に、第三に、土地所有者側から見れば、前者よりも後者の方が地価上昇益を手中にできる可能性が高いので、後者の立地保全契約の方が締結には応じやすいといえよう。この両者のいずれを基本とするかは、当該市町村の置かれた具体的な状況ないしその企図がどこにあるかによって決まってくるが、大づかみで言えば、地価上昇益の公的吸収に重点を置く場合には「中間取得型」になるであろうし、地価上昇益の土地所有者への帰属を認めても立地保全契約をより確実に締結したい市町村にとっては「補完取得型」になろう。

また、前述したように、地域住民モデルの場合と比較すると、立地保全契約の場合には、契約締結へと土地所有者を促すインセンティブが弱いため、「補完取得型」の中に「ヴァイルハイマーモデル」のような地価上昇益の私有化を排除するような仕組みが用意されていない。また、地域住民モデルの場合には見られなかった「追加払い型」や「地区指定後取得型」等の、地価上昇益を土地所有者に積極的に認める類型が開発されていること等も、立地保全契約の上記の特徴ゆえに契約締結に際して土地所有者にできるだけ大きなインセンティブを与えようとすることの表れなのかもしれない。

(c)賃貸借の可能性

地域住民モデルの場合には、中間取得型でも補完取得型でも、市町村は土地所有者から土地所有権を取得した後に地域住民に転売した。しかし、立地保全契約の場合には、土地の最終的な利用者となる風力発電事業者は、通常は土地所有権の取得までは望まず、賃貸借（用益賃貸借（Pacht））契約を通じて賃借権を取得すること（または3で後述するように許諾契約に基づく利用権を取得すること）で満足するであろう。存続期間についても投下資本が回収できる期間が保障されていれば足りることになる（固定価格での買取期間に合わせてこれまでは20〜30年が多かったようである）。したがって、市町村としては、立地保全契約で自らが土地所有権までをも取得することは、目的を達成する上で必ずしも必要ないし、また財政上の負担も大きいので、賃借権を取得する場合が多いようである[14]。もとより都市建設契約においては賃貸借契約をすることも可能である。そこで、市町村は、立地保全契約で土地を賃借した上で、事業者に転貸することになる。市町村が賃借する時点は集中地区の指定前であり、転貸する時点は集中地区の指定後であるので、賃料水準は一般的には後者の方が高くなり、その差額を市町村が取得する。

もっとも、所有権取得の場合の「追加払い型」と同様に、賃料上昇分の一部を土地所有者に事後払いする方法も存在するようである[15]。この手法も、所有権取得の場合と同様に、立地保全契約の際に土地所有者に契約締結へのインセンティブを与えるために用いられる。

3. 市民（土地所有者）共同型土地調達

⑴ はじめに

以上の「市町村関与型土地調達」は、地域で創出された価値を地域内に還流させるために、市町村が土地確保の段階から土地所有者に積極的に働きかけることを前提としている。市町村が土地を確保した後の発電事業者は、市町村直営の場合もあれば、市民出資の協同組合その他有限合資会社（GmbH & Co. KG）である場合もあろう。また、民間事業者も理論的には可能である。

以下で述べるのは、市町村が基本的に関与することなく、市民自らが主体的に土地の用意から事業者の決定・運営までをも手掛けるタイプの風力発電設備である。

さて、この類型で想定されている風力発電設備は、複数の土地所有者や市民が互いに譲歩・協力し合いながら、土地を調達し、事業者を選定し、場合によっては自らが事業主体となって事業を運営する風力発電設備を想定している。市民が主導して用地調達・建設・運営を手掛ける形態は、ドイツでは決して珍しいものではなく、近年わが国でもしばしば紹介されているところである。本章での目的は、その法的構成ないし仕組みの一部を紹介・検討することにある。

⑵ 背景

ドイツでも、固定価格買取制度が発足して以降、発電事業者は、事業適地を探し回り、適地を次々に賃借していった。土地所有者は、より高い賃料を提供する発電事業者が出てくるのを待ち、彼らと賃貸借契約を結んだのである。したがって、風力発電設備のための集中地区（優先地区の場合も同様である）が指定された場合であっても、その地区内の複数の土地所有者は、各自が最適と考える事業者を自ら探し出し、個別に契約を締結していた。しかし、(イ)風況の最良な土地は集中地区内でも通常は限られていること、および(ロ)この限られた土地について所有者が複数存在する場合にはこれらの土地所有者が個別に行動しようとする傾向があること等から、事業者の決定や風力発電設備の建設が場合によっては混乱し中々進まないことにもなる。

そこで、地域内の土地所有者が共同して行動することによって、最良の風況が得られる土地について、賃貸・建設・運営をし、その運営から得られる収益を地域内の土地所有者が共同で享受しようという動きが各地で芽生え始めた。これが近年の市民風力発電所の一つの型態である。ここには市町村が関与する場面は基本的には出てこない。

それでは、地域住民・市民はどのようにしてかかる目的を達成しているのか。それは、市民相互間で土地について「プール契約」（Poolingvertrag. 以下、「土地プール契約」と称する）を締結することから始まる。その内容を多少詳細に見ていこう。

⑶　内容および意義

土地プール契約とは、複数の土地所有者が風力発電設備の建設・拡張に際して、共同して用地を事業者に提供し、事業者から得られる収益を共同で配分することを取り決める契約である。すなわち、土地プール契約は、(イ)土地所有者が共同して土地を提供し事業者から得られる収益を共同で分配することを内容とする土地所有者間の契約と、(ロ)土地所有者が、選定した事業者との間で、用地を施設用地としての利用に供すると共に、その対価として金銭の支払いを求めることを内容とする契約とから成る。前者を「狭義の土地プール契約」と称することもあり、また、後者は一般的に「許諾契約」（Gestattungsvertrag）と称されている。

これらの契約を、一方では土地所有者相互間で、他方では土地所有者と発電事業者との間で締結することによって、最適な土地への立地が可能となり、かつ土地所有者と事業者との間で生じがちな交渉力格差を多少なりとも縮小・是正することができる。そして、この手法で調達した用地を、住民・市民が出資する協同組合等の組織に賃貸し、これらの組織が設備を建設し事業を運営することになれば、(イ)発電設備の用地調達段階から建設・運営の段階に至るまで、住民・市民が積極的主体的に関与・参加することになると同時に、(ロ)設備建設への地域住民・市民の理解を深めることもできる。

以下、契約の内容を多少詳細に見ていこう。

(a)狭義の土地プール契約

(i)内容

まず、狭義の土地プール契約が締結されるのだが、その内容は、(イ)土地所有者は、選定された事業者が地域内の土地を利用することに相互に同意し、これを妨害する行為（建築物の建設、所有地の第三者への賃貸等）を行わないこと、(ロ)事業者から支払われる対価についての配分基準に関する定めを設けること、(ハ)すべての土地所有者は事業者との間で個別に許諾契約を締結すること、(ニ)契約の存続期間は許諾契約の存続期間（後述）に合わせること、(ホ)土地所有者の解約告知権（重要な理由がある場合に限定）、(ヘ)土地所有者が契約期間中に死亡または土地を譲渡した場合の相続人や譲受人への承継的効力、等の定めが置かれる。

狭義の土地プール契約は、契約としては一つであり、一つの契約書に土地所有者全員が署名することで契約の効力が生じる。

(ii)範囲

契約者の範囲すなわちこの契約を締結する土地所有者の範囲であるが、いろいろな考え方があり得よう。たとえば、一定の等高線以上の土地を有する者、集中地区予定地内の者、一定の風況が得られる地域内の者等である。いずれの基準によることも可能であるが、重要な点は、決定プロセスの透明性（Transparenz）、追跡可能性（Nachvollziehbarkeit）、信頼性（Vertrauen）であって、自分の土地がなぜ区域内に入っていないのか（または入っているのか）が明確に判断できることである。

(iii)配分基準

土地所有者は誰でも、少しでも多くの賃料収入を得るために、自分の土地が風力発電設備敷地になるべく広範囲に重なるように希望するが、この個別の希望に則していては事業は中々実現しない。そこで、土地プール契約では、事業者によって支払われる対価について設備敷地に直接供されない土地所有者への配分割合を増やした。モデル契約書（Mustervertrag）によれば、実際の設備敷地（発電設備本体、変電設備、アクセス道路、駐車場等）になった者への配分が30％で、残りの70％はそれ以外の区域内の土地所有者に配分される[16)]。もとより、風力発電設備の場合、設備敷地への直接の提供者よりも回転翼の下に位置する土地や発電設備から一定の距離内にある土地等、設備敷地そのものではないけれども発電所の関連用地として位置づけなければならない土地の方が数の上でも面積の上でも遥かに多い。したがって、これらの土地の所有者への配分を増やし、他方で設備敷地に直接供される者への配分を抑制することで、関係する土地所有者が広範にこの契約に参加できるようにしたのである。

(iv)締結時期

上述の配分基準では、関係する土地所有者が広範にこの契約に参加できるようにはなるが、他方で、設備敷地に直接供される者がこれでは納得しないのではないか、という疑問が残る。確かに、自分の土地が設備敷地に供され自己利用が排除され、対価の30％しか分配されないにも拘わらずなぜ契約締結に応ずるのか、という疑問は残る。

この疑問を解決する鍵は、土地プール契約を、集中地区の指定前のできるだけ早期の段階で締結してしまう、という運用の仕方にある。すなわち、市町村がＦプランを定める前にその候補となった時点で、この契約を締結するのである[17]。この時点では、自分の土地が実際に設備敷地になるのかどうかはわからない。ただ、自分の土地も含めたこの付近一帯が風力発電設備の集中地区になる可能性が高い、という情報はある。そこで、誰の土地が設備敷地になるかはわからないが、ともかく付近の土地所有者が一体となって事業者に土地を提供することによって、最良の風況の土地に設備を建設し最大の売電収入を得る事業者が最大の対価を土地所有者に支払うことを可能としこの契約を締結した土地所有者全員が潤う仕組みとして、このような契約が考案され、またこれを可能とするべく契約の締結時期も選ばれた、ということになる。集中地区が指定された後は、自分の土地が設備敷地になるかどうかの見通しを立てやすくなるので、設備敷地になりそうな土地所有者は、地区指定後には対価の30％しか配分されない土地プール契約を締結するインセンティブは小さくなる。

したがって、このような構造を有する土地プール契約のモデルも、先に検討した市町村関与型土地調達と根本の発想は共通である。すなわち、建築の見通しが立たない段階で契約的手法を用いることでその後の土地調達をスムースに運ぶことを意図している。

(b)許諾契約

(i)意義

土地所有者が相互に土地プール契約を締結した後は、土地所有者は事業者を選定する。前述したように、事業者は、民間資本の場合もあれば住民・市民（ないしは場合によっては市町村）の出資によって設立された協同組合の場合もある。後者の場合であれば、「市民風力発電所」となるが、前者の場合には土地調達の局面でのみしかも土地所有者のみが共同しているに過ぎない。

さて、事業者を選定した後は、土地所有者は、個別に許諾契約（Gestattungsvertrag）を締結する。許諾契約とは、聴き慣れない契約であるが、使用貸借や賃貸借等目的物の使用・利用を内容とする契約類型を包括してドイツでは学説上許諾契約という場合がある[18)]。風力発電設備の建設の際に土地所有者と事業者との間で締結される許諾契約は、事業者が風力発電設備を建設（ないしは運営）するに際して区域内の土地を利用（設備敷地、道路敷地、クレーン置き場、風車間や近隣住宅との関係で必要な間隔を空けるのに供される用地等）に供することができ、事業者はそれに対して対価（Gestattungsentgeld）を支払うことを内容とする。使用貸借や賃貸借との違いは、これらは目的物の使用・利用を全面的に借主に委ね、契約期間中は貸主は目的物を自らの使用・利用に供することができないが、許諾契約の場合には、事業者の使用・利用の妨げとならない限りで土地所有者は目的物を利用できる点にある。たとえば、風力発電設備本体およびその関連設備に直接供されるわけではない土地の所有者は、その土地をたとえば牧草地として引き続き利用することができる。すなわち、貸主は、契約期間中であっても発電事業の妨げとならない限り、引き続き土地を利用することができるのであって、この点に許諾契約とすることの意味がある[19)]。

なお、すべての土地所有者は、同一内容の契約を事業者と各自締結する。したがって、狭義の土地プール契約に参加した土地所有者の数だけ、許諾契約は存在する。契約内容は、各自の土地の概要（所在、面積等）の記載が異なるだけで、それ以外は同一である。契約内容が土地所有者ごとに異なっていては、土地所有者が疑心暗鬼になり土地プール契約がまとまらなくなるおそれがある。とりわけ重要な点は、配分基準であって、先の土地プール契約で定められた基準が、許諾契約においても再度確認される（許諾契約モデル契約書7条）。

各自の許諾契約は、土地所有者全員が事業者と締結し終わることを停止条件としてその効力を生じる（許諾契約モデル契約書同11条）。

(ii)内容

契約内容としては、(イ)存続期間（再エネの固定価格買取期間と合わせて通常20年であって、5年毎の更新が2回まで可能（したがって、計30年））（許諾契約モデル契約書2条1項、2項）、(ロ)土地所有者および事業者の解約告知権（同2条3項〜10項）、(ハ)土地所有者は、許諾契約から生じる事業者の土地利用・建設・配線工事・道路敷設に関する権利を保全するために、事業者の申請に基づき、制限的人役権（beschränkte persönliche Dienstbarkeit）[20]を設定すること（同3条）、(ニ)契約期間満了後の原状回復義務（同8条）およびその義務を担保するための保証人（銀行）の確保（同9条）、(ホ)事業者による契約上の地位の第三者への譲渡（土地所有者の同意が必要）（同10条）、等が定められる。

(iii)締結時期

許諾契約の締結についても、狭義の土地プール契約の締結時期と同様に立地が具体化する前の時点でなされる。この段階では各土地所有者の受取額が不明確であるため、土地所有者としては、地域内で得られる売電収入が最大になるように行動するであろう。この旨は、許諾契約モデル契約書の「前文」（Vorwort）にも明言されている。

(iv)集中地区が指定されない場合

さて、以上のような許諾契約において事業者にとっての最大のリスクは、定められる予定であった集中地区が指定されないこと、すなわち広域地方計画やFプランで建設を可能とする地区指定が結局なされなかった場合である。

結論的に言えば、許諾契約（さらには土地プール契約）を維持しておくメリットはないので、契約を解消することになる。

許諾契約については、広域地方計画やBLプランの策定が遅れている場合、連邦イミッシオン防止法上の許可も遅延しているときは、最大48か月間（=4年間）は、土地所有者は解約告知をすることができないが[21]、これを過ぎても広域地方計画やBLプランが策定されない場合には土地所有者側に即時の解約告知権が発生する（許諾契約モデル契約書2条3項b）。他方で、事業者側についても、「立地が不適切である場合」や「事業者が経済的理由からもはや建設をすることができない場合」には、設備の運転開始前であれば各月末までに解約告知をすることができると定められている（同２条４項）[22]。

結局、集中地区指定がなされない場合には、許諾契約の契約当事者双方に契約の解約告知権が与えられることになる。とりわけ、事業者は、準備のために相応の資本投下をすることとなるため、集中地区に指定される確率を相当慎重に見極めながら行動せざるを得ないであろう。

4. むすびに代えて

以上、地域で創出された価値を地域に還元することを可能とするための前提となる土地調達について、市町村が都市建設契約を通じて積極的に関与する類型と、市民（土地所有者）が共同して契約を締結することで対処しようとする類型について、紹介・検討してきた。最後に、以下の点を指摘して本章を閉じたい。

第一に、市町村関与型土地調達については、都市建設契約が用いられるが、この手法を通じた用地調達については、すでに地域住民モデルを舞台として豊富な実務とそれに対応した判例・学説が積み重ねられてきた。市町村関与型土地調達は、この手法を再エネ設備の用地調達に応用し、場合によっては市町村や市民が再エネ設備の事業主体となることまでをも視野に入れた動きである。ここでは、再エネ設備の建設に伴って生じる地価上昇分の公的吸収が企図されている点に留意したい。市場メカニズムに任せておく限り、かかる地価上昇分はとりわけ土地所有者にのみ帰属することになるので、市町村によって公共還元された地価上昇分を地域振興のために何らかの形で地域に還元することを目的としている。

第二に、これに対して、土地プール契約は、優先地区や集中地区の指定が予定されている地区内の土地所有者が、個別の私的利害を越えたところで主体的かつ協同的に土地の用意から事業者の決定・運用までをも契約的手法を用いて行うものである。この場合には、市町村は基本的には関与しないので、都市建設契約ではなく、民法上の契約が締結される。この手法については、とりわけ南部ドイツの市町村のホームページを見ると、風力発電設備用地の調達のために土地プール契約が用いられた旨の記述が度々見受けられる[23)]。また、バーデン・ビュルテンベルク州の風力発電設備建設のための州令（Erlass）でも、「1.4 市民参加（Bürgerbeteiligung）」の項目の中で、土地プール契約について、〈市民参加の下に土地所有権の及ぶ範囲と切り離した形で最適地に風力発電設備を建設できる手法〉として高く評価されている[24)]。

これらの手法は、主として用地の調達についてのものであるが、市町村や市民が事業者として参加することまでをも視野に入れているものもある。市民や市町村が主体となって風力発電設備を建設する場合には、適切な立地を適切な法的手法で確保することは不可欠であって、その際に市町村や市民が共同しながら契約的手法を媒介として多様な手法を開発している事実は極めて興味深い。

1）2015年11月11日に行ったトリア大学環境・技術法研究所ヘンドラー（Hendler）教授へのインタビューによる。

2）より厳密には、国土整備法上は、改めて広域地方計画の変更手続を経なければならず、その上で初めてＦプラン上での集中地区の策定手続が可能となる。もっとも実務上は、この両者の手続を同時に並行して進めている。

3）ドイツで「市民風力発電所」（Bürgerwindanlage）という場合には、元来は市町村の関与なしに市民が自発的に発電所を建設・運営する類型のものを指しており、用地の調達まで念頭に置いた概念ではなかったようである。J. Bringewat, Windenergie aus kommunaler Hand—Erwiderung auf ZUR 2012, 348, ZUR 2013, S. 82ff（84）.

4）OVG Schleswig, Urteil vom 4. April 2013, ZUR 2013, S. 551ff.

5）高橋寿一『地域資源の管理と都市法制』（日本評論社、2010年）257頁以下。

6）たとえば、H. Kruse/D. Legler, Windparks in kommunaler Regie: Ist das möglich ? ZUR 2012, S. 348ff.

7）たとえば、Bringewat, a.a.O（Anm. 3）, S. 82ff. が、前掲注6）のKruse/Legeler論文の発表から間もないうちに、批判を加えている。それによれば、Kruse/Legelerの主張は魅力的ではあるものの、Ｂプランの指定は市場の競争に中立的でなければならず、本件のような具体的な指定は許されないとする。その他、本判決を肯定的に紹介するものとして、Vgl. M. Reicherzer, Feinsteuerung von Windenergieanlagen durch gemeindliche Bauleitplanung, Bayerischer Gemeindetag, 2013, S. 228ff; F. Shirvani, Rückenwind für kommunale

Bürgerwindparks ?, NVwZ 2014, S. 1185ff.

8） たとえば、Shirvani, a.a.O.（Anm. 7）, S. 1189; Reicherzer, Kommunale Flächensicherung für Windenergieanlagen, BWGZ 2012, S. 744（745）.

9） 高橋・前掲『地域資源の管理と都市法制』（前注5）第9章参照。

10） 学説としてたとえば、W. Bielenberg/M. Krautzberger/W. Söfker, Baugesetzbuch, 5.Aufl., 1998, Rn. 210ff; U. Battis/Krautzberger/R.-P. Löhr, BauGB, 7. Aufl., 1999, Rn. 22ff. zu § 11.

11） その他、「特例建築計画案の建設によって計画の実施が不可能ないし著しく困難となるおそれがある場合」も建築許可が保留されるための要件の一つである（建設法典15条3項1文）。

12） なお、「補完取得型」の亜種として、市町村による買取請求権の行使時を集中地区指定後に限定する類型もあるようである（とりあえず「地区指定後取得型」と称する）。この類型による場合には、市町村が地価上昇益を取得する機会はほとんどなくなる。この点の詳細につき、Reicherzer, Rechtsgutachten—Kommunale Beteiligung an der Wertschöpfung bei Ausweisung von Konzentrationzonen für Windenergieanlagen im Auftrag der ARGE Gas Westfalen, 2012, S. 27ff.

13） なお、「ヴァイルハイマーモデル」では、下記の点も、市町村と地権者との契約で定められる。(イ)本契約は10年間有効である。本期間内に土地が譲渡される場合には市町村の事前の同意を要し、新取得者が市町村と新たに同様の契約を締結した場合にのみこの同意が付与される。(ロ)市町村が買取請求権を行使した場合、市町村の買取価格は、郡の鑑定委員会によって決定される。なお、この買取価格は、取引価格の70％程度である、といわれている。上記の詳細については、高橋・前掲注5）263頁以下参照。

14） Reicherzer, a.a.O（Anm. 12）, S. 31ff.

15） Reicherzer, a.a.O（Anm. 12）, S. 32.

16） この点、実務家のHenties／Amelongによれば、敷地提供者への配分は10–20％で足り、残りはそれ以外の土地所有者へ配分すべきとする。敷地提供者への配分を多くすると、土地所有者のエゴが出てきて話がまとまらなくなるという。なお、研究者のFreyらによれば、現実には、前者へは40～60％、後者へは60～40％が配分されているという。V. Henties/C. Amelong, Wind: Am besten im Flächenpool, top agrar 2011, S. 44ff（46）; M. Frey/S. Ohnmacht/S. Stahl, Flächenmanagement bei Windkraftentwicklung, NVwZ—Extra 2014, S. 1ff（4）.

17） この点を強調するものとして、Frey/Ohnmacht/Stahl, a.a.O.（Anm.16）, S.4.

18)　多くの教科書で解説されている。Vgl. J. von Staudinger, Kommentar zum BGB mit Einführungsgesetz und Nebengesetzen, Buch 2, 2006, Rdn. 30 zur Vorbem. zu §535.

19)　この点を強調するものとして、Frey/Ohnmacht/Stahl, a.a.O.（Anm. 16), S. 4. 民法典には直接の規定がない非典型契約である。

20)　制限的人役権は、わが国では規定されていないが、ドイツ民法の物権編に定められている用益物権の一つで、わが国でいう地役権に近い。債権法上の利用権を確保するために物権を設定することによって、土地所有者が変更した場合でも利用権限を主張できる。なお、設定された制限的人役権は登記簿に登記される。

21)　正確にいえば、36か月以降48か月までの間は、事業者は、一定の金銭を土地所有者に提供して初めて解約告知を免れる（許諾契約モデル契約書2条3項b第3文)。

22)　なお、この場合には（狭義の）土地プール契約についても、各土地所有者は、本文で前述したように「重大な理由」の存在を根拠として解約告知することができよう。

23)　たとえば、南ドイツのRiedlingen市の広報誌（Amtliches Mitteilungsblatt der Stadt, 08.02. 2012, S. 6）やOstalb郡議会における「90年連合／緑の党」議員の広域地方計画に関する質問状（Anfrage von Bündnis 90/Die Grünen, Teilfortschreibung des Regionalplans Erneuerbare Energien, , 053/2013, S. 3.）等で確認することができる。

24)　Windenergieerlass Baden-Würtemberg, Gemeinsame Verwaltungsvorschrift des Ministeriums für Umwelt, Klima und Energiewirtschaft, des Ministeriums für Ländlichen Raum und Verbraucherschutz, des Ministeriums für Verkehr und Infrastruktur und des Ministeriums für Finanzen und Wirtschaft vom 09. Mai 2012–Az.: 64–4583/404, S. 7.

終章——おわりに

さて、論文集である本書において、本来であれば、終章を設ける必要もないのかもしれないが、最後に、全体を鳥瞰した上で改めて下記の点を指摘して、本書を締め括ることとしたい。

第一に、第1編と第2編における再生可能エネルギー（以下、「再エネ」と称することもある）設備の立地問題は、ドイツの風力発電設備の立地に引きつけていえば、一方では北海、バルト海での洋上風力発電の集中的な設置に見られるように再エネ生産を一定の地域に集中して行い、そこで生産された電力を中部、南部のドイツに送電するという方法と、他方で再エネ設備を地方に分散して設置し、基礎自治体ないしはそれに近いより広域のレヴェルでエネルギーの自給自足を目指すべきであるというエネルギーの地方分散化の手法のいずれのレヴェルでも問題となる。〈集中か分散か〉の議論については、両者は相対立するものではなく、相互に補完しあうことで初めて、再生可能エネルギーによる電力の100％供給が可能になるものと思われる。現に、ドイツ政府も、一方では洋上風力発電と送電線の敷設を積極的に推進しつつも、他方では市民が主体となって風力発電設備を建設・運営することにも積極的である[1)]。これらいずれの方向をとるにせよ、その際の適切な立地コントロールは不可欠である。

第二に、再生可能エネルギー設備の立地に際して生じる利害対立の当事者は、いずれも環境保全を主張しているという点も興味深い。すなわち、第10章および第11章で述べたように、〈グローバルな環境か地域環境か〉という対立である。前者を主張する者は、温暖化やオゾン層破壊等の地球規模での気候変動に対処するために、地域環境を多少犠牲にしてでも再生可能エネルギー設備の建設を促進すべきだと説くのに対して、後者を重視する者は、再生可能エネルギー設備が地球規模での気候変動への有効な対処策になることを十分に認めつつも、これによって自然や景観、住民の生活等の地域環境が侵害されてはならないと説く。再エネ設備の立地コントロールに際しては、この対立をいかに止揚するかが最大の課題である。この二つの選択肢も、おそらく二者択一ではなく、両者の要請を共に満たすように立地に関する法的枠組みを仕組まなければならないのであろう。かかる試みにはまだ確たる展望が見えているわけではないが、第11章で示したような方向が今後も模索されていく必要があろう。

第三に、第一と第二のそれぞれで指摘したいずれの見地に立つとしても、立地規制は不可欠であって、立地コントロールなき設備立地はあり得ない。日本でも第1章や第6章で論じたような県や自治体を中心とした様々な取組みはあるが、ドイツでは、連邦、州、市町村によって包括的整合的な立地コントロールが行われている。

(i)まず、太陽光発電設備と風力発電設備の立地の選定には、共通している部分が多いことが本書の検討を通じてわかった（第5章、第7章〜第8章）。すなわち、立地選定に際しては、太陽光発電設備の場合には、たとえばバイエルン州で見られた排他的基準や制限的基準に該当する地域を除いて立地を選定していくのに対して、風力発電設備の場合には、堅いタブーゾーンと柔らかいタブーゾーンを除いた潜在地域を対象に立地を選定する。興味深いのは太陽光発電設備と風力発電設備の場合とで名称は異なるものの予め立地選定から除外する際の基準に共通性が見られる点である。風力発電設備の場合の用語を用いれば、太陽光発電設備の場合にも実質的には潜在地域から立地を選定しているのである。

(ii)そして、ドイツの野外の太陽光発電設備については、当初から〈州計画→広域地方計画→Fプラン→Bプラン〉というこれまでの計画体系の中でのみ具体化され、また各々のレヴェルにおいて関連行政機関や住民・市民の参加手続が周到に用意されているために、わが国のような問題はほとんど起きていない（第5章参照）。とりわけメガソーラーは広大な敷地を必要とするので、ドイツでは農地上の設備建設が禁止されていることに見られるように、立地に際しては他の土地利用との調整にはより慎重な配慮がなされている。他方、風力発電設備については、転用面積がメガソーラー設備に比べると比較的小さいため、ドイツでは都市計画的規制のかからない特例建築計画として位置づけられたが、他方で、特例建築計画についても立地コントロールをすべく建設法典35条3項3文に基づいて広域地方計画（優先地区）ないしはFプラン（集中地区）によるゾーニング規制がなされている。この規制も、外部地域における建物建設の立地を市町村や州の計画的コントロールの下に置こうとする試みの一環を形成するものである。これらの手法については、太陽光発電設備と風力発電設備では下記の相違がある。(イ)まず、太陽光発電設備の場合にはＢプランまで策定されるのに対して、風力発電設備の場合には、広域地方計画かＦプランを策定することで対応している。この違いは、前者では設備の位置等細かな点まで市町村が立地をコントロールすることができるが、後者については、市町村の関与はエリアの指定にとどまる。(ロ)次に、太陽光発電設備の場合には固定価格買取制度を通じて特定の地域（道路沿い、転換用地等）に立地を誘導しようとしているが、風力発電設備の場合にはこのような誘導措置は設けられていない。これらいずれの点とも、野外の太陽光発電設備とりわけメガソーラーの場合には、より広範囲の土地を使用するため、より細やかな立地コントロールをしなければならないという設備の物理的特性から説明され得る。

(iii)また、立地コントロールのあり方は、上記第一や第二の点で指摘したいずれの見地を重視するかによって、その様相を多少異にしてくるように思われる。すなわち、第８章で述べたように、近年のドイツでは、従来州の広域地方計画（第９章２(1)参照）レヴェルで行われていた優先地区の指定よりも、市町村単位でＦプラン（第５章２(2)参照）上での集中地区指定により重点を置いて風力発電設備の立地規制を行うべきであるという議論が台頭している。後者の議論を牽引している州の代表格であるバーデン・ビュルテンベルク州は、今後新たに1,200基の風力発電設備の建設を目指しており、この議論は、第一で述べた再エネ設備の地方分散型の立地促進論や、第二で述べたグローバルな環境を重視した立地促進論と呼応しやすいと思われる。すなわち、当州によると、行政管区レヴェルでは優先地区は指定されるもののその外側でもＦプランによって集中地区が指定され得るため、行政管区レヴェルでの立地調整が十分に行われないまま、各市町村の独自の判断で、風力発電設備が建設されることになる。

これに対して、従来からの考え方によれば、本来エネルギー供給は広域的見地に立って行われるべきものであるから、再エネ設備の立地を基礎自治体の裁量にのみ委ねることは適切ではないことになる。この観点からすれば、具体的な立地選定の方法は、〈州での目標設定→行政管区毎の広域地方計画での具体化（＝優先地区の指定）またはＦプラン上での集中地区の指定〉というルートを辿ることになる。このような立地コントロールでは、各市町村が（集中地区指定を通じて）風力発電設備の建設を進める際であってもそれを上位計画のレヴェルで調整することを重視する。州の関与を限定した前者（バーデン・ビュルテンベルク州）の方法では、市町村間での調整が行われにくくなり、風力発電設備が濫立することをおそれるのである。

第四に、再生可能エネルギー設備の建設から維持管理ないし運営に至るまでの過程に住民・市民や市町村が関わることが「地域における価値創出」につながる、とドイツでは一般的に考えられており、その方向での様々な試みがドイツ各地で展開している事実もわが国とは大きく異なる点である。住民・市民の積極的な関与は、計画策定への市民参加の充実を不可欠とし、さらには市民が再エネ事業の運営主体になる例も多い。また、この動向は、エネルギーの地方分散化や再公有化の議論にもつながっていく。立地コントロールとの関係でいえば、再生可能エネルギー事業に住民・市民が第 11 章で述べたような多様な形態で関与することによって、設備建設に対しての住民・市民の受容可能性が高まるのではないか。第 2 章で指摘した、わが国での典型的な〈資本の利益 vs 地域住民の生活・環境利益〉という対立は少なくともここでは多少なりとも低減される。そして、その際の用地調達、とりわけ風力発電設備の用地調達に際しては、ドイツでは、都市建設契約や土地プール契約がしばしば用いられている事実も興味深い（第 12 章）。都市建設契約は、市町村主導型の宅地開発をする際の有用な手段であるが、再エネ発電設備の用地調達に際してもこの手法を用いることを通じて土地所有者間の個別的利害の対立を超克しようとしている。また、土地プール契約では、市民が主体的に土地の用意を契約的手法を通じて手掛けており、これらの手法は、住民・市民ないしは市町村が主体となって設備の立地ないし場合によってはその後の事業者の決定・設備建設・事業運営までをも円滑に行うために示唆的な手法である。

第五に、ドイツに関する以上の構造的特徴と比較した場合、わが国の状況について触れておこう。

(i)まず、再生可能エネルギーの位置づけが彼我で大きく異なる。わが国の場合には、2030 年の総発電電力量の電源構成においては、原子力発電を引き続きベースロード電源と位置づけるため、再エネの比率は22〜24%に過ぎず[2)]、その後も大きく増えることを見込んでいない。その結果、再エネ設備の配置をめぐる集中か分散かやグローバル環境重視か地域環境重視か等の議論には政策レヴェルで至っているとは未だいえず、それを論じる必要性も必ずしも明確には意識されていない。また、計画策定、設備用地の調達、設備の設置・運営のいずれの段階においても、住民・市民が関与する場面は一部の例外を除いて基本的にはない。

(ii)上記の点にも拘わらず、わが国においては今後とも再エネの普及・促進をより一層進めていくべきであることは言うまでもない。ただし、メガソーラーや風力発電設備のような再エネ設備の立地に際しては、第2章およびとりわけ第6章において少数ではあるが事例調査を通じて明らかにしたように、わが国においては土地の属性によって適用される法律が異なっており、また公法上の規制の及ばない土地もある等市町村を中心とした立地に関する一定の公的コントロールがつねに可能であるわけではない。また、地域住民・市民が計画策定に関与することができる手続も不十分である。本来であれば、設備設置に際しては、このような実体的基準と手続的基準の双方をクリアして初めて建設が認められるべきであるのだが、個別法毎の規制では、当該個別法の目的との関係のみで—しかも多くは行政庁の判断のみで—立地コントロールがなされる。しかし、国土・土地利用規制は、異種の土地利用が競合する中でいずれの利害に重きを置くかという諸価値の比較衡量の中でその内容を具体化していくプロセスを内包すべきものであるから、本来であれば、個別法による縦割り型の規制ではなく、総合的横断的な国土・土地利用規制システムであることが望ましい[3)]。そこではまた、市町村レヴェルでの立地コントロールの整備・充実のみならず、都道府県や国レヴェルの上位計画との調整措置が、再エネ設備の広域的見地からの立地調整を行う上でも必要であって、その意味では、国土・土地利用計画法制は重層的でもなければならない。

(iii)そして、事業用地の選定から事業者の決定へのプロセスにおいては、市町村や地域の構成員である市民が積極的に関与することによって、再エネ設備と住民・市民との距離を縮小していくべきである。さらに、市民や農林漁業者が実質的に事業主体となれば、売電収入や維持・保守等の対価が地域内にとどまることにも繋がり、その距離は一層縮まるのではないか。また、地域の内発的意思に基づいて再エネの利活用を進めるためには、それに加えて、ドイツの各地で見られるような市民イニシアティブがわが国でも各地で設立され、地方自治体が地域住民の動きをサポートする体制になっていくことは重要であると思われる。ドイツ法の検討からも明らかなように、ドイツでは正にこれらの点を意識しながら法制度が展開し、また現実が動いていることが明らかとなった。わが国の再エネ設備のありかたを考える上でも参考に値するといえよう[4)]。

原発のあり方いかんにかかわらず、再生可能エネルギー生産の拡大は今後のわが国においても焦眉の課題である。その際、国土空間の適正な利用という観点からどのような仕組みで設備立地を進めていくことが望ましいかという問題を考える上で、ドイツの法制度とその経験は、わが国にとっての貴重な検討ないし参照材料であるといえよう。

1) 連邦政府は以前から、市民風力発電所やその担い手である協同組合がエネルギー転換の重要な要素であることを認めている。再生可能エネルギー法の 2014 年改正に際して、連邦政府がメルケル首相やガブリエル経済・エネルギー大臣の参加の下で行った記者会見（2014 年 4 月 2 日）の中でもその旨が述べられている（http://www.bundesregierung.de/Content/DE/Mitschrift/Pressekonferenzen/2014/04/2014-04-02-pk-energiegespraech.html)。

2) 経済産業省「長期エネルギー需給見通し」（2015 年 7 月）7 頁（http://www.meti.go.jp/press/2015/07/20150716004/20150716004_2.pdf)。

3) この点については、すでに別稿で論じたことがある。高橋寿一「「土地法」から「都市法」への展開とそのモメント」社会科学研究 61 巻 3・4 号（2010 年）5 頁以下参照。

4) ちなみに、第 1 章注 19）でも述べたように、農林水産省は、自治体や農業者等が新電力会社を立ち上げるために、2016 年度から自治体や農家が作る「協議会」に対して補助金を出す計画である旨報道されている（「電力小売り参入、農家などに補助制度　再生エネ対象に農水省」日本経済新聞 2015 年 9 月 6 日)。本文で指摘した方向と同様の方向を目指しているようにも思われるが、協議会が「農林漁業の健全な発展と調和のとれた再生可能エネルギー電気の発電の促進に関する法律」6 条（本法については第 1 章参照）に基づく組織と同一組織か、補助金による誘導のみで十分か等も含めて、その行く末を注視していく必要がある。

事項索引

■サ　行

■タ　行

■ナ　行

■ハ　行

【著者略歴】
1957年　東京に生まれる
1980年　一橋大学法学部卒業
1985年　一橋大学法学研究科博士後期課程単位取得
　　　　東京大学社会科学研究所助手、茨城大学人文学部助教授、
　　　　東京外国語大学外国語学部教授等を経て、
現　在　横浜国立大学大学院国際社会科学研究院教授
　　　　博士（法学）（一橋大学）

【主要業績】
『農地転用論』（東京大学出版会、2001年）（（財）東京市政調査会（現（公財）後藤・安田記念東京都市研究所）藤田賞および日本農業法学会著作賞各受賞）
『地域資源の管理と都市法制』（日本評論社、2010年）（（社）日本不動産学会著作賞（学術部門）受賞）
『取引法の変容と新たな展開』（共編著、日本評論社、2007年）

再生可能エネルギーと国土利用
——事業者・自治体・土地所有者間の法制度と運用

2016年7月20日　第1版第1刷発行

著　者　髙橋寿一（たかはしじゅいち）
発行者　井村寿人

発行所　株式会社　勁草書房（けいそう）
112-0005　東京都文京区水道2-1-1　振替　00150-2-175253
（編集）電話 03-3815-5277／FAX 03-3814-6968
（営業）電話 03-3814-6861／FAX 03-3814-6854
理想社・牧製本

ISBN978-4-326-40322-6　Printed in Japan

http://www.keisoshobo.co.jp

大塚正之 著

臨床実務家のための家族法コンメンタール（民法親族編）

A5 判／3,700 円
ISBN978-4-326-40313-4

松尾剛行 著

最新判例にみるインターネット上の名誉毀損の理論と実務

A5 判／4,200 円
ISBN978-4-326-40314-1

土庫澄子 著

逐条講義 製造物責任法
基本的考え方と裁判例

A5 判／3,200 円
ISBN978-4-326-40292-2

第一東京弁護士会災害対策本部 編

実務 原子力損害賠償

A5 判／4,000 円
ISBN978-4-326-40316-5

木庭 顕 著

［笑うケースメソッド］現代日本民法の基礎を問う

A5 判／3,000 円
ISBN978-4-326-40297-7

半田正夫＝松田政行 編

著作権法コンメンタール［第 2 版］（全 3 巻）

A5 判／各 11,000 円
ISBN978-4-326-40305-9
40306-6
40307-3

喜多村勝德 著

契約の法務

A5 判／3,300 円
ISBN978-4-326-40308-0

勁草書房刊

表示価格は、2016 年 7 月現在。消費税は含まれておりません。